Peter Josef Hofbauer

In-situ-Messung und Simulation der Flüssigphasensilicierung

Werkstofftechnik Aktuell

Schriftenreihe aus dem Fakultätsübergreifenden Institut für Werkstofftechnik (IWT) an der TU Ilmenau
Herausgegeben von Univ.-Prof. Dr. rer. nat. Peter Schaaf und Univ.-Prof. Dr.-Ing. Edda Rädlein

Band 21

Die vorliegende Schriftenreihe "Werkstofftechnik Aktuell" berichtet über aktuelle Forschungsergebnisse aus dem Institut für Werkstofftechnik (IWT) der TU Ilmenau. Die ausgewählten Texte spiegeln die breit gefächerten materialwissenschaftlichen und werkstofftechnischen Themen, die am IWT bearbeitet werden, wieder. Für weitere Informationen und Rückfragen können Sie sich gerne an das Institut (www.tu-ilmenau.de/wt) wenden oder das Institut persönlich besuchen. Über Ihre Anregungen, konstruktive Kritik und Ihre Kontaktaufnahme würden wir uns sehr freuen. Das IWT steht wissenschaftlichen Zusammenarbeiten stets aufgeschlossen gegenüber.

In-situ-Messung und Simulation der Flüssigphasensilicierung

Peter Josef Hofbauer

Universitätsverlag Ilmenau
2020

Impressum

Bibliografische Information der Deutschen Nationalbibliothek
Die Deutsche Nationalbibliothek verzeichnet diese Publikation in der Deutschen Nationalbibliografie; detaillierte bibliografische Angaben sind im Internet über http://dnb.d-nb.de abrufbar.

Diese Arbeit hat der Fakultät für Maschinenbau der Technischen Universität Ilmenau als Dissertation vorgelegen.

Tag der Einreichung:	13. Dezember 2019
1. Gutachterin:	Univ.-Prof. Dr.-Ing. habil. Edda Rädlein (Technische Universität Ilmenau)
2. Gutachter:	Prof. Dr. rer. nat. habil. Friedrich Raether (Fraunhofer-Institut für Silicatforschung ISC)
3. Gutachter:	Univ.-Prof. Dr. rer. nat. habil. Dr. h. c. Peter Schaaf (Technische Universität Ilmenau)
Tag der Verteidigung:	24. Juni 2020

Technische Universität Ilmenau/Universitätsbibliothek
Universitätsverlag Ilmenau
Postfach 10 05 65
98684 Ilmenau
www.tu-ilmenau.de/universitaetsverlag

ISSN 1868-6532 (Druckausgabe)
ISBN 978-3-86360-222-2 (Druckausgabe)
DOI 10.22032/dbt.45029
URN urn:nbn:de:gbv:ilm1-2020000197

Kurzfassung

Die Flüssigphaseninfiltration von porösen Kohlenstoffvorformen mit Silicium, im Allgemeinen als Liquid Silicon Infiltration (LSI) bezeichnet, ist eine der wirtschaftlichsten Technologien zur Herstellung von kohlenstofffaserverstärktem Siliciumcarbid (C_f/SiC). Trotz jahrzehntelanger Forschung sind die physikalischen Phänomene an der Infiltrationsfront noch nicht hinreichend verstanden worden. Folglich existiert bislang kein mechanistisches Modell, das helfen würde, den Produktionsprozess von C_f/SiC-Bauteilen zu optimieren. Die vorliegende Arbeit dient dazu, die Forschungslücken zu schließen und ein validiertes Simulationsmodell zur Prozessoptimierung zur Verfügung zu stellen.

Inhaltlich wurde die Arbeit in drei Teile gegliedert, wobei sich der erste Teil zunächst mit den Herstellverfahren von C_f/SiC-Komponenten befasst. Anschließend werden die grundlegenden chemischen und physikalischen Vorgänge der Reaktion von Silicium und Kohlenstoff zu Siliciumcarbid erläutert. Gefolgt von dem bisherigen Verständnis der Infiltration von porösen, kohlenstofffaserverstärkten Kohlenstoffvorformen (C_f/C-Preforms) mit flüssigem Silicium, wird der Stand der Technik mit den bisweilen existierenden Infiltrations- und Diffusionsmodellen abgehandelt. Der zweite Teil befasst sich mit einem neu entwickelten Versuchsaufbau zur Untersuchung des LSI-Prozesses. Dieser ermöglicht eine In-situ-Beobachtung während der Infiltration einer Spaltkapillare aus Glaskohlenstoff mit Silicium. Ursprünglich war der Versuchsaufbau zur Validierung der bisher anerkannten Infiltrationsmodelle angedacht, die auf der allgemeinen Kapillartheorie beruhen. Allerdings zeigten die Versuche, dass sich die Infiltrationskinetik grundlegend von dem Verhalten unterscheidet, das durch die bekannten Infiltrationsmodelle vorhergesagt wird. Weitere Untersuchungen führten zu neuen Erkenntnissen, die den Aufbau eines mesoskopischen Modells zur Vorhersage des tatsächlichen Infiltrationsverhaltens ermöglichten. Mit der Infiltration und Untersuchung von porösen C_f/C-Materialien, wird der Anwendungsbereich des Infiltrationsmodells auf kommerzielle C_f/C-Materialien erweitert. Der dritte und letzte Teil behandelt den Aufbau eines numerischen Modells zur Simulation des LSI-Prozesses. Erstmals wurde die reaktive Infiltration von porösen C_f/C-Preforms im Dreidimensionalen simuliert und das Modell mit In-situ-Messungen validiert. Eine neu entwickelte Infiltrationsgleichung und die Einführung eines zeitabhängigen Diffusionskoeffizienten führten zu einer guten Übereinstimmung von Simulations- und Messergebnisse sowie zu kurzen Rechenzeiten auch für komplexe Bauteile im Industriemaßstab.

Abstract

The liquid phase infiltration of porous carbon preforms with silicon, commonly referred to as Liquid Silicon Infiltration (LSI), is one of the most economical technologies for the production of carbon fiber reinforced silicon carbide (C_f/SiC). Despite decades of research, the physical phenomena on the infiltration front have not yet been sufficiently understood. Consequently, up to now there is no mechanistic model of the reactive infiltration process that could help to optimize the production process of C_f/SiC components. The present work serves to close the research gaps and provide a validated simulation model for process optimization.

The present study was divided into three parts, with the first part initially dealing with the manufacturing processes of C_f/SiC components. Subsequently, the basic chemical and physical processes of the reaction of silicon and carbon to silicon carbide are explained. Followed by the previous understanding of the infiltration of porous carbon fiber reinforced carbon preforms (C_f/C-Preforms) with liquid silicon, the state of the art will be dealt with using the existing infiltration and diffusion models. The second part deals with the investigation of the LSI process by a newly developed experimental setup. This enables in situ observation during the infiltration of a gap capillary of glassy carbon with silicon. Originally, the experimental setup was intended to validate the previously recognized infiltration models based on general capillary theory. However, the experiments showed that the infiltration kinetics fundamentally differ from the behavior predicted by the known infiltration models. Further investigations led to new findings, which enabled the development of a mesoscopic model for predicting the actual infiltration behavior. With the infiltration and investigation of porous C_f/C materials, the scope of the infiltration model is extended to commercial C_f/C materials.

The third and last part deals with the structure of a numerical model for the simulation of the LSI process. The calculation model, based on the finite element method, includes both infiltration and reaction kinetics. For the first time, the reactive infiltration of porous C_f/C preforms was simulated in three dimensions and the model was validated with in situ measurements. A newly developed infiltration equation and the introduction of a time-dependent diffusion coefficient led to a good agreement between simulation and measurement results as well as to short computation times even for complex components on an industrial scale.

Inhaltsverzeichnis

II Untersuchung des LSI-Prozesses 43

III Simulation des LSI-Process 137

Nomenklatur und Glossar

Kurzbezeichnung keramischer Verbundwerkstoffe

Eine bindende Nomenklatur zur Bezeichnung keramischer Verbundwerkstoffe (CMCs) mit Faserverstärkung existiert bislang nicht. Üblicherweise werden die CMCs nach dem Schema Fasermaterial/Matrixwerkstoff bezeichnet [1]. Kohlenstofffaserverstärktes SiC wird demnach als C/SiC bezeichnet. Bei C/C-SiC kann es sich entweder um mit pyrolytischem Kohlenstoff beschichtete Kohlenstofffasern handeln, die in eine SiC-Matrix eingebettet sind, oder um eine kohlenstofffaserverstärkte Matrix, die selbst aus Kohlenstoff und Siliciumcarbid besteht [2]. Die Mehrdeutigkeit ergibt sich auch daraus, dass die Beschichtung im Falle einer Zwischenschicht, die die Faser an die Matrix anbindet, sowohl zur Matrix als auch zur Faser zugeordnet werden kann. Deshalb ist auch ein erweitertes Schema mit Fasermaterial/Beschichtungsmaterial/Matrixwerkstoff zu finden, was zu Bezeichnungen wie SiC/C/SiC führt [3]. Da Siliciumcarbid und Kohlenstoff sowohl als Faser- als auch als Beschichtungsmaterial auftreten, verliert dieses Schema an Eindeutigkeit. Aus diesem Grund werden von einigen Autoren Indizes für die Zuordnung der Materialien zur Faser (f), Beschichtung (l) und Matrix (m) verwendet [4, 5]. Die sich ergebenden Bezeichnungen wie $SiC_f/C_l/SiC_m$ sind zwar eindeutig, werden jedoch bei Fasern mit Mehrschichtsystemen zunehmend unübersichtlich. Eine ebenso übliche Nomenklatur ist eine Mischung der Schemata, die sich auf die Indizierung des Fasermaterials mit einem f beschränkt und die Beschichtungsmaterialien nicht aufführt [2]. Bei C_f/SiC

kann es sich daher um beschichtete oder unbeschichtete Kohlenstofffasern handeln, die von der SiC-Matrix umgeben sind. Da heutzutage fast ausschließlich beschichtete Fasern mit den unterschiedlichsten Schichtsystemen zum Einsatz kommen, kann mit dem letztgenannten Bezeichnungsschema die Werkstoffklasse unabhängig von der Beschichtung zusammengefasst werden [6, 7]. Aus diesem Grund wurde diese Nomenklatur für die vorliegende Arbeit ausgewählt.

Vektorielle Größen

Die vektoriellen Größen sind in dieser Arbeit durch Fettdruck gekennzeichnet.

Darstellung des Messwertebereichs

Mit den Symbolen ► und ◄ wurden die Bereiche eines Graphen eingegrenzt, in denen die Messwerte zur Näherung vorlagen. Außerhalb des mit den Dreieckssymbolen abgegrenzten Bereichs wurden die Kurvenverläufe extrapoliert.

Erstreckungsbereich von Werten

Die übliche Angabe der Erstreckungsbereiche mit einem Gedankenstrich kann in wissenschaftlichen Texten missverstanden werden. So kann z. B. der Gedankenstrich bei $3 - 5 \cdot 10^2$ Pa als Toleranz des Relativdrucks oder als Minuszeichen aufgefasst werden. Selbst die Zehnerpotenz kann falsch interpretiert werden. So könnte die Angabe sowohl für den Bereich von 3 Pa bis $5 \cdot 10^2$ Pa als auch von $3 \cdot 10^2$ Pa bis $5 \cdot 10^2$ Pa gedeutet werden. Hingegen ist die Angabe $3...5 \cdot 10^2$ Pa eindeutig, da das aus drei Punkten bestehende Erstreckungssymbol wie eine Klammer wirkt [8]. Demzufolge wurde die Notation mit den Punkten in dieser Arbeit verwendet.

Grünmaterial

Als Grünmaterial oder Grünkörper wird ein Rohling bezeichnet, der noch nicht thermisch behandelt wurde und sich somit noch im Grünzustand befindet [9–11].

Preform

In der CFK (carbonfaserverstärkter Kunststoff)-Industrie wird als Preform oder Vorform das Kohlenstofffaserhalbzeug bezeichnet, das weiter verarbeitet wird [12]. Der Begriff wurde bei der Herstellung von Faserkeramik übernommen und bezeichnet den Grünkörper vor der Silicierung [13].

Chargierung

Als Chargierung wird die Beschickung eines Ofens mit Erwärmungsgut und Brennhilfsmittel bezeichnet. Hinsichtlich der Flüssigphasensilicierung wird als Chargierung der Einbau der Preform, mitsamt dem für die Infiltration notwendigen Aufbau verstanden. Hierunter fällt beispielsweise auch das Befüllen der Tiegel mit Siliciumgranulat [5, 14].

Einleitung

Seit den sechziger Jahren werden von der Raumfahrtindustrie hochtemperaturbeständige Werkstoffe mit geringer Dichte und zugleich hoher spezifischer Festigkeit gefordert. Diesem Anspruch werden Bauteile aus kohlenstofffaserverstärktem Kohlenstoff (C_f/C) gerecht. Allerdings haben derartige Bauteile den Nachteil, dass sie bei Temperaturen ab 350...400 °C nicht mehr oxidationsbeständig sind [15]. Deshalb wurden in den siebziger Jahren erstmals poröse C_f/C-Verbundwerkstoffe mit flüssigem Silicium infiltriert, das mit der Kohlenstoffmatrix eine schützende Siliciumcarbidschicht um die Kohlenstofffasern bildet [16, 17]. Jedoch greift das Silicium auch die Kohlenstofffasern an und führt zur Versprödung der Fasern durch Carbidbildung an der Faser-Matrix-Grenzfläche. Deshalb zeigten Evans et al. bereits 1974, dass eine Beschichtung der Fasern mit pyrolytischem Kohlenstoff als Faserschutz zu signifikanten Festigkeitssteigerungen führt [16]. Dieser faserverstärkte, keramische Verbundwerkstoff wird bis heute im Wesentlichen in der Raumfahrtindustrie erfolgreich eingesetzt (siehe Abb. 0-1).

Der Erfolg von C_f/SiC bzw. C_f/C-SiC beruhte nicht nur auf der verbesserten Oxidationsbeständigkeit, sondern auch auf den kontinuierlich weiterentwickelten Materialeigenschaften. So wurden u. a. die Schutzschichten der Fasern weiterentwickelt, um das für Keramiken übliche Sprödbruchverhalten durch eine Quasiduktilität zu ersetzen, die ein katastrophales Materialversagen verhindert. Das pseudoplastische Bruchverhalten wird durch eine schwache Faser-Matrix-Bindung durch die Beschichtung erreicht. Sie ermöglicht bei entsprechender Krafteinwirkung ein Herausziehen der Faser aus der Matrix, auch Faser-Pull-out genannt. Dem Bruch kann so durch Reibung, Faserriss und Umlenken von Rissen an den Fasern, oder durch Überbrückung des Risses mit den Fasern, Energie entzogen werden [18–21]. Durch Variation von Fasertypen und -beschichtung, Mischungsverhältnisse und der Wahl des Herstellprozesses können gezielte Materialeigenschaften eingestellt werden. Dies ermöglicht eine individuelle Anpassung des

Abb. 0-1. IXV Recovery mit Steuerklappen aus C_f/SiC und ablasivem Hitzeschild aus C_f/C-SiC [5]. – Copyright ESA–M. Pedoussaut, 2015.

Werkstoffes an die Anwendungen. Als eines der wirtschaftlichsten Fertigungsverfahren von C_f/SiC- und C_f/C-SiC-Bauteilen gilt die Infiltration von porösen Kohlenstoffvorformen mit schmelzflüssigem Silicium, auch Liquid Silicon Infiltration (LSI) genannt. Der Prozess zeichnet sich im Vergleich zu anderen Verfahren durch geringere Prozesskosten und -zeiten aus [5, 6].

Die Hochtemperatur-, Thermoschock- und Oxidationsbeständigkeit von kohlenstofffaserverstärktem Siliciumcarbid, verbunden mit der Quasiduktilität und der hohen spezifischen Steifigkeit sowie dem geringen Wärmeausdehnungskoeffizienten, führten daher zu einem branchenübergreifenden Anwendungsbereich dieser speziellen Werkstoffklasse der Ceramic Matrix Composites (CMCs). C_f/SiC-Bauteile sind im Automotiv- und Eisenbahnbereich als Kupplungs- und Bremsscheiben sowie bei Fahrstühlen als Bremsbeläge oder als Gleitkufen für den Transrapid zu finden [22–27]. In der Luft- und

Raumfahrtindustrie werden C_f/SiC-Bauteile für Triebwerke, Brennkammern, Hitzeschilder und Steuerklappen zum Wiedereintritt für Raumfahrzeuge verwendet [28–38]. Weiter sind sie in Satelliten als Strukturteile, beispielsweise als optische Bänke zur Halterung von Spiegeln oder Kameras, als Spiegelrohlinge für Teleskop- oder Scanspiegel oder als Antennen zu finden [39–43]. Zudem werden aus diesem Material Kollektorspiegel mit Kühlkanälen für die Mikrolithografie hergestellt [44, 45]. Im Bereich der Energietechnik wird C_f/SiC für Wärmetauscher oder als Isolationsmaterialien in Kernkraftwerken und in Fusionsreaktoren eingesetzt [46–48]. Auch findet C_f/SiC als Material für ballistische Schutzsysteme Anwendung [49–52]. Eine Schlüsselrolle wird C_f/SiC bei der Energiewende und der damit verbundenen E-Mobilität sowie bei der Effizienzsteigerung von Triebwerken zugeschrieben [53–55]. Letzteres führte neben der Serienfertigung von Keramikbremssscheiben (siehe Abb. 0-2), auch zum Einsatz von C_f/SiC-Steuerklappen in Düsentriebwerken [56]. In diesen Marktbereich investierte beispielsweise GE Aviation bislang 1,5 Milliarden US-Dollar für die Entwicklung einer Prozesskette zur Herstellung von SiC_f/SiC-Turbinenkomponenten, mit einer Jahresproduktion von 50000 Stück und einem SiC-Faser-Verbrauch von 10 t [57]. Als problematisch erweist sich bei der Fertigungsroute von GE Aviation die auftretende Faserschädigung während des LSI-Prozesses [58].[1] Die reaktive Schmelzinfiltration führt zu einem lokalen Anstieg der Temperaturen, die zu Festigkeitsverlusten der Faser führen [5, 59, 63, 64]. Zur Minimierung der Faserschädigung infolge des LSI-Prozesses ist daher ein Wärmemanagement notwendig, das ein genaues Verständnis der Infiltrationskinetik und der Reaktionsmechanismen voraussetzt. Gleiches gilt für die Steigerung der Prozesssicherheit, Reproduzierbarkeit, Qualität und Energieeffizienz der über

[1] Die Degradation der SiC-Faser tritt bei Temperaturen oberhalb von 1200 °C unter Inertgas oder Vakuum aufgrund der einsetzenden Kornvergröberung innerhalb der Faser auf. Wird die Faser in oxidischer Atmosphäre ausgelagert, erfährt die Faser durch die Bildung von Kohlenstoffmonoxid eine zusätzliche Schädigung [59–62].

die Flüssigphasensilicierung hergestellten CMCs. Die hierfür notwendigen Untersuchungen gestalten sich allerdings aufgrund der hohen Prozesstemperaturen als technologisch schwierig, weshalb bislang der LSI-Prozess nicht vollständig mit entsprechend validierten Modellen beschrieben werden konnte [65].

Abb. 0-2. Keramische Bremsscheibe aus C_f/SiC. – Der Bremsscheibenring hat einen Durchmesser von 410 mm und eine Dicke von 38 mm.

Ziel der vorliegenden Arbeit ist es daher, die vorhandenen Erkenntnislücken mit neuen Untersuchungsmethoden zu schließen und die teils widersprüchlichen Aussagen in der Literatur zu klären. Zudem soll ein numerisches Berechnungsmodell bereitgestellt werden, das eine gesamtheitliche Simulation des Infiltrationsprozesses ermöglicht. Dadurch könnten kritische Temperaturerhöhungen und -gradienten, die während der Silicierung auftreten und zu Schädigungen von Fasern oder Spannungsrissen führen, identifiziert werden. Mit entsprechende Gegenmaßnahmen, beispielsweise durch Anpassung der Aufheiz- und Kühlraten, oder durch die Optimierung des Chargierungsaufbaus, könnten ferner Faserschädigung und Rissrisiko minimiert werden.

Der methodische Ansatz zur Modellbildung bestand zunächst aus grundlegenden Untersuchungen der Infiltrationskinetik. Hierfür wurde ein neuartiger Versuchsaufbau entwickelt, der die In-situ-Beobachtung einer mit Silicium infiltrierenden Kohlenstoffkapillare ermöglicht. Ursprünglich sollten mit dem Versuchsaufbau die Kapillarmodelle der Flüssigphasensilicierung, die in einschlägiger Literatur zu finden sind, bestätigt werden. Stattdessen wurden neue Erkenntnisse gefunden, die auch neue Gleichungen zur mathematischen Beschreibung der Infiltrations- und Reaktionskinetik erforderten. Nach deren Herleitung und Implementierung in mesoskopische und makroskopische Berechnungsmodelle wurden diese anschließend mit Versuchsreihen validiert. Hierfür stand eine thermooptische Messanlage am Fraunhofer Zentrum Hochtemperatur Leichtbau (HTL) für gravimetrische und optische In-situ-Messungen zur Verfügung (siehe Abb. 0-3).

Die vorliegende Arbeit deckt mit den durchgeführten Untersuchungen und den erstellten numerischen Berechnungsmodellen nicht nur Teilbereiche, sondern den vollständigen LSI-Prozess ab.

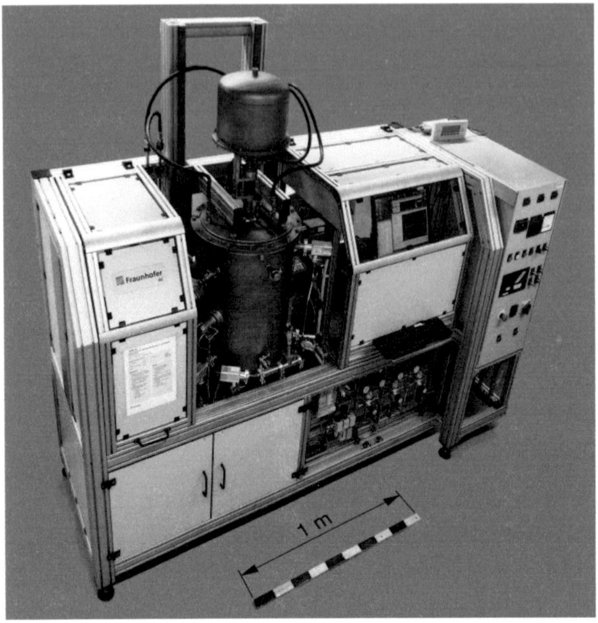

Abb. 0-3. Thermooptische Messanlage TOM_ac am Fraunhofer Zentrum Hochtemperatur Leichtbau in Bayreuth. – Mit der Anlage sind gravimetrische und thermooptische In-situ-Messungen bis 2200 °C möglich.

Teil I

Grundlagen und Stand der Forschung

1 C_f/SiC-Herstellung über den LSI-Prozess

Die Hersteller von C_f/SiC-Bauteilen entwickelten in den letzten Jahrzehnten unterschiedliche Fertigungsverfahren, die je nach Anwendungsbereich zu den entsprechend geforderten Materialeigenschaften führten. Heutzutage werden von den verschiedenen Herstellmethoden überwiegend Infiltrationstechniken angewandt, um in der porösen Kohlenstoffvorform eine SiC-Matrix zu bilden. Diese Infiltrationsverfahren lassen sich in fünf Gruppen einteilen [6]:

i) Liquid Polymer Infiltration (LPI) oder auch Polymer Infiltration and Pyrolysis (PIP) genannt: Infiltration mit siliciumhaltigen, vorkeramischen Polymeren und anschließender pyrolytischer Umwandlung des Polymers zu SiC.

ii) Chemical Vapor Infiltration (CVI): Infiltration mit siliciumhaltigem Reaktionsgas, das durch chemische Gasphasenabscheidung SiC an den Porenwänden bzw. Faseroberflächen bildet.

iii) Reactive Melt Infiltration (RMI) bzw. Liquid Silicon Infiltration (LSI) als Unterart der reaktiven Schmelzinfiltration: Infiltration mit schmelzflüssigem Silicium, das mit der Kohlenstoffmatrix zu SiC reagiert.

iv) Ceramic Slurry Infiltration (CSI): Infiltration mit SiC-pulverhaltigem Schlicker und anschließender Wärmebehandlung zur Kristallisation [66].

v) Sol-Gel Infiltration: Sol-Gel-Infiltration mit nachfolgender Kombination von Pyrolyse und Heißpressverfahren zur Generierung der SiC-Matrix [67].

Oftmals werden diese Verfahren aber auch kombiniert, um sich der jeweiligen Vorteile zu bedienen.

Abb. 1-1 zeigt schematisch den Verfahrensablauf zur Herstellung von C_f/SiC über den LSI-Prozess. Die direkte Fertigungsroute, die das Deutsche Zentrum für Luft- und Raumfahrt (DLR) verwendet [68], kann durch optionale Prozessschritte entsprechend erweitert werden. So wird das von Airbus Defence and Space unter dem Markennamen SICTEX® bekannte C_f/SiC über einen zusätzlichen CVI-Prozess zur Faserbeschichtung hergestellt [31]. SGL beschichtet die Fasern über den PIP-Prozess, bevor die Faserbündel zur Preformherstellung zerkleinert und zu C_f/SiC weiterprozessiert werden [69].

Die Herstellverfahren von kohlenstofffaserverstärkten Preforms zur Silicierung sind mit denen für herkömmliche kohlenstofffaserverstärkten Kunststoffteilen (CFRP) vergleichbar und weisen ebenso zahlreiche Varianten auf. Die Gebräuchlichsten sind: Handlaminieren, die Autoklav- bzw. Prepregtechnik, Resin Transfer Moulding (RTM) sowie die Heißpress- und Wickelverfahren. Eine endformnahe Fertigung wird jedoch häufig durch die notwendige Endformbarkeit begrenzt. Während bei den langfaserverstärkten CFRP-Preforms meist flüssiges Harz als Polymer verarbeitet wird, finden bei den kurzfaserverstärkten Preforms pulverförmige Harze Anwendung. Während des Mischvorgangs von Harz und Carbonfasern können auch Additive zugegeben werden, um z. B. durch zusätzliche SiC-Partikel eine Hybridverstärkung zu erreichen [70]. Die Pulver-Faser-Mischung wird

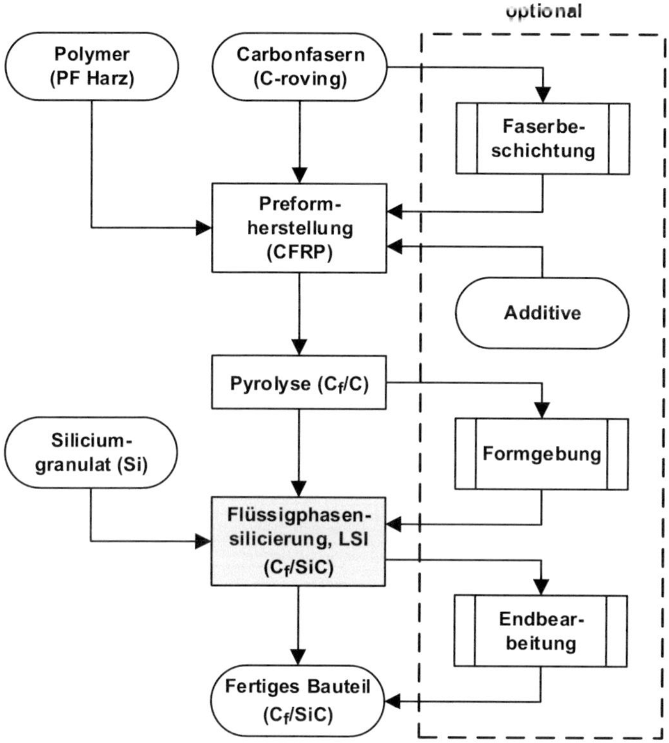

Abb. 1-1. Schematische Darstellung des Herstellverfahrens von C_f/SiC über die Fertigungsroute der Flüssigphasensilicierung (LSI-Prozess).

anschließend oberhalb der Schmelztemperatur des Harzes verpresst. Dabei fließt das geschmolzene Harz unter Druck in die Hohlräume des Pulver-Faser-Gemisches und führt so zu einem dichten CFRP-Werkstoff. Uniaxiale Pressvorgänge ermöglichen zudem eine endformnahe Preformherstellung. Allerdings lässt sich eine Faserausrichtung während des Pressens kaum vermeiden. Statistisch verteilte Faserausrichtungen werden hingegen mit isostatischen Pressverfahren erreicht. Damit werden mit Vakuumpressverfahren größere isotrope Rohblöcke gefertigt und als Halbzeug verwendet, das nach der Pyrolyse weiterverarbeitet wird.

Während der Pyrolyse wird die Polymermatrix unter Inertgasatmosphäre oder Vakuum bei Temperaturen von 800...1200 °C zu Kohlenstoff und Reaktionsgasen zersetzt [14]. Der Zersetzungsvorgang verursacht eine Schwindung der Polymermatrix, in der ein offenes Mikroporensystem durch das Austreten der Reaktionsgase entsteht. Zugleich wirken die Kohlenstofffasern der Volumenänderung der Matrix entgegen, was zu Spannungsrissen in der Kohlenstoffmatrix führt. Dadurch entsteht ein offenes und weit verzweigtes, mesoskopisches Porensystem mit einer durchschnittlichen Porengröße von 20...300 μm [69, 71–73]. Dieses Kanalsystem begünstigt wiederum das Entweichen der flüchtigen Gase. In umgekehrter Richtung wird das mesoskopische Porensystem für die Infiltration der C_f/C-Preform mit flüssigem Silicium und das Mikroporensystem zur Umsetzung der Kohlenstoffmatrix zu Siliciumcarbid genutzt. Dabei ermöglichen die relativ großen Kanäle des mesoskopischen Porensystem nicht nur eine rasche Infiltration, sondern verhindern auch einen Porenverschluss durch die SiC-Bildung [74]. Ein durchgängiges und homogenes Risssystem ist deshalb speziell bei dickwandigen Bauteilen erwünscht, um eine vollständige Infiltration der C_f/C-Preform sicherzustellen. Allerdings muss mit zunehmender Wandstärke die Zersetzungsrate, und folglich die Aufheizrate, während der Pyrolyse reduziert werden. Dies vermeidet zu hohe Spannungen aufgrund der entstehenden Gase, die die Preform beschädigen können. Je nach Bauteil können so Durchlaufzeiten von bis zu einer Woche entstehen. Nach der Pyrolyse ist eine Bearbeitung der Preform mit konventionellen Bearbeitungsmethoden wie Fräsen, Drehen, Bohren, Sägen, Kleben etc. möglich. Die Bearbeitung im C_f/C-Zustand hat den Vorteil, dass die Schwindung der Bauteile während der Pyrolyse nicht mehr berücksichtigt werden muss. Da der nachfolgende LSI-Prozess nur geringe Volumenänderungen von bis zu einigen Prozent verursacht, wird dadurch eine hohe Maßhaltigkeit der Bauteile erreicht. Allerdings wirkt sich im Gegensatz zum CFRP-Zustand der abrasive Kohlenstoffanteil negativ auf den Werkzeugverschleiß aus.

Wurde die Preform endformnah bearbeitet, wird das offene Porensystem zur Infiltration mit schmelzflüssigem Silicium genutzt [71]. Die zu infiltrierende Preform wird hierzu in einem Tiegel mit Siliciumgranulat eingebettet und in den Silicierofen eingebaut. Als Tiegelmaterialien können isostatisch gepresste Grafitqualitäten verwendet werden, die aufgrund der geringen Porosität von weniger als 10 % nur geringe Mengen an Silicium aufnehmen. Grafitsorten mit einer höheren, offenen Porosität nehmen bei Kontakt entsprechend mehr Silicium auf, was aufgrund der unterschiedlichen Ausdehnungskoeffizienten von Silicium und Grafit zu Spannungsrissen während des Abkühlvorgangs führen kann. Alternativ können Tiegel oder andere Brennhilfsmittel mit einer Bornitridschicht vor der Reaktion mit flüssigem Silicium geschützt werden. Überschüssiges Silicium, das nach der Infiltration am Bauteil haftet, muss bei dieser Chargierungsart jedoch aufwendig durch Schleifen oder Sandstrahlen entfernt werden. Um diesen Bearbeitungsschritt zu vermeiden, werden die Preforms auf sogenannte Dochte aufgesetzt, die ähnlich wie Kerzendochte durch Kapillarkräfte das geschmolzene Silicium zur Preform transportieren. Zugleich dienen sie als Abstandshalter zum überschüssigen Silicium. Ein Chargierungsaufbau mit Dochten ist in Abb. 1-2 dargestellt. Nach der Infiltration kann das Bauteil an den Kontaktstellen zu den Dochten einfach abgebrochen oder durch Schleifen abgetrennt werden (Abb.1-2b).

Für die Fertigung der Dochte werden Materialen mit einem offenen Porensystem verwendet, die mit Silicium benetzbar sind und so eine sichere Siliciumzufuhr gewährleisten. In der Praxis gebräuchlich sind carbonfasergebundene Hartfilze, C_f/C-Materialien oder pyrolysiertes Holz. Da die Dochte aufgrund ihres einmaligen Einsatzes als Verbrauchsmaterial gelten, stellen die auf Naturholz basierenden Materialien eine kostengünstige Alternative dar. Allerdings tritt bei der Pyrolyse von Naturhölzern eine starke Schwindung von ca. 20 % auf, die sich negativ auf die Reproduzierbarkeit auswirken kann. Als gut geeignet gelten z.B. Dübel aus Buchenholz, die auch zur Infiltration von C_f/SiC-Bremsscheiben verwendet werden (siehe Abb. 1-3) [75].

Während des Infiltrationsprozesses reagiert die Kohlenstoffmatrix mit dem Silicium zu Siliciumcarbid und bildet so die SiC-Matrix des Werkstoffes. Diese Reaktion ist stark exotherm, sodass hohe Temperaturgradienten von einigen hundert Kelvin im Bauteil entstehen können [76]. Die hohen Temperaturen werden kritisch, sobald sie Faserbeschichtungen oder Fasern beschädigen. Problematisch sind auch die aus den Temperaturgradienten resultierenden Spannungsrisse, die Bauteile schädigen können. Nach der Silicierung der Preforms werden die C_f/SiC-Bauteile nachbearbeitet. Vergleichbar ist dies mit konventionellen Gussbauteilen, die an Verbindungs- und Fügestellen mit Aufmaß gefertigt werden, sodass durch Nachbearbeitung die gewünschte Maßhaltigkeit oder Oberflächengüte erzielt wird. C_f/SiC-Bauteile können durch Schleifen, Erodieren oder mit neueren Verfahren, wie ultraschallunterstütztes Bohren oder Fräsen, nachgearbeitet werden [77, 78]. Abb. 1-4 zeigt die unterschiedlichen Materialzustände einer zylindrischen Probe im Laufe des C_f/SiC-Herstellverfahrens, entsprechend der Prozesskette nach Abb. 1-1. Material und Verfahrensablauf sind mit der Fertigung von herkömmlichen Keramikbremsscheiben vergleichbar.

(**a**) C_f/C-Preform vor der Infiltration.

(**b**) C_f/SiC-Probe nach der Infiltration.

Abb. 1-2. Auf Dochte chargierte, zylindrische Probe vor und nach der Siliciuminfiltration.

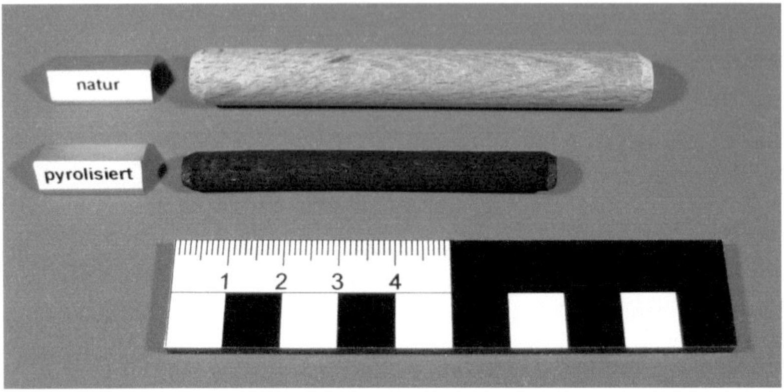

Abb. 1-3. Buchenholzdochte zur Flüssigphasensilicierung. – Handelsübliche Buchenholzdübel vor der Pyrolyse, mit ‚natur' bezeichnet, und nach der Pyrolyse mit ‚pyrolisiert' bezeichnet.

Abb. 1-4. Materialzustände einer zylindrischen Probe von den Ausgangsstoffen bis zum C_f/SiC-Zustand.

2 Die Reaktion von Si und C zu SiC

2.1 Allgemeines

Berzelius entdeckte 1824 die chemische Verbindung von Silicium und Kohlenstoff und bezeichnete sie als Kohlensilicium, das er jedoch nicht isolieren konnte [79, 80]. Despretz stellte, wenn auch unbewusst, 1849 Siliciumcarbid aus Quarzsand und einer Kohlenstoffelektrode mittels Joulescher Wärme im Labormaßstab her [81]. Cowles patentierte 1885 einen Rennofen[1], der u. a. mit einem von Quarzsand umgebenen Kohlenstoffkern mit an den Enden befindlichen Elektroden zur SiC-Herstellung bestückt werden konnte [83]. Der steigende Bedarf an Schleifmittel veranlasste 1893 Acheson, einen Ofen zur SiC-Herstellung im Industriemaßstab zu entwickeln, der dem von Cowles stark ähnelte [84]. Ebenso wie Cowles verwendete Acheson Grafitelektroden, die durch Anlegen einer Spannung das umgebende Gemisch aus Quarzsand und Kohlenstoff zu SiC synthetisieren. Nach diesem sogenannten ‚Acheson-Verfahren' wird bis heute SiC in großen Mengen synthetisch hergestellt [85]. Ein Verfahren zur SiC-Gewinnung aus der Schmelzphase entwickelte hingegen Marsden 1882 mit in Silber gelöster Kieselerde und einem Grafitschmelztiegel [86]. Auch Colson entwickelte 1882 ein Verfahren

[1] Renn- oder Schachtöfen sind Vorläufer der heute bekannten Hochöfen zur Gewinnung von Eisen. Der Name leitet sich von der aus dem Ofen rinnenden Schlacke ab [82].

zur Synthese von SiC [87]. Moissan verdampfte 1893 mit einem Lichtbogenofen die Kieselerde und erzeugte mithilfe der Kohlenstoffelektroden SiC-Kristalle [88]. Etwas später verwendete er anstatt der Kieselerde reines Silicium und Kohlenstoff zur Herstellung von nadelförmigen SiC-Kristallen über die Dampfphase [89, 90].

2.2 Reaktionsmechanismen

Die steigende Bedeutung des Acheson-Prozesses zur Herstellung von Siliciumcarbid aus Quarzsand (SiO_2) führte zunehmend auch zur genaueren Untersuchung der Reaktionsmechanismen der SiC-Bildung [91]. Deren zahlreiche Zwischenreaktionen konnten jedoch bis heute nicht eindeutig bestimmt werden [11, 85, 92]. Selbst im idealisierten Si-C-System werden unterschiedliche Reaktionsabläufe angegeben [93–95]. Unabhängig von der Reaktionskinetik zeigen thermodynamische Berechnungen, dass zumindest folgende Gleichungen im Si-C-System ablaufen [96–98]:

$$\mathrm{Si(s,l,g) + C(s) \longrightarrow SiC(s)} \tag{R 2-1}$$

$$\mathrm{2\,SiC(s) \longrightarrow Si_2(g) + C_2(g)} \tag{R 2-2}$$

$$\mathrm{SiC(s) + Si_2(g) \longrightarrow Si_2C(g) + Si(l,g)} \tag{R 2-3}$$

$$\mathrm{SiC(s) + C_2(g) \longrightarrow SiC_2(g) + C(s)} \tag{R 2-4}$$

$$\mathrm{Si_2C(g) + C_3(g) \longrightarrow 2\,SiC_2(g)}\,, \tag{R 2-5}$$

mit den in Klammern gesetzten Zustandsangaben s für fest, l für flüssig und g für gasförmig. Die Praxis zeigt jedoch, dass sich die SiC-Herstellung nur schwer wie im idealisierten Si-C-System darstellen lässt. Ofenisolierung aus Kohlenstofffasern, oder die Preform selbst, nehmen Luftfeuchtigkeit auf und lagern dadurch den in Wasser gebunden Sauerstoff ein [99]. Bornitridsuspensionen auf Wasserbasis, die zum Schutz von Brennhilfsmitteln verwendet werden, stellen eine weitere Sauerstoffquelle dar. Die Oxidationsschicht auf dem für die Schmelzinfiltration verwendeten Siliciumgranulat kann hingegen aufgrund der geringen Schichtdicke von ca. 1 nm vernachlässigt werden [100, 101]. Durch Aufheizen des Ofens und anschließendes, abwechselndes Evakuieren und Fluten mit Inertgas kann der Sauerstoffanteil im Ofen verringert werden. Zudem kann der Feuchtegehalt durch Trocknung der zu infiltrierenden Preforms und Brennhilfsmittel vor dem Einbau in den zuvor ausgeheizten Ofen weiter gesenkt werden. Ein Restanteil an Sauerstoff bleibt jedoch immer vorhanden und führt zu weiteren, teils unerwünschten[2] Reaktionsabläufen [73, 96, 98, 105, 106]:

$$C(s) + 1/2\,O_2(g) \longrightarrow CO(g) \qquad (R\,2\text{-}6)$$
$$2\,Si(l,g) + CO(g) \longrightarrow SiO(g) + SiC(s) \qquad (R\,2\text{-}7)$$
$$Si(s,l) + 2\,CO(g) \longrightarrow Si_2(s) + 2\,C(s) \qquad (R\,2\text{-}8)$$
$$SiO(g) + 2\,C(s) \longrightarrow SiC(s) + CO(g) \qquad (R\,2\text{-}9)$$
$$CO(g) + SiO(g) \longrightarrow SiO_2(s) + C(s) \qquad (R\,2\text{-}10)$$
$$SiO_2(s) + C(s) \longrightarrow SiO(g) + CO(g) \qquad (R\,2\text{-}11)$$
$$SiC(s) + 2\,SiO_2(s) \longrightarrow 3\,SiO(g) + CO(g) \qquad (R\,2\text{-}12)$$

.

Die teils homogenen, teils heterogenen Reaktionen laufen in unterschiedlichen Temperaturbereichen ab und sind aufgrund der Gasphasen zudem druckabhängig. Die mit FactSage[3] berechnete Si-Dampfdruckkurve und deren Partialdrücke sind in Abb. A-1 und A-2 dargestellt. Ebenso ist im An-

[2] Durch Oxidation von Kohlenstoff und Silicium entstehen die Gase CO und SiO. Das CO reagiert mit dem Siliciumgranulat bereits bei 1000...1400 °C und bildet dort eine SiC-Schicht [102]. Die SiC-Hülle wirkt als Diffusionsbarriere und kann das Eindringen des Siliciums in den Docht oder die Preform behindern. Das SiO reagiert zudem mit dem Kohlenstoff der Preform und führt dort zu einem Wachstum von SiC-Whiskern [103, 104]. Bei beiden Reaktionen wird der Sauerstoff nicht ‚verbraucht' und bildet somit ständig neues CO und SiO.

[3] Die Software FactSage greift auf mehrere hinterlegte Datenbanken zu und verwendet die thermodynamischen Daten, um optimierte Gleichungen für die Gibbs-Energien jeder Phase zu generieren. Die Berechnung der Phasenbereiche erfolgt mittels thermochemischen Funktionen und Algorithmen zur Minimierung der Gibbs-Energie [107, 108].

hang eine Übersicht der entstehenden Gasspezies im System Si - C - Ar - O_2 mit den zugehörigen Partialdruckkurven zu finden (siehe Abb. A-3). Zur besseren Darstellung der Reaktionsabläufe wurden die Gleichgewichtszustände von zwei praxisnahen Systemen mit FactSage berechnet. Das System 1 Si - 10 C - 0,9 Ar - 0,1 O_2 bildet beispielsweise eine Bauteilsilicierung in einem widerstandsbeheizten Ofen ab, der mit einem Gasgemisch aus 90 Mol-% Argon und 10 Mol-% Sauerstoff unter 1 bar betrieben wird. Die Ofenisolierung aus Kohlenstofffaser, sowie die Heizer und Brennhilfsmittel aus Grafit führen zu einem Kohlenstoffüberschuss im Verhältnis von 10:1 im Vergleich zu der für die Silizierung angedachten Menge an Si (siehe Abb. 2-1). Wird ein Bauteil in einem abgedeckten Tiegel siliciert, so kann gegenüber dem vorgenannten System ein Siliciumüberschuss auftreten. Bei gleicher Atmosphäre und gleichem Druck ergeben sich für das System 10 Si - 1 C - 0,9 Ar - 0,1 O_2 andere Gleichgewichtszustände (siehe Abb. 2-2). In Abb. 2-1 und Abb. 2-2 sind ausschließlich Reaktionsprodukte dargestellt, deren Maximalwert mehr als 10^{-2} mol beträgt.

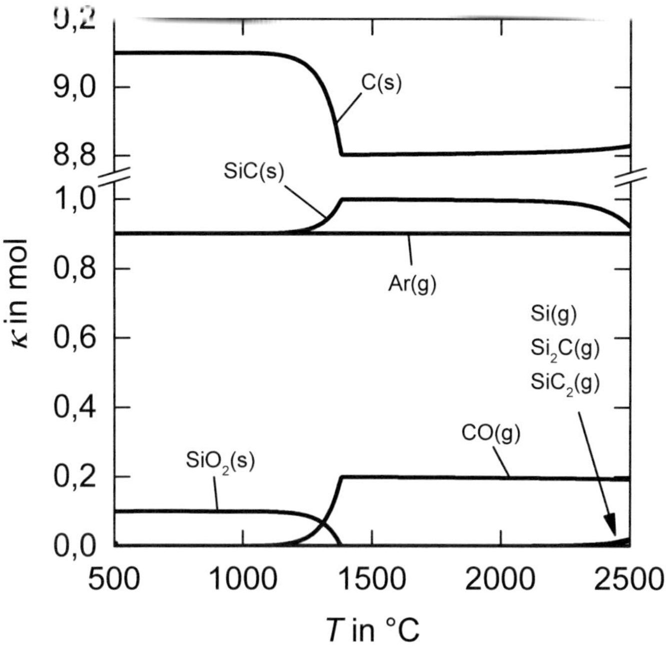

Abb. 2-1. Reaktionsprodukte im System 1 Si-10 C-0,9 Ar-0,1 O_2 bei 1 bar. – Zur thermochemischen Berechnung der Stoffmengen als Funktion der Temperatur, wurde FactSage 6.3 verwendet.

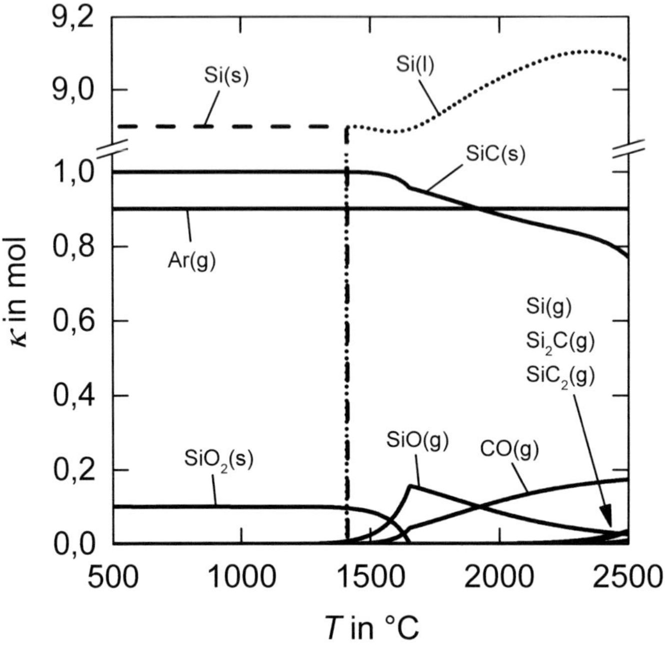

Abb. 2-2. Reaktionsprodukte im System 10 Si-1 C-0,9 Ar-0,1 O_2 bei 1 bar. – Zur thermochemischen Berechnung der Stoffmengen als Funktion der Temperatur, wurde FactSage 6.3 verwendet.

2.3 Reaktionsenthalpie

Sind die Enthalpien der Produkte und Edukte bekannt, kann die Reaktionsenthalpie der chemischen Reaktion mit

$$\Delta\mathrm{H} = \sum \mathrm{H(Produkte)} - \sum \mathrm{H(Edukte)} \tag{2-1}$$

berechnet werden. Nach dem Satz von Heß ist die Reaktionsenthalpie unabhängig von den Reaktionswegen, über die der Endstoff gebildet wird. Ferner ist die Enthalpie des stabilsten Polytyps eines Elements unter Standardbedingungen[4] als ‚gleich null' definiert [109]. Die Enthalpie von SiC ist unter Standardbedingungen für die Reaktion Si + C $\longrightarrow$ SiC demnach gleich der Standardbildungsenthalpie von SiC (siehe Tab. A-1):

$$\Delta\mathrm{H}^{\circ}_{298}(\mathrm{SiC}) = -69{,}2\,\mathrm{kJ/mol}\,.$$

Es handelt sich aufgrund des negativen Vorzeichens um eine exotherme Reaktion. Die SiC-Bildung findet jedoch während des Silicierprozesses unter weitaus höheren Temperaturen statt, sodass die temperaturabhängige Reaktionsenthalpie des SiC von Interesse ist. Mit der Gleichung

$$\mathrm{H}_{T_2} = \mathrm{H}_{T_1} + \int_{T_1}^{T_2} C_\mathrm{P}\, dT \tag{2-2}$$

kann die Enthalpie H bei einer bestimmten Temperatur T_1 mit bekannter Wärmekapazität $C_P(T)$ für eine andere Temperatur T_2 berechnet werden. Tritt innerhalb des betrachteten Temperaturintervalls eine Phasenumwand-

[4] Als Standardbedingung wird der Standardzustand bei 1,013 bar und 25 °C angenommen [109].

lung bei der Umwandlungstemperatur T_U ein ($T_1 < T_U < T_2$), so muss auch die Umwandlungsenthalpie H_{T_U} berücksichtigt werden [11]:

$$H_{T_2} = H_{T_1} + \int_{T_1}^{T_u} C_P \, dT + H_{T_u} + \int_{T_u}^{T_2} C_P \, dT \,. \tag{2-3}$$

Während zur Berechnung der Enthalpien von C und SiC von Raumtemperatur (RT) bis 2500 °C die Gleichung 2-2 genügt, muss für das Si oberhalb des Schmelzpunktes Gleichung 2-3 angewandt werden. Die Umwandlungsenthalpie entspricht hierbei der Schmelzenthalpie von Silicium. Abb. 2-3 zeigt die temperaturabhängigen Enthalpien von C, Si und SiC sowie die Reaktionsenthalpie von SiC.[5]

[5] Die für die Berechnung benötigten Wärmekapazitäten $C_P(T)$ wurden für Si und β-SiC aus Abb. A-8 sowie für C aus Abb. A-9 (für Grafit G 348) und die Schmelzenthalpie von Si aus Tab. A-1 entnommen.

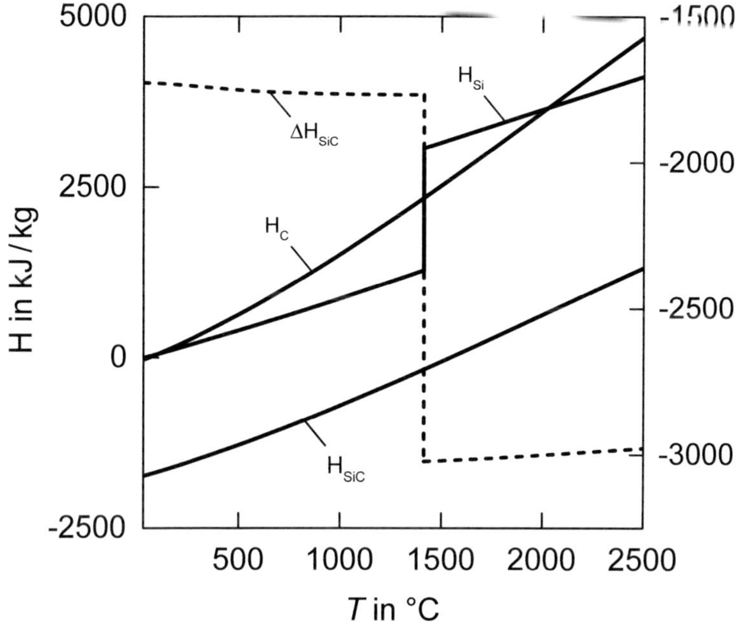

Abb. 2-3. Enthalpien H und Reaktionsenthalpie ΔH von C, Si und β-SiC.

2.4 Das C-Si-Phasendiagramm

Zur Berechnung des C-Si-Phasendiagramms wurde die Software FactSage benutzt (siehe Abb. 2-4). Das erstellte Phasendiagramm deckt sich im Wesentlichen mit den in der Literatur häufig angegebenen Diagrammen von Scace und Slack bzw. von Kleykamp und Schumacher [11, 110, 111]. Sowohl Scace als auch Kleykamp bestimmten die peritektische Temperatur von SiC zu $(2830 \pm 40)\,^{\circ}C$.

Ebenso sind die Phasendiagramme von Dolloff sowie von Olesinski und Abbaschian in der Literatur anzutreffen, die, anders als Scace und Kleykamp, eine peritektische Temperatur von SiC mit $(2545 \pm 40)\,^{\circ}C$ angeben (siehe Abb. 2-5). Auch die von der American Ceramic Society und dem National Institute of Standards and Technology veröffentlichte Datenbank ‚Phase Equilibria Diagrams Database Version 3.3' gibt für das C-Si-System ausschließlich das Phasendiagramm nach Olesinski an. Auch Gröbner et al. schlossen die Daten von Dolloff für die optimierte Berechnung des Si-C-Phasendiagramms aufgrund des Widerspruchs zu zahlreichen anderen Messergebnissen aus [112]. Jansen vermutete einen systematischen Fehler bei den Daten von Dolloff und ergänzte das von Gröbner optimierte Phasendiagramm mit weiteren Daten von Yanaba. Sowohl Göbners als auch Jansens C-Si-Phasendiagramm mit den peritektischen Temperaturen von 2824 °C bzw. 2822 °C stimmen gut mit der mit FactSage berechneten Temperatur von 2825 °C überein [113, 114].

Hinsichtlich des Schmelzpunktes von reinem Silicium ist die Streuung der Literaturangaben weitaus geringer. Eine Übersicht der von zahlreichen Autoren ermittelten Schmelztemperatur ist in Tab. A-2 gegeben. Aus den Werten errechnet sich ein Mittelwert von (1413 ± 5) °C. Infolge der Literaturrecherche wird in dieser Arbeit das mit FactSage erstellte C-Si-Phasendiagramm und eine Si-Schmelztemperatur von (1413 ± 5) °C angenommen.

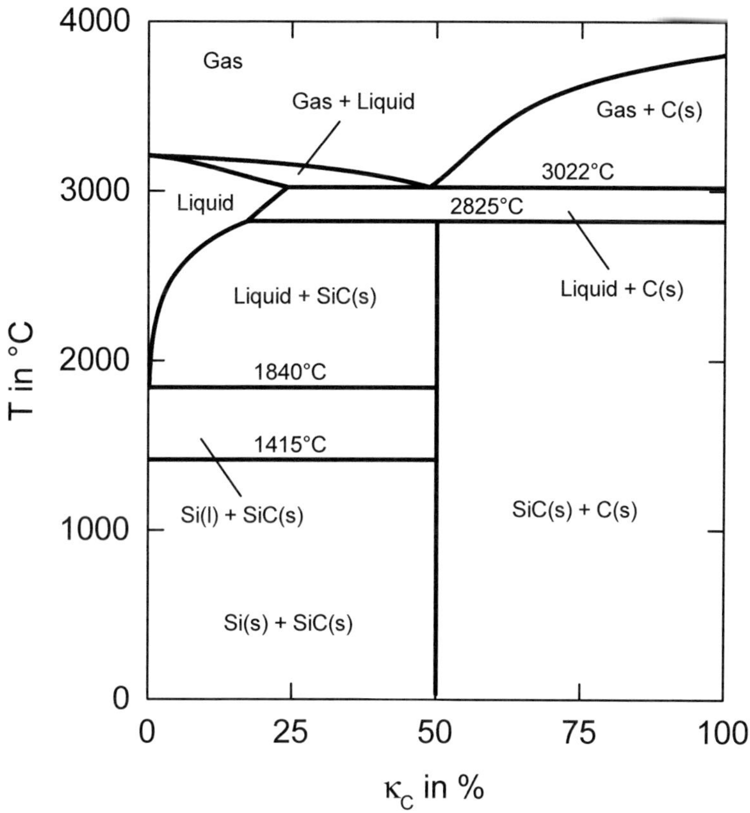

Abb. 2-4. C-Si-Phasendiagramm bei 1 bar. – Das Phasendiagramm wurde mit FactSage 6.3 erstellt.

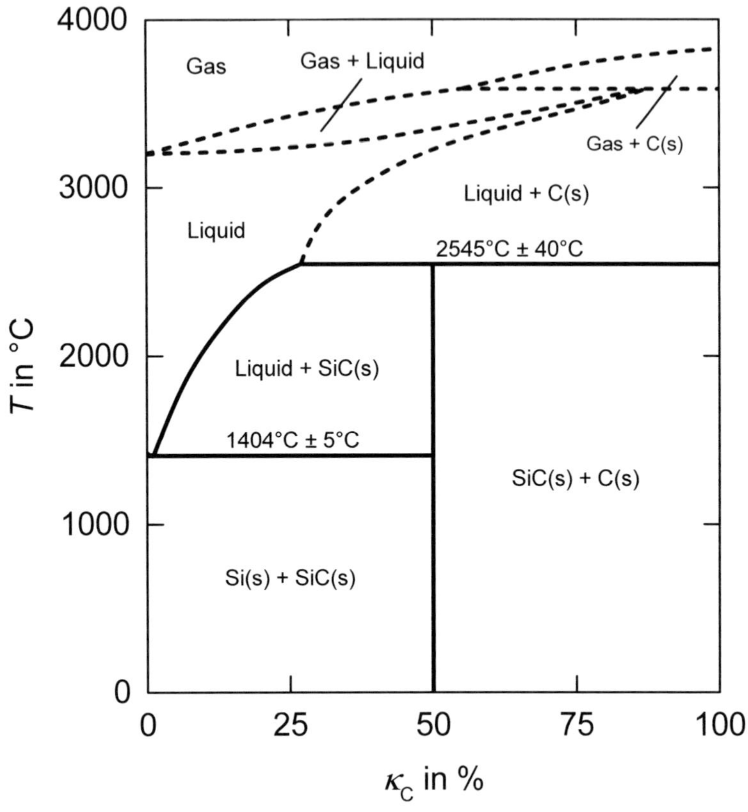

Abb. 2-5. C-Si-Phasendiagramm bei 1 bar nach Olesinski [92, 115, 116].

2.5 SiC-Polytypie

Siliciumcarbid besitzt eine einfache Struktur mit nahezu isotropen Eigenschaften. Jedes Atom eines Elements in der Einheitszelle wird durch einen Tetraeder von vier Atomen des anderen Elements umgeben. Die Bindung von SiC ist im Wesentlichen kovalent, mit einem untergeordneten ionischen Anteil [117]. Die leicht unterschiedlichen Kristallstrukturen in denen das SiC auftreten kann, werden in die zwei Gruppen α- und β-SiC eingeteilt. Siliciumcarbid mit der kubisch flächenzentrierten Zinkblende-Struktur wird als β-SiC bzw. nach der Ramsdell-Notation als 3C-SiC bezeichnet [118]. Alle anderen Polytypen mit hexagonalen und rhombohedralen Gittern werden unter α-SiC zusammengefasst [117, 119]. Häufig auftretende hexagonale Polytypen sind 4H- und 6H-SiC, die eine zwei- bzw. dreifache Periodizität von dem metastabilen 2H-SiC mit der Wurtzitstruktur aufweisen. Die Metastabilität führt dazu, dass sich 2H-SiC im Temperaturbereich von 1400...1800 °C in das stabilere 3C-SiC umwandelt [120, 121]. Oberhalb von 1950...2100 °C wandelt sich das 3C-SiC bzw. β-SiC in α-SiC um. Der Temperaturbereich ergibt sich aus dem Einfluss der Verunreinigungen auf die Umwandlungstemperatur. Dies führt zu einer entsprechenden Streuung der Messwerte (siehe Tab. A-3). Bor oder Aluminium begünstigen z. B. die Transformation zu α-SiC, wohingegen Stickstoff die Umwandlungstemperatur und -zeit erhöht. Werden Verunreinigungen nahezu ausgeschlossen, dann ist 3C-SiC der einzige stabile Polytyp bis zur Umwandlung von 6H-SiC. Alle anderen Polytypen werden erst durch die Verunreinigungen stabilisiert [122]. Zudem ist die Polytypänderung druckabhängig, was eine Rücktransformation bei höheren Drücken ermöglicht (siehe Abb. 2-6) [117, 123, 124].

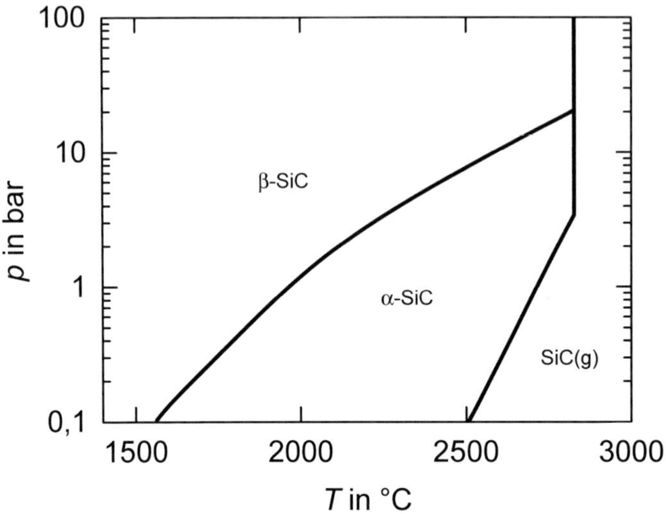

Abb. 2-6. Temperatur- und druckabhängige Polytypenänderung von α- und β-SiC nach Ryan et al. [123].

3 Infiltrationsmodelle

3.1 Überblick

Derzeit existieren nur wenige Modelle zur Beschreibung der Infiltrationskinetik des LSI-Prozesses. Allesamt gemein haben sie, dass es sich um konzeptionelle Modelle handelt. Das heißt, komplizierte physikalische Phänomene werden mit fiktiven, einfacheren Vorgängen beschrieben, die mit mathematischen Gesetzmäßigkeiten die tatsächlichen Phänomene ausreichend beschreiben sollen [125]. Diese lassen sich in die Gruppen der Kapillar- und der Diffusionsmodelle[1] einteilen.

Kapillarmodelle

Das Kapillarmodell zur Beschreibung der Infiltrationskinetik von Fluiden in poröse Körper wurde 1921 von Washburn, basierend auf dem Gesetz von Hagen-Poiseuille, entwickelt. Er nahm an, dass sich der poröse Körper durch mehrere, parallel geschaltete, zylindrische Kapillaren mit konstantem Durchmesser ersetzen lässt [128]. Bosanquet berücksichtigte 1923 zudem die Trägheitskräfte aufgrund der in der Kapillare beschleunigten Flüssigkeit, die

[1] Die partielle Differenzialgleichung $\boldsymbol{j} = -a \cdot \nabla u$ mit dem Fluss $\boldsymbol{j}$ und der unabhängigen Variable a beschreibt sowohl das Fick'sche Diffusionsgesetz als auch das Darcy-Gesetz [126, 127]. Lediglich die Bedeutung der Lösung u ändert sich; sie ist die chemische Konzentration bei der Diffusion bzw. der Flüssigkeitsdruck im Darcy-Gesetz. Aufgrund des Diffusionscharakters der Darcy-Gleichung und der darauf aufbauenden Formulierungen werden diese Modelle in der vorliegenden Arbeit verallgemeinert als Diffusionsmodelle bezeichnet.

jedoch bei kleinen Kapillardurchmesser vernachlässigbar sind [129]. Peek und McLean erweiterten 1934 das Kapillarmodell dahingehend, dass sie zu der parallelen Anordnung von Kapillaren die einzelnen Kapillaren in den Durchmessern variierten. Sie nahmen an, dass sich die in einem faserigen, porösen Material vorhandene Porengrößenverteilung mit in Reihe geschalteten Kapillaren mit wechselnden Durchmesser nach derselben Verteilungsfunktion abbilden lässt [130]. Rose und Bruce wandten 1949 den von Kozeny bereits 1927 eingeführten Verwindungsfaktor auf das Kapillarmodell an. Dieser Faktor trägt dem Phänomen Rechnung, dass die eindringende Flüssigkeit nicht zwangsläufig den direkten Weg zurück legt, sondern aufgrund des geringeren Widerstands gewundene, längere Strecken über Querkapillaren bevorzugt [131, 132]. Levine et al. befassten sich u. a. mit dem Problem der Washburn-Gleichung, dass sich am Kapillareingang eine unendlich hohe Beschleunigung des Fluids ergibt, und formulierten 1976 eine entsprechende Lösung [133]. Dullien et al. verfolgten 1977 den Ansatz von Peek und McLean, mit dem sich periodisch ändernden Kapillardurchmesser, weiter und führten einen scheinbaren Kapillardurchmesser ein. Dieser ist nach Dullien proportional zur Permeabilität [134]. Gern nutzte 1995 erstmals ein vereinfachtes Kapillarmodell zur Vorhersage des Infiltrationverhaltens von Silicium in poröse C_f/C-Preforms. Da eine direkte Beobachtung der Siliciuminfiltration nicht möglich war, wurde das Modell indirekt über die Siliciumkonzentrationsverteilung im Bauteil verglichen und für längere Infiltrationszeiten (> 27 s) eine gute Übereinstimmung festgestellt [65, 135]. Einset verwendete 1996 ein Kapillarmodell aus einer einzelnen Kapillare mit zwei sich periodisch ändernden Kapillardurchmessern basierend auf dem Modell von Dullien. Die theoretisch ermittelte Infiltrationsgeschwindigkeit wich von der tatsächlichen Geschwindigkeit um ca. 20 % ab. Im Zeitbereich von 0...15 s der Infiltration zeigten die vorhergesagten Werte größere Abweichungen [136]. Diese konnten auch in einer späteren Arbeit nicht behoben werden [137]. Sangsuwan et al. (1999) betteten zur Verifikation des Kapillarmodells Thermoelemente in unterschiedlichen Abständen in eine C_f/C-Probe ein, die sie in flüssiges Silicium eintauchten. Anhand der bekannten Abstände und der Temperaturerhöhungen aufgrund der exothermen Reaktion an der Infiltrationsfront konnten sie die Infiltrationsgeschwindigkeit bestimmen. Ein Vergleich mit den theoretisch ermittelten Geschwindigkeiten zeigte jedoch, dass die gemessenen Werte um den Faktor 13 bis 24 geringer ausfielen. Begründet wurde dies mit einem reaktionsbedingtem Porenverschluss[2] und dem vereinfachten Kapillarmodell [76]. Eine theoretische Untersuchung des Einflusses des Choking-Effekts[2] (Porenverschluss) während der Infiltration wurde von Yang et al. (2000) und Sergi et al. (2014-2016) durchgeführt [74, 138–141].

Diffusionsmodelle

Darcy veröffentlichte 1856 die mit einem Sandfilter empirisch ermittelte Gesetzmäßigkeit, dass sich der Durchfluss direkt proportional zum hydraulischen Gradienten und dem Querschnitt bzw. indirekt proportional zur Länge des durchströmenden, porösen Mediums verhält [127]. Richards erweiterte 1931 das Diffusionsmodell von Darcy auf gesättigt-ungesättigte poröse Medien, indem er die Darcy-Gleichung und die Kontinuitäts- und Massengleichung zu der heute genannten Richards-Gleichung verband [142]. Godard et al. (1971) verwendeten das zweite Fick'sche Diffusionsgesetz zur Beschreibung der Imprägnierung eines porösen Mediums. Sie verglichen ihre gefundene Formulierung mit einem Kapillarmodell und stellten fest, dass das Diffusionsmodell bis zu einem Imprägnierungsgrad von 80 % und das

[2] Der Porenverschluss wird auch als Choking (engl. für Drosseln bzw. Verstopfen) bezeichnet. Durch die Reaktion des Kohlenstoffsubstrats mit dem flüssigen Silicium zu SiC, was mit einem Volumenzuwachs der festen Phase verbunden ist, verengt sich der Porenkanal und kann bei kleinen Durchmessern bis zum Verschluss führen [94]. In einem offenen Porensystem können die verschlossenen Kanäle über größere Kanäle umgangen werden, so dass dies nicht zwangsläufig zu einem Stillstand der Infiltration führt.

Kapillarmodell lediglich bis zu 50 % gut mit den Versuchsergebnissen übereinstimmt [126, 143]. Hillig formulierte den aus der Poiseuille-Gleichung und dem Kapillardruck hergeleiteten Ausdruck 1988 dahingehend um, dass er einen Parameter mit der Einheit eines Diffusionskoeffizienten erhielt. Anhand dieses Diffusionskoeffizienten verglich er das Infiltrationsverhalten unterschiedlicher Infiltrate [105].[3] Nelson und Colella führten 1999 die Gesetze der Massenerhaltung und von Darcy mit der Dupuit-Forcheimer Beziehung auf eine Poissongleichung zurück. Aus der daraus erhaltenen Druckverteilung leiteten sie ein Geschwindigkeitsfeld für die Infiltration ab [144].

Darüber hinaus gibt es noch weitere Infiltrationsmodelle für poröse Medien (siehe Bear [125], Dullien [145], Pop und Ingham [146] sowie Pinder und Gray [147], deren Gültigkeit u. a. von den Infiltrationsgeschwindigkeiten für bestimmte Reynoldszahlen, Druckdifferenzen und -absolutwerte oder von der Porengeometrie abhängig ist. Die vorangegangene Auswahl wurde unter dem Aspekt getroffen, dass sie bereits auf den speziellen Fall der reaktiven Infiltration von C_f/C-Preforms mit Silicium angewandt wurde. In der aktuell vorliegenden Literatur wird das Kapillarmodell zur Beschreibung der Infiltrationsvorgänge als gültiges Modell verwendet [5, 6, 69, 148]. Es wird daher zum Abgleich mit den Ergebnissen und Modellen in dieser Arbeit herangezogen.

[3] Aufgrund des Diffusionskoeffizienten wurde sein Modell als Diffusionsmodell eingruppiert.

3.2 Washburn-Modell und Kapillardruck

Zur Beschreibung der Kapillarströmung in einem zylindrischen Rohr entwickelte Washburn eine Gleichung auf Grundlage des Gesetzes von Hagen-Poiseuille. Demnach kann die zeitabhängige Längenänderung der Flüssigkeit in einer Kapillare mit einer Differenzialgleichung erster Ordnung beschrieben werden [128]:

$$\frac{\mathrm{d}l}{\mathrm{d}t} = \frac{\sum p \cdot (r^4 + 4\varepsilon r^3)}{8r^2 \eta l} \,. \tag{3-1}$$

Hierbei ist l die Länge der Flüssigkeitssäule in der Kapillare mit dem Radius r zur Zeit t, η die Viskosität der Flüssigkeit und ε deren Gleitreibungskoeffizient. Der Ausdruck $\sum p$ beschreibt den treibenden Totaldruck, der sich aus drei einzelnen Drücken zusammensetzt: dem atmosphärischen Druck p_A, dem hydrostatischen Druck p_h und dem Kapillardruck p_K. Der atmosphärische Druck wird im Folgenden als konstant angenommen. Der Druck p_h ergibt sich zu [128]

$$p_\mathrm{h} = h \cdot g \cdot \rho - l \cdot g \cdot \rho \; sin\psi \,, \tag{3-2}$$

wobei h die Höhe der Flüssigkeitssäule und l der lineare Abstand zwischen A und B ist (siehe Abb. 3-1). Weiter ist ρ die Dichte der Flüssigkeit, g die Erdbeschleunigung und ψ der Winkel zwischen $\overline{\mathrm{AB}}$ und der Horizontalen. Für p_K ergibt sich [128]

$$p_\mathrm{K} = \frac{2\sigma}{r} cos\Theta \,, \tag{3-3}$$

mit σ als Oberflächenspannung der Flüssigkeit und Θ als Kontaktwinkel zur

Kapillarwand. Zusammengefasst und substituiert in Gleichung (3-1) ergibt sich somit folgendes Gesetz für die Infiltrationsgeschwindigkeit [128]:

$$\frac{\mathrm{d}l}{\mathrm{d}t} = \frac{\left[p_\Lambda + g \cdot \rho(h - l sin\psi) + \frac{2\sigma}{r} cos\Theta\right](r^2 + 4\varepsilon r)}{8\eta l} \,. \tag{3-4}$$

Wird eine einzelne, senkrechte Kapillare, deren Eingang mit der Flüssigkeitsoberfläche in einer Ebene liegt, betrachtet, können nun Vereinfachungen der Washburn-Gleichung vorgenommen werden. Es entfällt der Beitrag des hydrostatischen Drucks zum Totaldruck $\sum p$, der sich aufgrund der Höhe $h = 0$ (siehe linker Term in Gleichung 3-2) aus der Flüssigkeitssäule oberhalb dieser Bezugsebene ergeben würde. Auch bewegt sich in diesem speziellen Fall die Infiltrationsfront in Richtung der Flächennormalen zur Flüssigkeitsoberfläche des Reservoirs, sodass sich mit $sin\,90^\circ = 1$ und $l = h$

$$p_\mathrm{h} = -h \cdot g \cdot \rho \tag{3-5}$$

ergibt. Wird weiter angenommen, dass im gesamten System der gleiche konstante Druck p_A herrscht, so entfällt dieser Beitrag zum Totaldruck ebenfalls. Unter der Annahme, dass sich das Kapillarmaterial mit der Flüssigkeit benetzen lässt, erhält der Gleitreibungskoeffizient ε den Wert 0, da die Flüssigkeitsmoleküle an der Kapillarwand haften bleiben und kein Gleiten entsteht. Dadurch entfällt ein weiterer Term in der Gleichung. Werden nun alle Randbedingungen und Annahmen zusammengefasst und aufgrund einer ausschließlich senkrechten Bewegungsrichtung die Länge l durch die Höhe h ersetzt, so ergibt Gleichung 3-4 folgendes, bekanntes Aussehen:

$$\frac{\mathrm{d}h}{\mathrm{d}t} = \frac{\left(\frac{2\sigma}{r} cos\Theta - \rho \cdot g \cdot h\right) r^2}{8\eta h} \,. \tag{3-6}$$

Die anfänglichen Trägheitseffekte beim Eindringen der Flüssigkeit in die Kapillare, also in der Nähe von $h = 0$, wurden von Washburn nicht berücksichtigt, jedoch später von Bonsequet behandelt [129]. Dieser zeigte, dass für Kapillardurchmesser < 1 mm die Trägheitseffekte vernachlässigbar sind und nur noch das dominierende Washburn-Verhalten $h \sim \sqrt{t}$ zu beobachten ist [129].

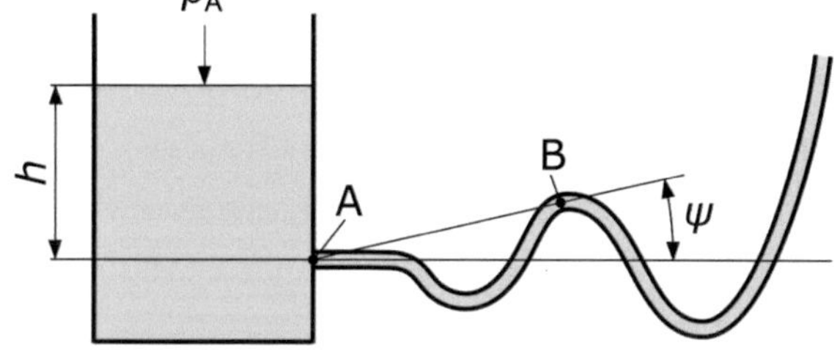

Abb. 3-1. Washburn-Modell einer Kapillare mit konstantem Querschnitt.

p_A	Atmosphärendruck
h	Höhe des Flüssigkeitsspiegels von A
A	Kapillareinlass
B	beliebiger Punkt entlang der Kapillare
ψ	Innenwinkel zwischen $\overline{AB}$ und der Horizontalen durch A

3.3 Benetzungswinkel, Viskosität und Oberflächenspannung

Es gibt mehrere Arbeiten, die sich mit der Bestimmung des Kontaktwinkels von Silicium mit verschiedenen Kohlenstoffsubstraten befassen. Zur Untersuchung wurde meist das Verfahren des liegenden Tropfens[4] angewandt. Anfänglich wurde ein zeitlich konstanter Kontaktwinkel angenommen [150]. Spätere Arbeiten zeigten jedoch, dass Silicium den Kohlenstoff zunächst nicht benetzt, sondern sich erst nach einer gewissen Zeit eine Benetzung mit einem Kontaktwinkel $< 90\,^\circ$ einstellt [150–156]. Dieser ist von mehreren Parametern abhängig. So zeigten Israel et al., dass der Benetzungswinkel von der Atmosphäre und die Ausbreitungsgeschwindigkeit des Si-Tropfens von der Grafitqualität abhängig sind [154]. Ciftja et al. wiesen die Abhängigkeit des Benetzungswinkels von der Oberflächenrauheit des Kohlenstoffsubstrats [155] und Whalen und Anderson die Temperaturabhängigkeit des Kontaktwinkels nach [150]. Ein weiterer Zusammenhang vom Benetzungswinkel mit der aufzuschmelzenden Siliciummasse wurde von Li und Hausner identifiziert [151]. Eine Übersicht der Ergebnisse von verschiedenen Autoren sind für die Systeme Silicium/Glaskohlenstoff und für Silicium/Grafit in Abb. A-16 und Abb. A-17 dargestellt. In dieser Arbeit wurden die Messdaten von Li und Hausner und Meinhardt et al. verwendet, deren Kontaktwinkelmessung im System Silicium/Glaskohlenstoff einen konstanten Benetzungswinkel von ca. $10\,^\circ$ nach 500 s ergab [151, 153]. Sie verwendeten bei ihren Versuchen eine modifizierte Messmethode des liegenden Tropfens, mit der das zu untersuchende Medium in einer chemisch resistenten Kanüle aufgeschmolzen wird, bevor es mithilfe von Inertgas aus der Kanüle herausgedrückt und auf das Substrat dispensiert wird. Anders als beim Aufschmelzen der Probe direkt auf der Substratoberfläche hat diese Methode den Vorteil, dass die Schmelze vor der umgebenden Atmosphäre geschützt wird, bzw. gebildete Oxidfilme beim Herauspressen der Schmelze zerstört werden [157]. Zudem können beliebige Temperaturen oberhalb des Schmelzpunktes eingestellt

[4]Die Kontaktwinkelmessung erfolgt bei diesem Verfahren über eine Tropfenprofilanalyse. Hierbei wird optisch der Kontaktwinkel am Dreiphasenkontakt, d. h. an dem Punkt, an dem Substrat, Tropfen und Gas zusammentreffen, gemessen. Der Kontaktwinkel ist der Innenwinkel zwischen Tropfen- und Substratoberfläche an der Dreiphasengrenze. Ist der Kontaktwinkel $< 90\,^\circ$, benetzt die zu untersuchende Flüssigkeit das Substrat [149].

werden. Einflüsse von Oxidationsschichten oder des Schmelzprozesses auf die Benetzung können somit ausgeschlossen werden [151, 152]. Die Fallgeschwindigkeit des Tropfens beim Auftreffen auf das Substrat, die die Ausbreitungsgeschwindigkeit beeinflussen kann, kann in diesem Fall aufgrund der geringen Ausbreitungsgeschwindigkeit vernachlässigt werden.[5]

Sasaki et al. und Sato et al. untersuchten die Temperaturabhängigkeit der Viskosität von geschmolzenem Silicium mit der Schwingungs-Tiegelmethode.[6] Sie stellten fest, dass die Messwerte aufgrund der variierenden Benetzungswinkel von Siliciums auf unterschiedlichen Tiegelmaterialien beeinflusst werden [160, 161]. Aus diesem Grund wurden zur Bestimmung der temperaturabhängigen Viskosität des Siliciums Literaturwerte von Autoren herangezogen, die entweder die Levitations-Methode oder die Tiegelmaterialien[7] verwendeten, die von Silicium nicht benetzt werden (siehe Abb. A-14).

Der Einfluss von Verunreinigungen auf die Oberflächenspannung des Siliciums wurde von Hardy untersucht. Er führte die Versuche nach der liegenden-Tropfen-Methode unter Argonatmosphäre durch und zeigte, dass die Oberflächenspannung von der mit Sauerstoff verunreinigten Ar-Atmosphäre abhängig ist. Das bedeutet, dass mit zunehmender Sauerstoffkonzen-

[5] Die Fallgeschwindigkeit des Tropfens zum Zeitpunkt des Auftreffens verursacht eine oszillierende Störung der Ausbreitungsgeschwindigkeit im Bereich 0,1...1 s [158]. Da sich der endgültige Kontaktwinkel im System Silicium/Glaskohlenstoff erst nach fünf bis zehn Minuten einstellt, kann dieses Phänomen vernachlässigt werden.

[6] Bei der Schwingungs-Tiegelmethode wird ein in radialer Richtung von Heizern umgebender, zylindrischer Tiegel mit einem Draht an einem Stellmotor aufgehängt. Die zu untersuchende Probe wird im Tiegel aufgeschmolzen und mit dem Stellmotor in oszillierende Torsionsschwingungen versetzt. Das Schwingungssystem wird aufgrund der inneren Reibung der zu untersuchenden Schmelze gedämpft. Mithilfe eines am Draht befestigten Spiegels, einem Laser und einem Photodetektor können die Amplituden des Drahtes mit denen des Stellmotors verglichen und aus dem Verhältnis das logarithmische Dekrement sowie mit der Frequenz des Oszillators die Viskosität berechnet werden [159].

[7] Sasaki et al. verwendete als Tiegelmaterial pyrolytisches Bornitrid [160] und Sato et al. sowohl Bornitrid als auch Alimiumoxid [161].

tration die Oberflächenspannung sinkt [162]. Um den Einfluss von Verunreinigungen des Tropfens durch das Substrat zu vermeiden, nutzten Fujii et al. und Przyborowski et al. die elektromagnetische Levitation. Im Gegensatz zu ihren früheren Arbeiten konnten sie dadurch die höheren Werte von Hardy bestätigen [163, 164]. Millot et al. erzeugten einen schwebenden Tropfen in einem durch eine Düse strömenden Levitationsgas und bestätigten die Werte von Fujii et al. [165]. Zur Angabe der temperaturabhängigen Oberflächenspannung wurden noch weitere Literaturwerte berücksichtigt. Shishkin und Basin [166] werteten ebenfalls die Ergebnisse unterschiedlicher Autoren aus, deren empfohlenen Werte im angegebenen Temperaturbereich gut mit den in dieser Arbeit angegebenen Werte übereinstimmen (innerhalb von $\pm$ 0,2 N/m, siehe Abb. A-15).

Teil II

Untersuchung des LSI-Prozesses

4 Spaltkapillarversuche

4.1 Motivation

Zur Beschreibung der Infiltrationskinetik von porösen Kohlenstoffvorformen mit schmelzflüssigem Silicium wird im Allgemeinen das Kapillarmodell verwendet. Dieses setzt jedoch einen instantan ausgebildeten Benetzungswinkel von Silicium auf Kohlenstoff $< 90\,^{\circ}\mathrm{C}$ voraus. Wie in Abschnitt 3.3 gezeigt ist diese Bedingung erst nach einer bestimmten Kontaktzeit erfüllt. Motiviert von dieser offensichtlichen Diskrepanz wurde ein neuer Versuchsaufbau entwickelt, um speziell die Auswirkung der Benetzung auf die Infiltrationskinetik zu untersuchen. Darüber hinaus waren auch die Reaktionskinetik und das Schichtwachstum von Siliciumcarbid an der Kontaktfläche von Silicium und Kohlenstoff von Interesse. Bislang gelangen nur Untersuchungen der SiC-Schichtbildung mit Kontaktzeiten von mehr als einer Minute. Die verschiedenen Versuchsaufbauten führten darüber hinaus zu unterschiedlichen Messergebnissen und folglich zu teils widersprüchlichen Aussagen über die Reaktionskinetik. Gefordert war deshalb ein Versuchsaufbau, der eine Analyse des Schichtwachstums innerhalb von Kontaktzeiten im Sekundenbereich erlaubt. Mit dem entwickelten Spaltkapillarversuch wurde zum einen eine In-situ-Beobachtung der Infiltrationskinetik und zum anderen die Untersuchung des Schichtwachstums in den ersten Bruchteilen einer Sekunde möglich. Die kleinste Spaltbreite der Proben wurde so gewählt, dass sie dem üblichen, mittleren Porendurchmesser von herkömmlichen C_f/C-Preforms entspricht.[1]

4.2 Experimenteller Aufbau und Messmethodik

Die Infiltrationsversuche mit flüssigem Silicium wurden mit geometrisch definierten Spaltkapillaren aus Glaskohlenstoff[2] durchgeführt. Der Versuchsaufbau mit einer Spaltkapillarprobe ist in Abb. 4-1 dargestellt. Das Bohrbild und die Spaltkapillaren wurden in Glaskohlenstoffplatten mit einer Länge von 100 mm, einer Breite von 40 mm und einer Plattenstärke von 4 mm drahterodiert. Die Bohrungen mit Ø = 3 mm an den Enden der Spaltkapillaren gewährleisten zum einen eine ungehinderte Siliciumzufuhr während des Versuchs und beenden zum anderen das Steigen der flüssigen Siliciumsäule durch die Kapillarität. Die obere, mittige Bohrung mit Ø 6 mm dient zur Befestigung eines beweglichen Gestänges, das die Probe in der gewünschten Höhe hält. Die konstanten Spaltbreiten der einzelnen Kapillaren betragen von links nach rechts: 0,14 mm, 0,24 mm und 0,34 mm, bei einer Fertigungstoleranz von ± 0,01 mm. Die Länge der Spaltkapillaren zwischen den beiden 3 mm-Bohrungen beträgt 80 mm. Die Teile 2 bis 4 in Abb. 4-1 wurden aus Iso-Grafit[3] gefertigt. Die Probenführung und der Schlitz in der

[1] Der übliche Bereich des mittleren Porendurchmessers des mesoskopischen Porensystems von C_f/C-Preforms liegt bei 20...300 μm [69, 71–73]. Die kleinste Spaltbreite einer Spaltkapillarprobe lag bei ca. 130 μm; dessen hydraulischer Durchmesser ergibt sich nach Dreyer et al. zu 240 μm [167].

[2] Es wurde der Glaskohlenstoff mit dem Handelsnamen SIGRADUR® G mit einem Aschewert von 42 ppm (parts per million) bei 800 °C verwendet. Im Gegensatz zu Grafit besteht die Struktur nicht aus regelmäßig angeordneten Schichtstapeln, sondern liegt in einer polymerähnlichen Knäuelstruktur vor [168]. Zudem besitzt er keine offene Porosität, sodass ein Eindringen des Siliciums über Kapillarkräfte ausgeschlossen werden kann und er somit für die Fertigung der Spaltkapillarproben besonders geeignet ist.

[3] Isostatisch gepresster Grafit R 510 der Fa. SGL mit einem Aschegehalt von 200 ppm.

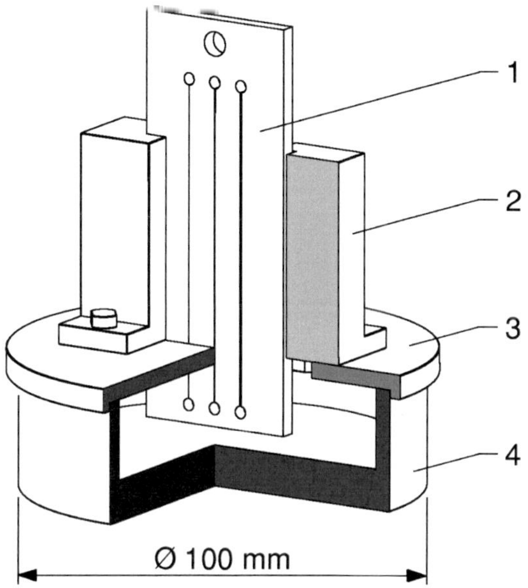

Abb. 4-1. Versuchsaufbau mit Spaltkapillarprobe. – Darstellung im Viertelschnitt.

1 Spaltkapillarprobe
2 Probenführung
3 Tiegelabdeckung
4 Tiegel

Tiegelabdeckung wurden zusammen mit der Probe als Spielpassung hergestellt, so dass sich die Probe mit einem Spiel von 0,1...0,2 mm frei nach oben und unten bewegen kann. Zum Druckausgleich während der Evakuier- und Spülvorgänge wurde eine Belüftungsbohrung mit Ø = 3 mm am äußeren Rand der Tiegelabdeckung eingebracht.

Zur optischen Vermessung der Spaltkapillaren wurde ein Auflichtmikroskop[4] verwendet. Die Vermessung der Spaltbreiten der einzelnen Kapillaren erfolgte im oberen, mittleren und unterem Bereich, sowohl auf der Vorder- als auch auf der Rückseite. An jeder Messstelle wurden die Spaltbreite dreimal gemessen und die Messwerte arithmetisch gemittelt. Die Messunsicherheit der Einzelmessung beträgt $\pm 7\,\mu$m und die Standardabweichung vom Mittelwert $\pm 2\,\mu$m.

[4]Lichtmikroskop: LEICA DM 4000M mit 100-facher Vergrößerung.

Die Proben und Grafitteile des Versuchsaufbaus wurden sowohl chemisch als auch thermisch gereinigt. Die chemische Reinigung erfolgte 15 min lang mit Aceton (99,5 %) und weitere 15 min mit Ethanol ($\geq$ 99,5 %, vergällt mit ca. 1 % Methylethylketon) im Ultraschallbad. Anschließend wurden die Teile unter Vakuum mit 5 K/min auf 1500 °C in einem gereinigten und abgedeckten Grafittiegel erhitzt. Nach dem Erreichen von 1500 °C wurde der Ofen mit Argon geflutet und wieder evakuiert, sodass mögliche Verunreinigungen aus den offenen Poren durch das Ausgasen mitgerissen und entfernt wurden. Nach einer Haltezeit von 30 min wurden die Teile mit 5 K/min abgekühlt. Die Proben wurden unmittelbar nach dem Ausbau aus dem Ofen in Folie unter Unterdruck eingeschweißt, sodass sie bis zum Gebrauch vor erneuten Verunreinigungen geschützt waren.

Vor dem Versuch wurde der Grafittiegel mit 60 g Siliciumgranulat[5] gefüllt und anschließend in den Ofenraum der TOM_ac eingebaut (siehe Abb. 4-2). Der zylindrische Ofenraum besitzt zwei auf gleicher Höhe liegende Ofenfenster, die so angeordnet sind, dass deren optische Achse die Zylinderachse des Ofens schneidet [169, 170]. Die Probenvorderseite wurde im Ofen senkrecht zur optischen Achse der Kamera ausgerichtet und über ein Gestänge an einer Wägezelle[6] fixiert. Durch das Auseinander- und Zusammenfahren des Wellenbalgs mit einer Linearführung kann die Probe während des Ofenbetriebs und unter Vakuum auf und ab bewegt werden. Mit der Gewichtsanzeige der Waage kann kontrolliert werden, ob sich die Probe frei in den Führungen bewegt, oder der Eintauchzeitpunkt aufgrund der Auftriebskraft der Probe im flüssigen Silicium bestimmt werden.

[5]Silicium der Fa. Wacker, ‚Polysilicium semiconductor acid etched quality: 99.99 %, total metals $<$ 500 pptw‘ (parts per trillion by weight).

[6]Zur Wägung wurde die Wägezelle Sartorius WZA 224-CW mit einer Messunsicherheit von $\pm$ 0,1 mg verwendet. Die Wägezelle wurde in einer Vakuumglocke oberhalb des Ofens montiert und wurde mit einem Metallbalg mit dem Ofenraum verbunden. Durch den Metallbalg konnte das Gestänge zur Befestigung der Probe an der Wägezelle geführt werden.

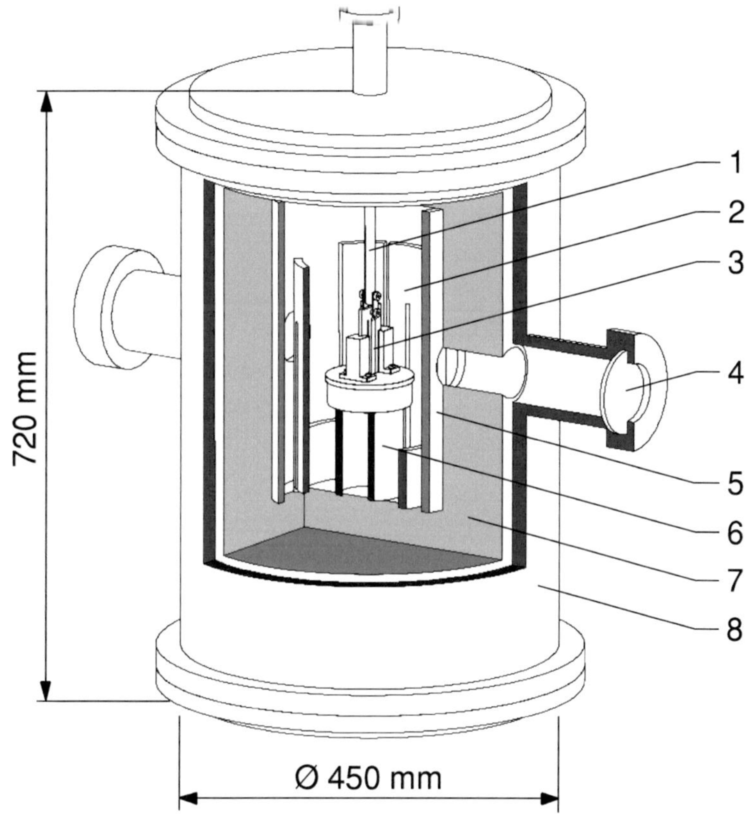

Abb. 4-2. TOM_ac-Ofenanlage mit Versuchsaufbau zur Infiltration einer Spaltkapillarprobe. – Die Ofenanlage ist im Viertelschnitt dargestellt.

1 Gestänge
2 Heizer
3 Versuchsaufbau mit Spaltkapillarprobe
4 Ofenfenster
5 Innere Ofenwand
6 Ständer
7 Isolierung
8 Äußere Ofenwand

Die Infiltrationsversuche wurden bei unterschiedlichen Ofentemperaturen und -drücken sowie mit verschiedenen Mittenrauwerten der Kapillarwände durchgeführt. Für die Versuchsfahrten wurde der Ofen wie folgt angesteuert:

i) Aufheizen unter Vakuum ($1 \cdot 10^{-4}$ mbar) von RT auf 1300 °C mit 10 K/min. Die Spaltkapillarprobe befindet sich dabei in Stellung 1 über dem Silicium (siehe Abb. 4-3b).

ii) Halten der Temperatur bei 1300 °C für 15 min. Während dieser Haltezeit wird der Ofen mit Argon geflutet und erneut auf $1 \cdot 10^{-4}$ mbar evakuiert, um Gasmoleküle aus dem Tiegel und den offenen Poren der Isolierung zu entfernen.

iii) Einstellen des gewünschten Ofendrucks bzw. des Argonatmosphärendrucks durch Fluten des Ofens mit Argon. Anschließend wird die Probe in Stellung 2 positioniert, sodass die Probenunterseite den Schlitz in der Tiegelabdeckung verschließt und dadurch eine Bedampfung der Probe mit Silicium vermieden wird (siehe Abb. 4-3c).

iv) Weiteres Aufheizen[6] auf 200 °C über die gewünschte Eintauchtemperatur mit 10 K/min.

v) Abkühlen[6] auf die Eintauchtemperatur mit 10 K/min.

vi) 30 min Haltezeit bei der Eintauchtemperatur zur Temperaturhomogenisierung[6] des Versuchsaufbaus. Danach erfolgt das rasche Eintauchen der Probe in die Si-Schmelze (Stellung 3, Abb. 4-3d).

[6]Durch das Überhitzen und anschließende Abkühlen auf die Zieltemperatur kann im Gegensatz zu einem direkten Aufheizen auf die gewünschte Temperatur der Temperaturausgleich im Ofen schneller erreicht werden.

vii) Nachdem sich die Spaltkapillaren aufgrund des Kapillareffekts mit dem flüssigen Si gefüllt haben, wird die Probe wieder in Stellung 1 gebracht und der Ofen mit Argon geflutet.

viii) Abkühlen des Ofens auf Raumtemperatur.

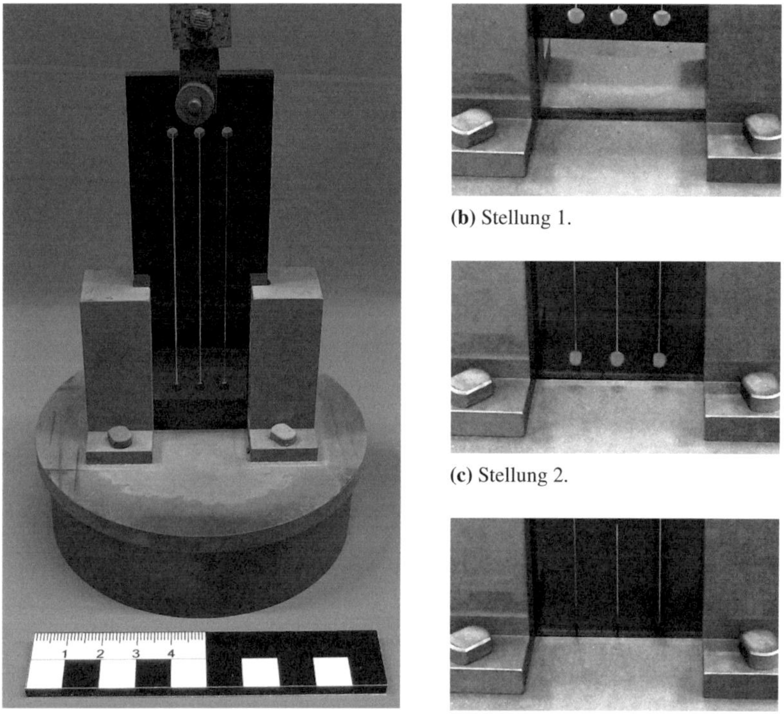

(**a**) Versuchsaufbau.

(**b**) Stellung 1.

(**c**) Stellung 2.

(**d**) Stellung 3.

Abb. 4-3. Aufnahmen des Versuchsaufbaus mit Spaltkapillarprobe und unterschiedlichen Stellungen der Probe. – Die Reflexionen im unteren Bereich auf der Spaltkapillarprobe (siehe Abb. 4-3a) werden durch die glatte Oberfläche der Probe erzeugt und führen zu einer Spiegelung der Tiegelabdeckung.

Nach jedem Versuch wurde der Versuchsaufbau in Grafitgranulat desiliciert und unmittelbar, bevor der Aufbau erneut verwendet wurde, im Ultraschallbad 15 min mit Ethanol gereinigt.

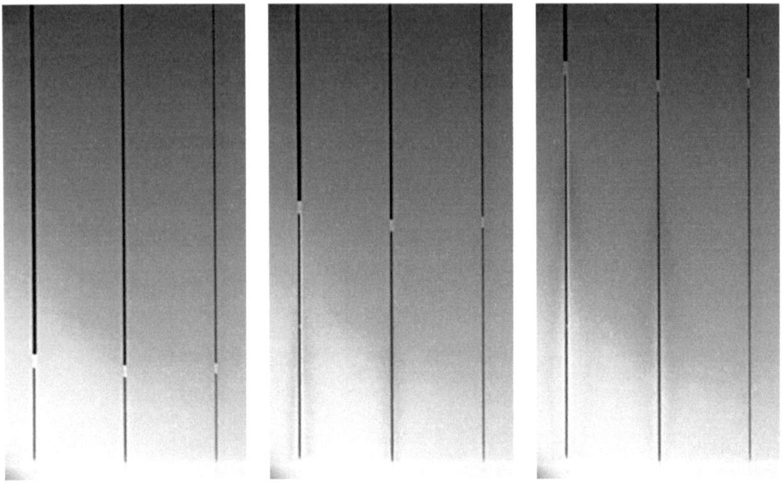

(a) $t_0 + 60\,s$ **(b)** $t_0 + 120\,s$ **(c)** $t_0 + 180\,s$

Abb. 4-4. Aufnahmen der steigenden Siliciumsäule in einer Spaltkapillare mit einer Infrarotkamera. – Die Infiltration fand bei 1600 °C und 1,8 mbar statt. Der Zeitpunkt t_0 entspricht dem Eintauchzeitpunkt.

Die Infiltration der Spaltkapillaren mit flüssigem Silicium wurde mit einer Digitalkamera[7] aufgenommen (siehe Abb. 4-4). Die einzelnen Bilder wurden anschließend mit MATLAB[8] weiter verarbeitet und ausgewertet. Hierzu wur-

[7] Es wurde die Kamera AVT Marlin F-131 B mit einem CMOS-Sensor und einer spektralen Empfindlichkeit von 400...1000 nm verwendet. Je nach Steiggeschwindigkeit betrug die Aufnahmegeschwindigkeit zwischen zwei und sieben Bilder pro Sekunde.

[8] MATLAB®, eine Abkürzung für Matrix Laboratory, wurde in den 1970er Jahren in der Sprache FORTRAN entwickelt. Basierend auf Matrizenrechnung dient es zur Berechnung und Simulation mathematischer und technischer Probleme sowie deren graphischer Darstellung. Das Tool kann innerhalb der Berechnungs- und Simulationsumgebung oder über selbst geschriebene Programme genutzt werden [171].

de durch Histogrammspreizung das ursprüngliche Bild (Abb. 4-4a) zunächst im Kontrast optimiert. Mithilfe von vertikalen Gradienten, morphologischen Operationen und einer anschließenden Binarisierung wurden die Phasengrenzen detektiert (siehe Abb. 4-5 a, b, und c). Durch Verfolgen der oberen Grenze (a), kann die Anzahl der Pixel bzw. die relative Steighöhe zwischen a und c von jedem Bild errechnet werden. Zur Ermittlung der Punktdichte, also der Anzahl von Pixel pro Millimeter, wurde eine Kalibrierschablone gefertigt und anstelle der Spaltkapillarprobe in die Versuchsvorrichtung eingesetzt. Die Kalibrierschablone bestand aus zwei Bohrungen mit Ø = 5 mm, deren vertikaler Abstand 29,94 ± 0,02 mm betrug. Von dem aufgenommen Bild der Schablone wurden zunächst die Flächenschwerpunkte der sichtbaren Bohrungen und anschließend deren Abstand in Anzahl der Pixel bestimmt. Daraus ergibt sich eine Punktdichte von 17,9 px/mm bzw. eine Auflösung von ± 0,028 mm. Der Kalibrierungsfehler setzt sich somit aus der Messunsicherheit des gemessenen Bohrungsabstandes mit ±0,067 % sowie der Auflösung von ±0,028 mm zusammen. Allerdings führt die Ausbildung der sattelförmigen Siliciumoberfläche aufgrund des Benetzungswinkels und der auf zwei Seiten offenen Spaltkapillare zu einer weiteren Unsicherheit bei der Längenmessung. Zur Abschätzung des Fehlers wurde eine kreisförmige Ausbildung des Meniskus mit einem Durchmesser gleich der Spaltbreite der Kapillare angenommen.[9] Der Fehler entspricht der sichtbaren Höhe des Meniskus bzw. dessen Radius und somit der halben Spaltbreite der Kapillare. Zudem muss erneut die Auflösung berücksichtigt werden. Da die Höhe über eine Differenzmessung von Siliciumoberfläche und Oberkante Tiegelabdeckung bestimmt wird, muss zudem der Fehler durch die Auflösung zweimal berücksichtigt werden. Demnach beträgt beispielsweise der Gesamtfehler bei der Bestimmung der Siliciumhöhe in einer 0,34-mm-

[9]Die Fehlerabschätzung setzt einen Benetzungswinkel von 180 ° voraus und berücksichtigt demnach einen Maximalfehler bei vollständiger Benetzung. Somit ist der angenommene Fehler in jedem Fall größer als der tatsächlich vorhandene.

Spaltkapillare, über einem Messbereich von 0…40 mm, ± 0,22…0,25 mm. Das Einlesen und Vermessen der Bilder erfolgte automatisiert mit einem hierfür erstellten MATLAB-Programm. Anhand der bekannten Anzahl von Aufnahmen, die pro Sekunde erstellt wurden, wird der zeitliche Verlauf der Steighöhen ausgegeben. Die Unsicherheit der Zeitmessung liegt in der Größenordnung von $\pm 1^{-2}$ s/s und kann somit gegenüber der Messunsicherheit der Längenmessung vernachlässigt werden.[10]

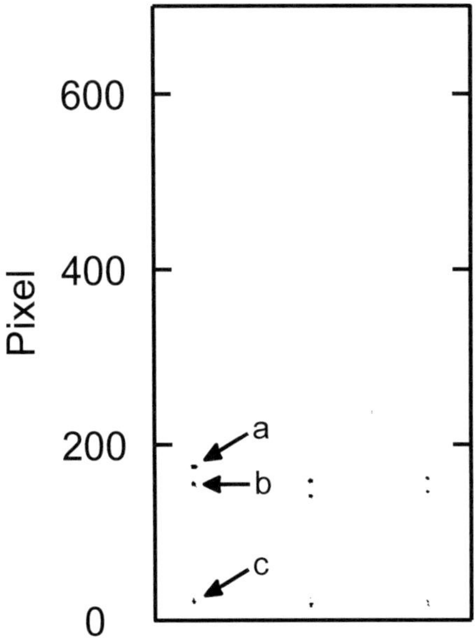

Abb. 4-5. Binärbild der Infiltration einer Spaltkapillare am Beispiel der 0,34-mm-Kapillare.

- a Meniskus: Oberer Sattelpunkt
- b Meniskus: Unterer Sattelpunkt
- c Tiegelabdeckung

Die Einstellung und Messung des Ofendruckes erfolgten im Bereich von $\leq$ 20 mbar mit einem Heißkathoden-Ionisationsmeter ITR 90, das mit einem Pirani-Sensor kombiniert ist. Die Unsicherheit wird vom Hersteller

[10] Sowohl die Unsicherheit der Rechner-Uhr mit ca. 10^{-5} s/s als auch die Signalverzögerung bei der Kommunikation zwischen Rechner und dem CMOS-Sensor der Kamera (Marlin F-131B von AVT) in Höhe von ca. $2,5 \cdot 10^{-4}$ s/s ist gegenüber der verwendeten Belichtungszeit und dem dadurch entstehenden Fehler von $1...5 \cdot 10^{-3}$ s vernachlässigbar [172–175].

IONIVAC mit ±15 % vom Messwert angegeben [176]. Um zusätzliche Fehler abzudecken, die durch einen Druckanstieg während der Infiltration und die erhöhte Betriebstemperatur entstehen können, wurde der Messfehler mit ±30 % abgeschätzt. Zur Messung des Ofendrucks > 20 mbar wurde eine Differenzmessung von Umgebungsdruck und relativen Ofendruck mit dem Drucksensor PE3009 der Firma ifm durchgeführt. Dessen Messunsicherheit setzt sich aus 0,5 % des Messbereichs, also von 2 bar und 0,25 % vom Messwert zusammen [177]. Somit können die Drücke über den betrachteten Bereich mit ausreichender Genauigkeit eingestellt werden.

Neben der Variation von Temperatur und Druck ermöglicht der entwickelte Versuchsaufbau zudem ein Herausziehen der Probe aus der Siliciumschmelze während der Infiltration, d. h., bevor das Silicium das obere Ende der Spaltkapillare erreicht hat. Dies führt zu einem abrupten Entleeren der Kapillaren. Durch das schlagartige Separieren des Siliciums wird die Reaktion des freien Siliciums mit der Probe gestoppt und der Zustand quasi ‚eingefroren'. Zur genaueren Untersuchung der Dreiphasengrenzlinie kann die Probe anschließend einfach geteilt werden. Hierzu erweist sich die konstruktive Gestaltung der Kapillaren mit den Einlauf- und Begrenzungsbohrungen als hilfreich (siehe Abb. 4-6).

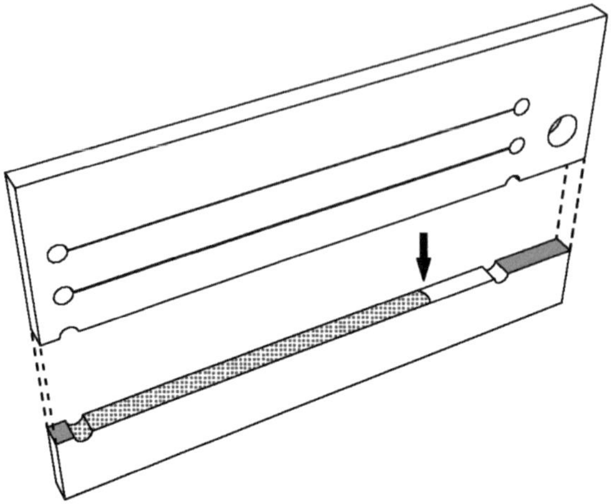

Abb. 4-6. Probenpräparation einer Spaltkapillarprobe für Untersuchungen an der Dreiphasengrenzlinie. – Die Probe wird zunächst in der Flucht der Spaltkapillare geteilt. Der Pfeil markiert die Blickrichtung auf die Dreiphasengrenzlinie, die sich ergibt, wenn die Infiltration abrupt gestoppt wird, bevor das Silicium das Ende der Kapillare erreicht.

4.3 Versuchsergebnisse

4.3.1 Infiltrationskinetik

Zur Auswertung der Versuchsergebnisse wird die in Abschnitt 4.2 beschriebene Messmethodik angewandt und die Steighöhe h gegen die Zeit t aufgetragen (siehe Abb. 4-7). Der Vergleich mit der Regressionsgeraden zeigt den streng linearen Verlauf der einzelnen Messpunkte am Beispiel der 0,34-mm-Spaltkapillare. Die Steigung der Geraden entspricht hierbei der konstanten Steiggeschwindigkeit.[11] Auf diese Weise wurden die Steiggeschwindigkeiten für jede Probe mit den jeweils drei Kapillaren ermittelt.

[11] Die Unsicherheit entspricht dem Standardfehler der Steigung der Regressionsgeraden $v_{\text{inf}} = (1,31 \pm 0,01) \cdot 10^{-4}$ m/s [178, 179].

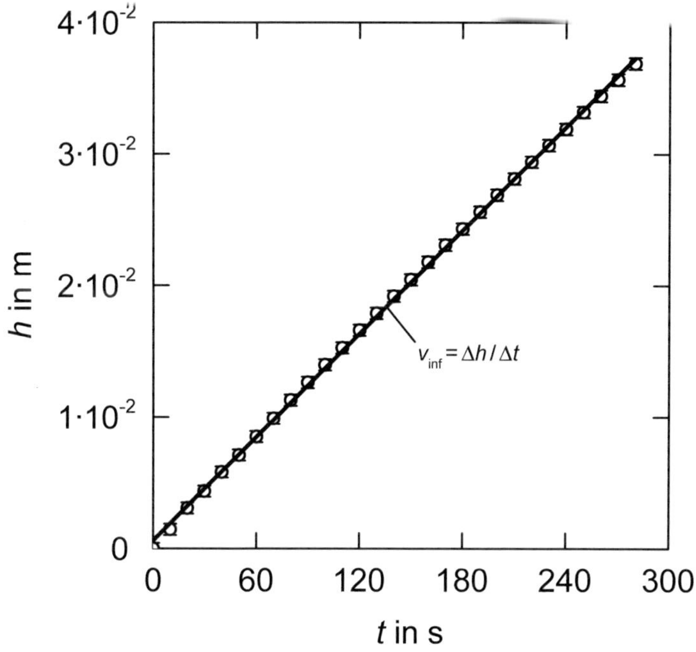

Abb. 4-7. Steighöhe h gegen die Zeit t einer mit Silicium infiltierten 0,34-mm-Spaltkapillare bei 1600 °C und 100 mbar. – Aus Gründen der Übersichtlichkeit wurde lediglich jeder fünfte Messpunkt dargestellt. Die Steigung der Ausgleichsgeraden entspricht der durchschnittlichen Infiltrationsgeschwindigkeit v_{inf}.

Insgesamt wurden drei Versuchsreihen durchgeführt. Die erste Reihe bestand aus vier Versuchen mit den Eintauchtemperaturen 1600 °C, 1700 °C, 1800 °C und 1900 °C unter Argonatmosphäre[12] bei einem konstanten Druck von 100 mbar. Nach dem vorangehend beschriebenen Verfahren wurden die Steiggeschwindigkeiten bestimmt und gegen die Temperatur aufgetragen (siehe Abb. 4-8). Unter der Annahme einer thermisch aktivierten Infiltrationsgeschwindigkeit, ergibt die Arrhenius-Auftragung von v_{inf} gegen $1/T$:

[12] Es wurde Argongas mit einer Reinheit von $\geq 99{,}999\,\%$ verwendet. Der Restsauerstoff im Ofen wurde indirekt über den CO-Gehalt bestimmt, welcher bei ≤ 1 ppm lag.

$$v_{\text{inf}}\Big|_{p=100\,\text{mbar}} = 1,37 \cdot 10^4 \cdot \exp\left(\frac{-E_A}{R \cdot T}\right)\frac{m}{s}\text{, mit } E_A = 287\frac{kJ}{mol}, \quad (4\text{-}1)$$

(siehe auch B-1).

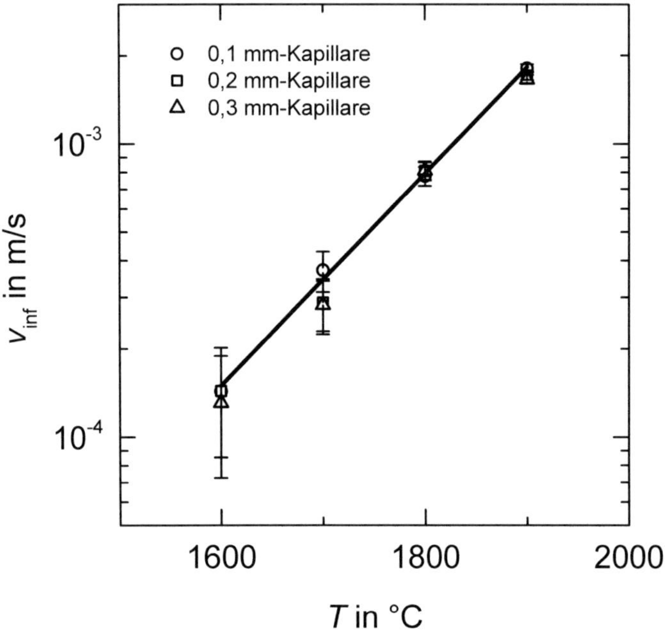

Abb. 4-8. Steiggeschwindigkeiten v_{inf} des Siliciums in den Spaltkapillaren als Funktion der Temperatur T bei 100 mbar.

Die Versuchsreihen zwei und drei wurden bei einer konstanten Temperatur von 1600 °C mit unterschiedlichen Drücken der Argonatmosphäre[12] durchgeführt: 1,8 mbar, 88 mbar, 504 mbar bzw. 1,2 mbar, 10,2 mbar und 100 mbar. Die Oberflächen der Spaltkapillarwände der zweiten Reihe hatten einen arithmetischen Mittenrauwert R_a von 1,9 µm und die der dritten Reihe von 2,3 µm (siehe Abb. D-11). Abb. 4-9 zeigt die druckabhängigen Steiggeschwindigkeiten der beiden Versuchsreihen.[13] In beiden Versuchsreihen sinkt die Steiggeschwindigkeit mit steigendem Druck. Die um ca. 20 % höhere Rauheit führte zu einer ca. 15 % geringeren Infiltrationsgeschwindigkeit:

$$v_{\text{inf}}\Big|_{T=1600\,^{\circ}\text{C},\,\text{R}_\text{a}=1{,}9\,\mu\text{m}} = -1{,}29\cdot 10^{-5}\cdot \ln(p) + 2{,}59\cdot 10^{-4} \qquad \text{(4-2)}$$

$$v_{\text{inf}}\Big|_{T=1600\,^{\circ}\text{C},\,\text{R}_\text{a}=2{,}3\,\mu\text{m}} = -1{,}29\cdot 10^{-5}\cdot \ln(p) + 2{,}22\cdot 10^{-4}\ , \qquad \text{(4-3)}$$

mit der Infiltrationsgeschwindigkeit v_{inf} in m/s und dem Druck p in N/m^2.

[13] Die 0,14-mm-Spaltkapillare konnte bei dem Versuch bei 1,2 mbar der dritten Versuchsreihe mit dem MATLAB-Programm nicht eindeutig detektiert und folglich nicht ausgewertet werden.

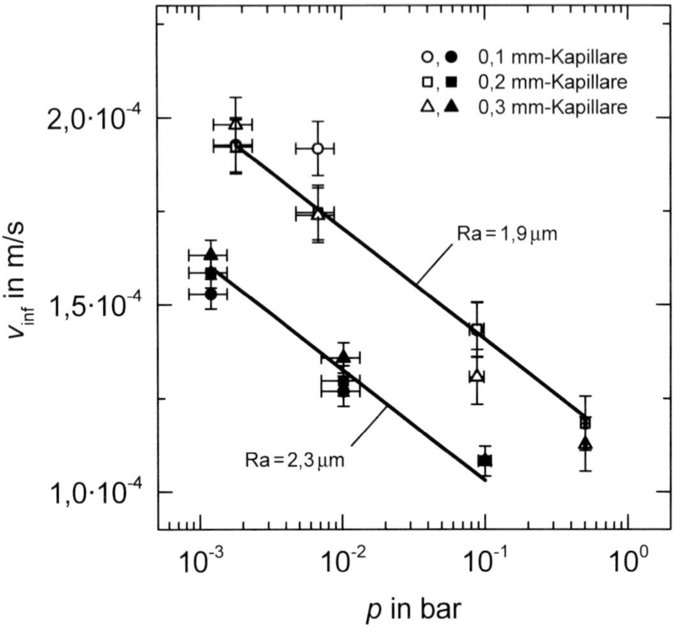

Abb. 4-9. Steiggeschwindigkeiten v_{inf} des Siliciums in den Spaltkapillaren als Funktion des Drucks p bei 1600 °C. – Die zweite Versuchsreihe ist mit den nicht gefüllten Symbolen, die dritte Reihe mit den gefüllten Symbolen dargestellt.

4.3.2 Infiltrationsfront und Epitaxie

Nach erfolgter Probenpräparation (siehe Abb. 4-6) wurden Aufnahmen mit dem Rasterelektronenmikroskop (REM) zur genaueren Untersuchung der Reaktionsabläufe an der Dreiphasengrenzlinie erstellt.[14] Der Bereich vor und hinter der Dreiphasengrenzlinie lässt sich in drei Zonen einteilen (siehe Abb. 4-10):

[14]Zur Erstellung der REM-Aufnahmen wurde das Elektronenmikroskop Ultra 55 von Zeiss verwendet. Die Beschleunigungsspannungen betrugen 1,5...3,0 kV.

Zone I: Durch einen Verdampfungs-Adsorptionsprozess finden in dieser Zone die Nukleation sowie das Inselwachstum der SiC-Kristalle statt.

Zone II: Diese Zone beginnt dort, wo die SiC-Inseln zusammengewachsen und durch feinkörnige Kristallite gekennzeichnet sind. Die Kristallite sind bereits auf den SiC-Inseln erkennbar. An der Dreiphasengrenze endet Zone II und bildet zugleich den markanten Übergang zur Zone III (siehe Abb. 4-11).

Zone III: Sie besteht aus grobkörnigen SiC-Kristallen von mehreren Mikrometern. Diese Schicht bedeckt den Bereich vollständig, den die Flüssigphase des Siliciums vor dem Leerlaufen der Kapillare bedeckt hat.

Mittels energiedispersiver Röntgenanalyse (EDX) wurden Spektren von Teilbereichen der jeweiligen Zonen erstellt (siehe eingerahmte Bereiche 1 bis 3 in Abb. 4-10). Demnach bestehen die Zonen II und III aus SiC und Zone I fast ausschließlich aus C. EDX wurde auch an den SiC-Inseln der Zone I durchgeführt (siehe Abb. 4-13). Die Bereiche 2 und 3 bestehen aus SiC und der Bereich 1 neben den Inseln aus reinem Kohlenstoff. Der etwas höhere Kohlenstoffanteil bei Position 2 im Vergleich zur Position 3 ergibt sich dadurch, dass bei der Messung von dünnen Schichten aufgrund der Eindringtiefe der Elektronen auch das darunterliegende Substrat mit gemessen wird.

Um zu klären, warum trotz guter Benetzbarkeit des SiC mit flüssigem Silicium dieses nicht bis an die Grenzlinie der Zonen I und II gestiegen ist, wurde dieser Bereich im REM mit einem Angle-Selective-Backscatter-Detektor

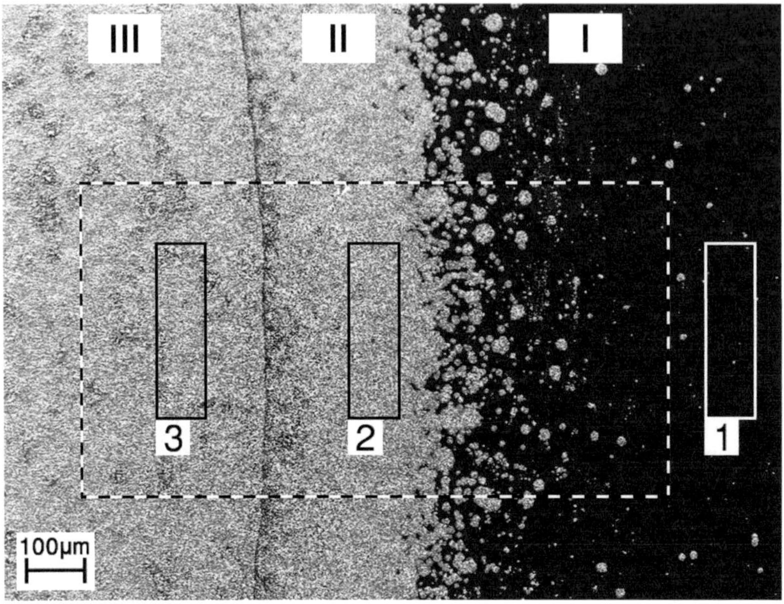

Abb. 4-10. REM-Aufnahme der Dreiphasengrenzlinie an der Infiltrationsfront. – Die Zonen vor und hinter der Dreiphasengrenzline sind:

I: Nukleation und Inselwachstum
II: Kontinuierliche, feinkörnige SiC-Schicht
III: Vom flüssigen Si bedeckter Bereich, Ausbildung einer grobkörnigen SiC-Schicht.

Die Bereiche 1 bis 3 markieren die EDX-Messstellen. Die Infiltration fand unter Argonatmosphäre bei ca. 100 mbar und 1600 °C statt.

(AsB-Detektor[15]) näher untersucht (siehe Abb. 4-14). Die AsB-Aufnahme entspricht dem mit gestrichelter Linie dargestellten Ausschnitt in Abb. 4-10.

[15]Der AsB-Detektor erfasst die von der Probe zurückgestreuten Primärelektronen. Mit zunehmender Kernladungszahl werden die Primärelektronen stärker abgelenkt, sodass mehr Elektronen zurück gestreut werden. Folglich zeigt eine AsB-Aufnahme einer Probe, sofern sie aus unterschiedlichen Elementen besteht, einen Materialkontrast. Die Helligkeit nimmt mit höherer Ordnungszahl des Elements zu, sodass der Kontrast ansteigt. Informationen über die Oberflächentopografie gehen hingegen verloren. Eine genauere Beschreibung der Rasterelektronenmikroskopie ist u. a. in [180] zu finden.

Abb. 4-11. REM-Aufnahme der Dreiphasengrenzlinie am Übergang von Zone III zu II. – Die REM-Aufnahme wurde unter einem Winkel von 45 ° relativ zur Kapillarwand erstellt.

Anschließend wurde das Bild mit 380 px · 200 px mit MATLAB binarisiert und in schmale Bilder mit einer Breite von 4 px bzw. 10,6 µm geteilt. Von jedem Einzelbild wurde dann der Bedeckungsgrad S der Glaskohlenstoffprobe mit SiC ermittelt, wobei eine vollständige Bedeckung mit SiC dem Bedeckungsgrad $S = 1$ entspricht. In Abb. 4-14 ist S gegen den Abstand d aufgetragen; hierbei entspricht die Skalierung der Abszissenachse dem Maßstab der REM-Aufnahme darüber. Verdeutlicht wurde dies mit den gestrichelten Linien, die die Grenzlinien der Zonengrenzen markieren. Der Kurvenverlauf des Bedeckungsgrades zeigt, von rechts nach links gesehen, den zu erwarteten Anstieg zum Zusammenwachsen der SiC-Inseln zu einer geschlossenen Schicht mit $S = 1$. Danach sinkt der Bedeckungsgrad jedoch wieder auf ca. $0,3$ und steigt anschließend sprunghaft an der Dreiphasen-

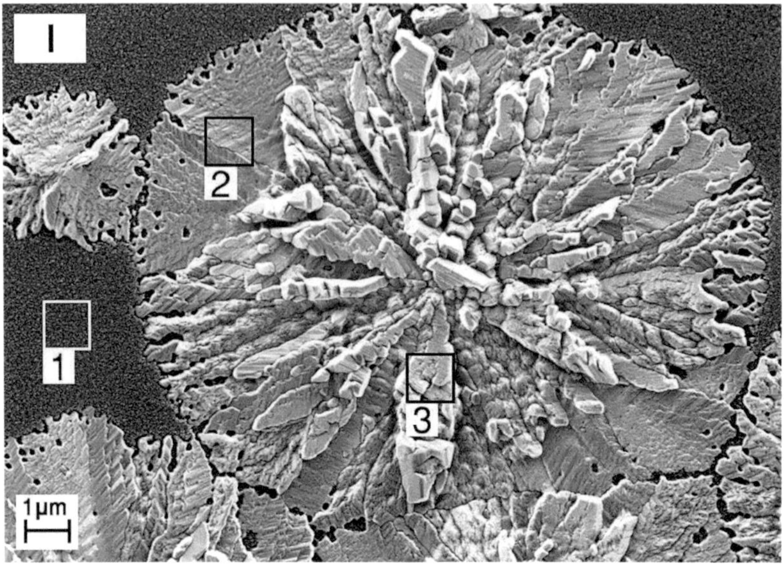

Abb. 4-12. REM-Aufnahme einer SiC-Insel in Zone I. – Die Bereiche 1 bis 3 markieren die EDX-Messstellen. Das Inselwachstum fand unter Argonatmosphäre bei ca. 100 mbar und 1600 °C statt.

grenzlinie wieder auf 1 an. Der in Zone II abnehmende Bedeckungsgrad führt dazu, dass das flüssige Si nicht bis zur Grenze zwischen Zone I und II steigt. Eine Erklärung dieses Phänomens ist in Abschnitt 5.1 gegeben.

Abb. 4-15 zeigt einen Schnitt durch die drei Zonen, senkrecht zu den Zonengrenzen und zur Bildebene von Abb. 4-14. Der Ionen-Böschungsschnitt wurde mit einem Ion-Cross-Section-Polisher[16] durchgeführt, bevor die präparierte Probe im REM mit dem AsB-Detektor untersucht wurde. Auch hier wurde die Aufnahme 1024 px · 91 px mit MATLAB in Einzelbilder mit der Breite von 20 px bzw. 12,4 µm unterteilt und weiter verarbeitet. Anders als in Abb. 4-14 wurde der Bedeckungsgrad nicht über die Flächenanteile

[16] Zur Herstellung der Schliffe wurde der Ion-Cross Section-Polisher SM-09010 von JEOL verwendet.

ermittelt, sondern über den mit SiC (im Bild weiß dargestellt) bedeckten Anteil der Grenzlinie zwischen Glaskohlenstoff (grau) und dem Einbettmaterial (schwarz). Analog zur Abb. 4-14 entspricht $S = 1$ einer vollständigen Bedeckung.

In einem weiteren Versuch bei 1600 °C und 1,2 mbar wurde die Infiltration der Spaltkapillare gestoppt, ohne dass sich die Kapillare mit dem flüssigen Silicium entleert hat. Abb. 4-16 zeigt die REM-Aufnahme der Aufsicht auf die Zonen I bis III. Im Vergleich zur Abb. 4-10 sind deutlich mehr Nukleationskeime in Zone I erkennbar, die bereits in einem größeren Abstand von der Dreiphasengrenzlinie aufgrund des geringeren Argondrucks von 1,2 mbar entstanden sind. Zudem sind hellgraue Umrandungen um die Keime herum erkennbar. Dies liegt daran, dass das Kristallwachstum nicht durch das Entfernen des Siliciums gestoppt wurde, sondern bis zum Erstarren der Schmelze anhielt und so der SiC-Inselrand weiter anwachsen konnte. Mit dem AsB-Detektor werden die unterschiedlichen Schichtdicken deutlich erkennbar (siehe Abb. 4-17). Die größeren Kristalle im Zentrum der Insel erscheinen heller als die dünne, feinkristalline SiC-Schicht, die den Nukleationskeim umgibt. Auch bei der Auswertung dieses Versuchs ist dieselbe Kurvencharakteristik wie beim Versuch in Abb. 4-14 erkennbar. Die längere Wachstumsphase der Kristalle führt zudem zu einer größeren Schichtdicke. Dies zeigt sich auch im Vergleich der Infiltrationsfronten (siehe Abb. 4-18 und Abb. 4-11). Die Aufsicht auf die Dreiphasengrenzlinie zeigt große SiC-Kristalle, umgeben von erstarrtem Silicium (siehe Abb. 4-19). In der Abbildung markiert sind die Messbereiche 1 und 2, deren EDX-Spektren mit denen der Zonen I bis III in Abb. 4-20 dargestellt sind. Im Vergleich zur Abb. 4-20 ändert sich das bei den Positionen 2 und 3 in Zone II und III bestimmte Verhältnis aufgrund des elementaren Siliciums zwischen den Kristallen (siehe Abb. 4-13).

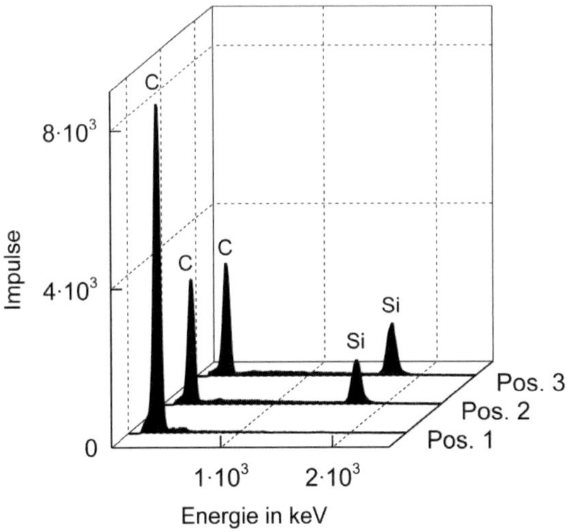

(a) Position 1 entspricht dem Messbereich 1 in Zone I. Analoges gilt für die Zonen II und III (siehe Abb. 4-10).

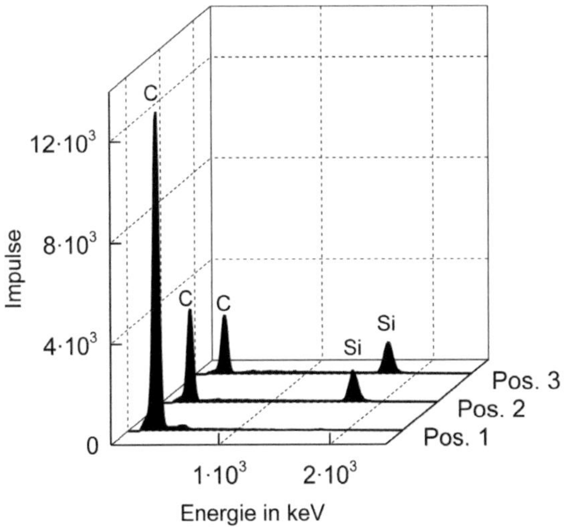

(b) Position 1 entspricht dem Messbereich 1 in Abb. 4-12. Für die Pos. 2 und 3 gilt Entsprechendes.

Abb. 4-13. EDX-Spektren der Zonen I - III und einer SiC-Insel in Zone I.

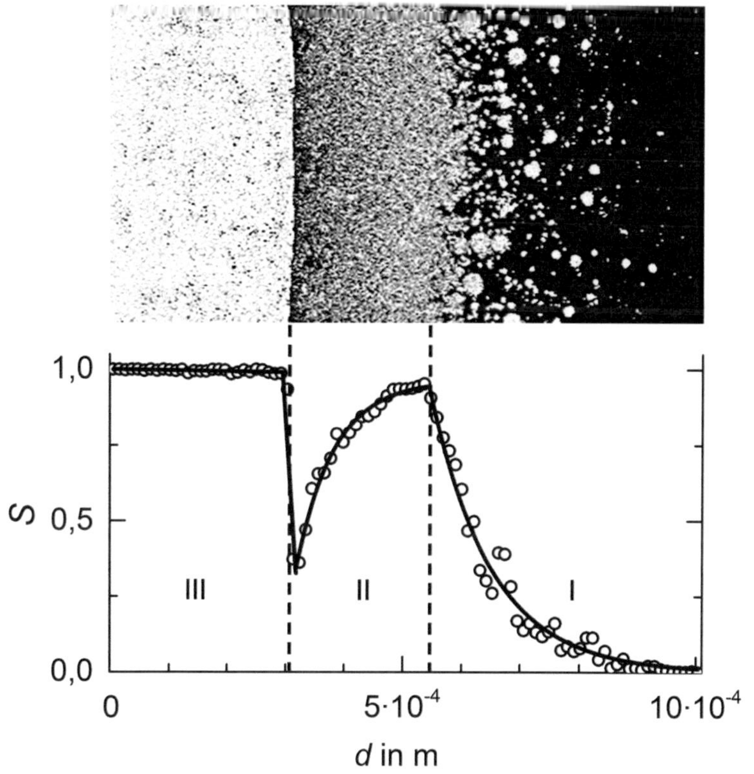

Abb. 4-14. REM-Aufnahme der Dreiphasengrenzlinie mit dem AsB-Detektor. – Das mit dem AsB-Detektor aufgenommene Bild entspricht dem markiertem Bildausschnitt in Abb. 4-10.

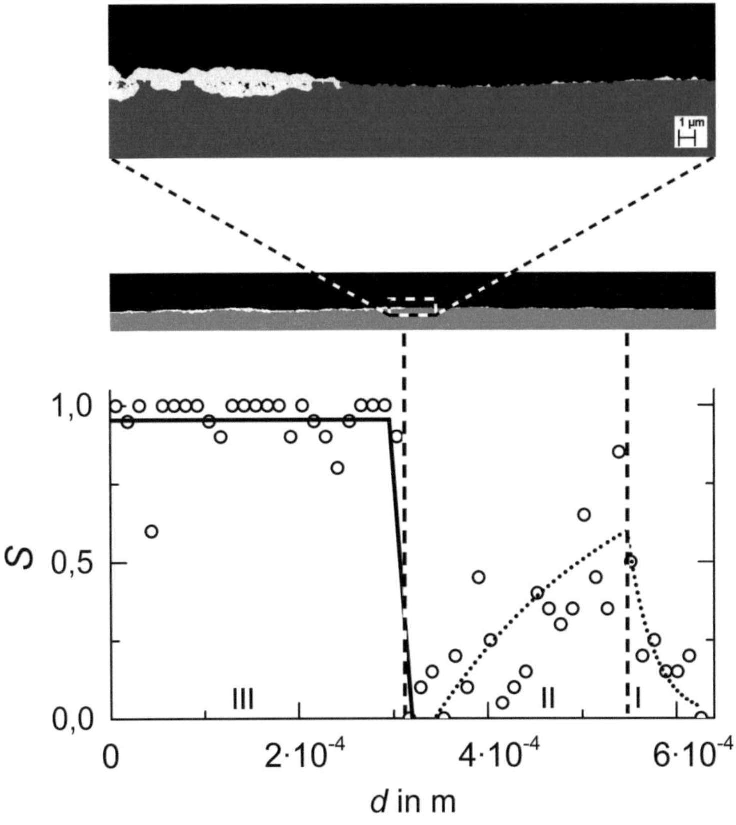

Abb. 4-15. REM-Aufnahme der Dreiphasengrenzlinie nach erfolgtem Ionenböschungsschnitt. – Die Punktlinie stellt aufgrund der Streuung der Messpunkte in diesem Bereich lediglich einen möglichen Verlauf dar.

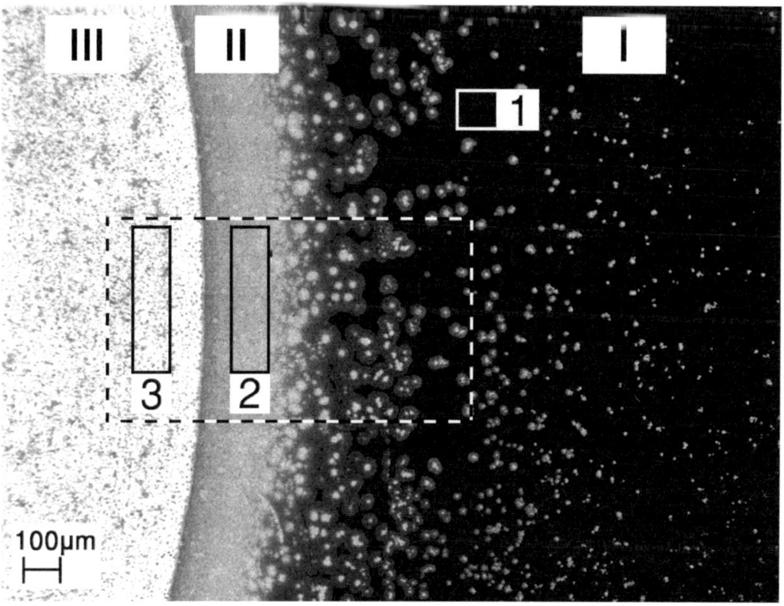

Abb. 4-16. REM-Aufnahme der Dreiphasengrenzlinie mit dem erstarrten Silicium an der Infiltrationsfront. – Die Zonen vor und hinter der Dreiphasengrenzline sind:

I: Nukleation und Inselwachstum
II: Kontinuierliche, feinkörnige SiC-Schicht
III: Vom flüssigen Si bedeckter Bereich, Ausbildung einer grobkörnigen SiC-Schicht

Die Bereiche 1 bis 3 markieren die EDX-Messstellen. Die Infiltration fand unter Argonatmosphäre bei ca. 1 mbar und 1600 °C statt.

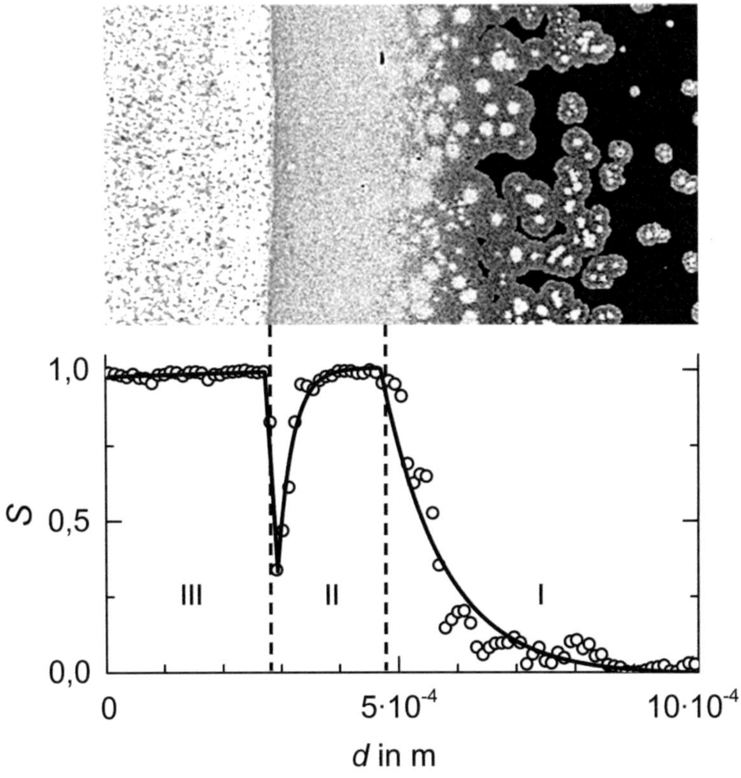

Abb. 4-17. REM-Aufnahme der Dreiphasengrenzlinie mit dem AsB-Detektor. – Das mit dem AsB-Dektor aufgenommene Bild entspricht dem markiertem Bildausschnitt in Abb. 4-16.

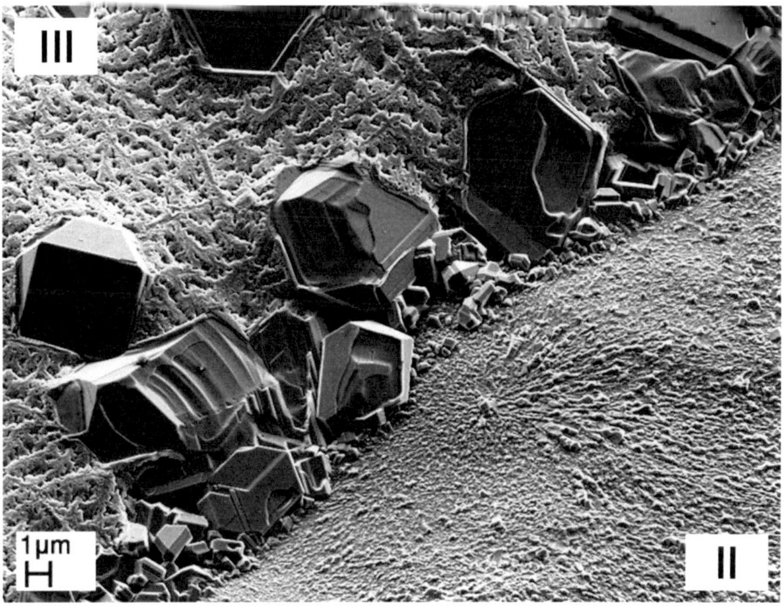

Abb. 4-18. REM-Aufnahme der Dreiphasengrenzlinie am Übergang von Zone III und II. – Die REM-Aufnahme wurde unter einem Winkel von 45 ° relativ zur Kapillarwand erstellt. Sie zeigt die Infiltrationsfront mit dem erstarrten Silicium zwischen den SiC-Kristallen. Die Infiltration fand unter Argonatmosphäre bei ca. 1 mbar und 1600 °C statt.

Abb. 4-19. REM-Aufnahme der Dreiphasengrenzline in der Aufsicht. – Die Abbildung zeigt die Draufsicht der Infiltrationsfront, dargestellt in Abb. 4-18. Die Bereiche 1 und 2 markieren die EDX-Messstellen.

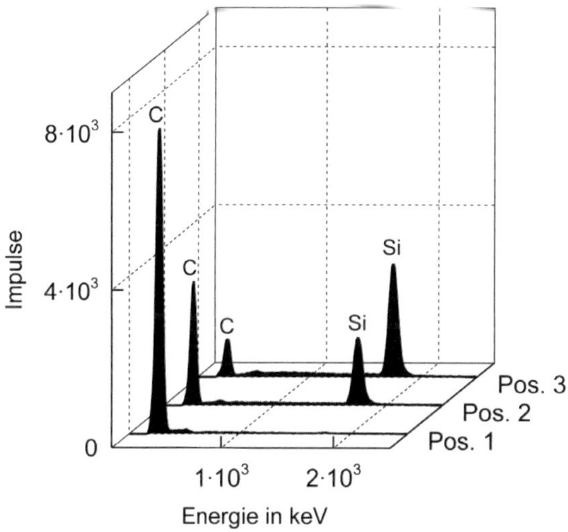

(a) Position 1 entspricht dem Messbereich 1 in Zone I. Analoges gilt für die Zonen II und III (siehe Abb. 4-16).

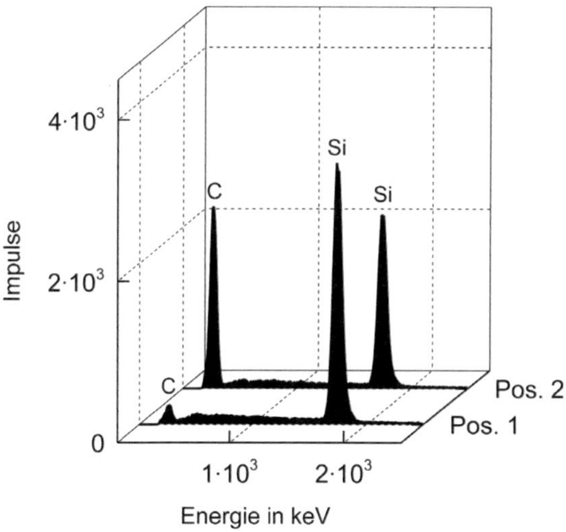

(b) Position 1 entspricht dem Messbereich 1 in Abb. 4-19. Für die Pos. 2 gilt Entsprechendes.

Abb. 4-20. EDX-Spektren der Zonen I bis III und der erstarrten Siliciumschmelze.

4.3.3 Diffusionsvorgänge und Schichtwachstum

Bei der Untersuchung der Diffusionsvorgänge und des Schichtwachstums zeigten sich ebenfalls die Vorteile des verwendeten Versuchsaufbaus. Durch die Möglichkeit der Separation des infiltrierenden Siliciums wurde die Reaktion von Si und C zu SiC abrupt gestoppt, sodass das Schichtwachstum in den ersten Sekunden untersucht werden konnte. Im Gegensatz zu Versuchen mit dem liegenden Tropfen (siehe Abschnitt 3.3) konnte zudem die reaktive Schmelzinfiltration von Kapillaren mitsamt deren Auswirkungen auf die Diffusionsprozesse und somit auf das Schichtwachstum nachgestellt werden. Die durch das Auslaufen des Siliciums leere Spaltkapillare ermöglichte eine einfache Probenpräparation. Die Analyse erfolgte mittels Cross-Section-Polishing senkrecht zur SiC-Schicht bzw. entlang der Kapillare, die mit dem Rasterelektronenmikroskop untersucht wurden (siehe Abb. 4-21).

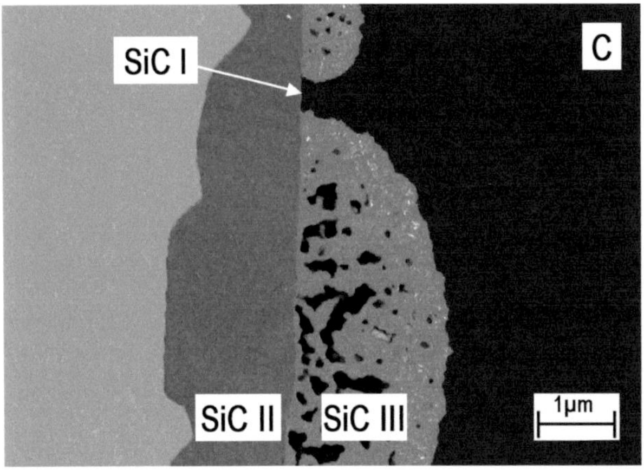

Abb. 4-21. REM-Aufnahme der an der Kapillarwand gebildeten SiC-Schicht. – Dunkelgrauer Bereich rechts: Glaskohlenstoffsubstrat. Hellgrauer Bereich links: Nach Infiltrationsstopp leergelaufene Spaltkapillare, die während der Reaktion mit flüssigem Silicium gefüllt war. SiC II: Grobkörnige SiC-Kristalle auf dem Substrat. SiC III: Feinkörnige SiC-Kristalle mit Poren (schwarze Bereiche) im Glaskohlenstoffsubstrat. Mit Pfeil markierte Grenzfläche: Dünne SiC-I-Schicht.

Eines der vorgenannten Phänomene ist die auf dem Substrat teilweise verbleibende, dünne SiC-I-Schicht, die über die Gasphase vor der Dreiphasengrenzlinie bzw. der Infiltrationsfront gebildet wird. Durch die SiC-I-Bildung über die Gasphasenabscheidung des Siliciums auf dem C-Substrat ist die verbleibende SiC-I-Schicht nahezu frei von Korngrenzen und bildet so eine Diffusionsbarriere, die nur durch Volumendiffusion überwunden werden kann. Anders verhält es sich mit den ungeschützten, also den SiC-I-freien Substratgrenzflächen. Sie können aufgrund der Löslichkeit des Kohlenstoffs vom flüssigem Silicium angegriffen werden (siehe Abb. A-18). Übersteigt der C-Gehalt im Silicium die maximale Löslichkeit, bildet sich feinkristallines SiC III, das zwischen den von SiC I geschützten Bereichen in den Glaskohlenstoff ‚hinein wächst'. Das für die Lösung des Kohlenstoffs benötigte Silicium diffundiert über die zahlreichen Korngrenzen des grobkristallinen SiC II bzw. des feinkristallinen SiC III und den Porenoberflächen zur Grenzschicht. Dagegen kann die SiC-I-Schicht nur über Volumendiffusionen vom Silicium überwunden werden. Zudem sind die Diffusionsgeschwindigkeiten der Oberflächen- und Korngrenzendiffusion durch das SiC II und III weitaus höher als die der Volumendiffusion durch das SiC I, was zu den in Abb. 4-21 sichtbaren Ausbauchungen der SiC III-Schicht im Substrat führt. Neben der Ursache dieser Ausbauchungen kann auch die in der Literatur kontrovers diskutierte Frage, ob das Silicium oder der Kohlenstoff durch die SiC-Schicht diffundiert, mit den Versuchsergebnissen geklärt werden [105]. Hierzu werden die Diffusionsprozesse von Silicium und Kohlenstoff, sowie die Auflöseprozesse im Folgenden getrennt von einander betrachtet, wenngleich diese in der Realität gekoppelt ablaufen.[17] Wird zunächst der Kohlenstoff betrachtet, so diffundiert er von der SiC-III/C-Grenzschicht über die Korngrenzen und Porenoberflächen zur Si/SiC-II-Grenzschicht. Aufgrund der vorgenannten Löslichkeit des Kohlenstoffs im flüssigen Sili-

[17] Auch Hillig kam zu dem Schluss, dass der Kohlenstoff und das Silicium scheinbar gekoppelt aneinander durch die SiC-Schicht wandern [105].

cium sind keine Leerstellen im Silicium für den Diffusionsvorgang nötig (siehe schematische Darstellung Abb. 4-22a). Da sich bei entsprechendem C-Gehalt die SiC-Gleichgewichtsphase im Silicium-Kohlenstoff-System rasch einstellt, bildet sich grobkristallines SiC II auf dem Substrat (siehe Abb. 4-22b).

Die durch die Kohlenstoffdiffusion entstandenen Leerstellen im C-Substrat ermöglichen wiederum das Eindiffundieren des Siliciums. Es diffundiert über Korngrenzen und Porenoberflächen aus der Flüssigphase in die Fehlstellen des C-Substrats und löst dort den Kohlenstoff (siehe Abb. 4-23a). Da die Beweglichkeit der Si-Spezies an der Grenzfläche SiC III/C geringer ist als die Beweglichkeit des Kohlenstoffs auf der Gegenseite ist die Kristallitgröße des gebildeten SiC III geringer als die von SiC II. Da das Molvolumenverhältnis von SiC zu Si und C kleiner eins ist, bleiben zudem Fehlstellen zurück, die als Poren im SiC III sichtbar werden. Diese Poren können wiederum als weitere Leerstellen betrachtet werden, in die das Silicium und der Kohlenstoff eindiffundieren. Je nach C-Gehalt bildet sich entweder weiteres SiC und die Poren wachsen zu oder das Silicium löst das SiC (siehe Abb. A-18). Letzteres führt dazu, dass sich kleine Poren durch Wiederausscheidung schließen und sich größere Poren weiter vergrößern.[18] Im Vergleich zur SiC-III-Schicht ist die SiC-II-Schicht nahezu porenfrei und weist weniger Korngrenzen auf. Somit ist keine Ansammlung von freiem Silicium in den Poren möglich und aufgrund der gröberen Kristalle weniger Angriffsfläche vorhanden. Deshalb tritt dieser Effekt hauptsächlich in der SiC-III-Schicht auf. Im weiteren Verlauf wird aufgrund des Schichtwachstums und der Ostwald-Reifung in der SiC-II-Schicht die Siliciumdiffusion erschwert und der C-Gehalt steigt in der SiC-III-Schicht. Das Abscheiden von SiC in den Poren dominiert infolgedessen gegenüber dem Lösen von

[18] Die treibende Kraft dieser Ostwaldreifung ist das Bestreben des Systems, durch Verringerung der Oberfläche und der damit verbundenen Oberflächenenergie den Zustand mit der geringsten freien Enthalpie einzunehmen [11].

SiC, was zu einem allmählichen Schließen der Poren und zur Vergröberung der SiC III-Struktur führt.[19]

Die beobachtete scharfe Phasengrenze zwischen der SiC-Schicht und dem Glaskohlenstoffsubstrat beruht ebenfalls auf dem Auflöseprozess des Kohlenstoffs. Würde hingegen ausschließlich eine Diffusion stattfinden, so würde durch Eindiffundieren des Siliciums in den Kohlenstoff die Phasengrenze ‚verschmieren'. Daher kann die Volumendiffusion von Si in C vernachlässigt werden. Somit basiert die SiC-Schichtbildung auf der Oberflächen- und Korngrenzendiffusion des Siliciums bzw. des Kohlenstoffs durch die SiC-Schicht und der Löslichkeit des Kohlenstoffs in Silicium; wobei aufgrund der Beobachtungen angenommen wird, dass die Diffusionsprozesse im Vergleich zur Löslichkeit von C in Si geschwindigkeitsbestimmend sind.[20] Zudem kann die Volumendiffusion von Silicium in Siliciumcarbid, wie die als Diffusionsbarriere wirkende SiC-I-Schicht zeigt, vernachlässigt werden. Basierend auf den zuvor beschriebenen Vorgängen und Annahmen wurde ein vereinfachtes Diffusionsmodell zur mathematischen Beschreibung des Schichtwachstums erstellt, das im Folgenden näher erläutert wird (siehe Abb. 4-24).

[19] Eine Vergröberung der SiC-Schicht im Substrat wurde u. a. von Behr beobachtet, ohne dies näher zu erläutern [181].

[20] Wäre dies nicht der Fall, so würde sich freies Si an der Grenzfläche der SiC-III-Schicht und dem C-Substrat anhäufen. Dies ist jedoch nicht erkennbar.

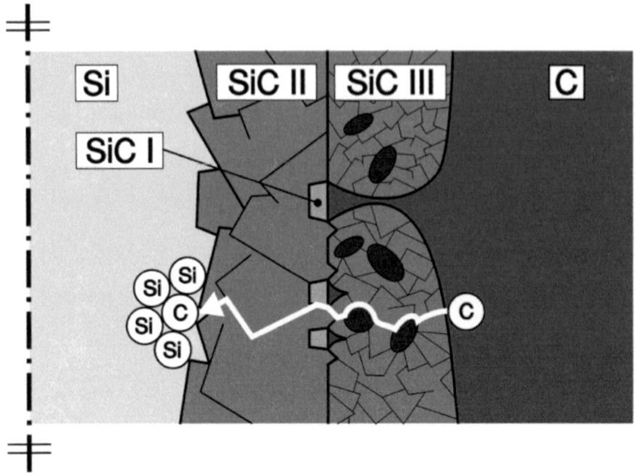

(**a**) Der Kohlenstoff diffundiert aus dem C-Substrat zur Si/SiC-Grenzfläche des flüssigen Siliciums.

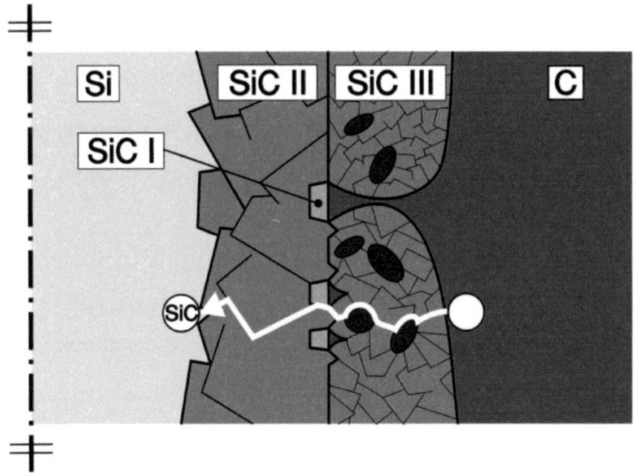

(**b**) An der Si/SiC-Grenzfläche reagiert der Kohlenstoff mit dem Silicium zu SiC, bildet grobkristallines SiC II und hinterlässt Leerstellen im C-Substrat.

Abb. 4-22. SiC-II-Bildung und Oberflächen- und Korngrenzdiffusion des Kohlenstoffs. – Die Strichpunktlinie weist auf die Symmetrie der Kapillare hin.

Nach Brunner hängt die zeitliche Änderung der Stoffmenge dn/dt von dem Diffusionskoeffizienten D, der Reaktionsfläche A, der Schichtdicke δ sowie von der Konzentrationsänderung $(c_S - c)$ ab:

$$\frac{dn}{dt} = \frac{D \cdot A}{\delta} \cdot (c_S - c) \,, \tag{4-4}$$

wobei c_S die Sättigungskonzentration und c die Außenkonzentration ist [182]. Mit dem Molvolumen V_m ergibt sich die Stoffmenge zu $n = c_S \cdot V = c_S \cdot \delta \cdot A$ und die Schichtdickenänderung zu

$$\frac{\mathrm{d}\delta}{\mathrm{d}t} = \frac{D}{\delta} \cdot \frac{(c_S - c)}{c_S} \,.$$

Angenommen, die Sättigungskonzentration c_S des Kohlenstoffs sei im Substrat konstant und die Außenkonzentration c des Kohlenstoffs im Silicium gleich 0, so würde sich mit $D_{C/SiC}$ als Diffusionskoeffzient des Kohlenstoffs in Siliciumcarbid ergeben:

$$\frac{\mathrm{d}\delta_C^*}{\mathrm{d}t} = \frac{D_{C/SiC}}{\delta_{SiC}^*} \,.$$

Die Indizierung mit Stern weist darauf hin, dass bei den entsprechenden Größen die Volumenänderung bei der SiC-Bildung noch nicht berücksichtigt ist: Reagiert 1 mol Kohlenstoff mit 1 mol Silicium an der Grenzschicht zwischen SiC und Si zu 1 mol SiC, wächst δ_C^* um das Verhältnis der Molvolumina von SiC zu C zusätzlich an. Somit ergibt sich

$$\frac{\mathrm{d}\delta_C}{\mathrm{d}t} = \frac{D_{C/SiC}}{\delta_{SiC}} \cdot \frac{V_{m,\,SiC}}{V_{m,\,C}} \,. \tag{4-5}$$

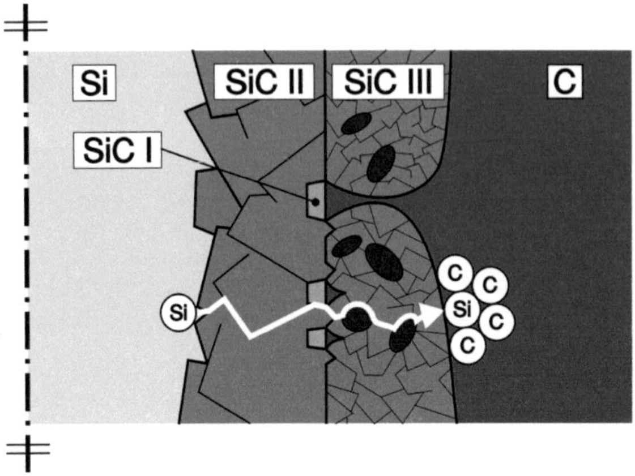

(**a**) Siliciumatome diffundieren durch die SiC-Schicht in die Fehlstellen des C-Substrats.

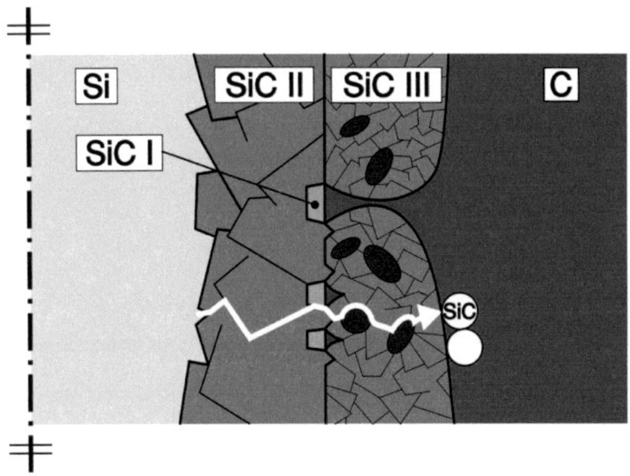

(**b**) Nach dem Lösen von Kohlenstoff aus dem C-Substrat reagiert das Silicium mit dem Kohlenstoff und bildet feinkristallines SiC III an der C_f/SiC-Grenzfläche. Aufgrund des Molvolumenverhältnisses von SiC zu C und Si bleiben Fehlstellen im C-Substrat zurück.

Abb. 4-23. SiC-III-Bildung und Oberflächen- und Korngrenzdiffusion des Siliciums. – Die Strichpunktlinie weist auf die Symmetrie der Kapillare hin.

Hierbei ist δ_{C} der durch die Kohlenstoffdiffusion verursachte Schichtdickenanteil der Gesamtschichtdicke δ_{SiC} des SiC (siehe Abb. 4-24). Analog kann der Schichtdickenanteil, verursacht durch die Si-Diffusion durch die SiC-Schicht, mit dem Diffusionskoeffizienten $D_{Si/SiC}$ und dem molaren Volumenverhältnis von $V_{m,\,SiC}$ zu $V_{m,\,Si}$ formuliert werden. Allerdings muss in diesem Fall noch die Porosität Φ berücksichtigt werden, die aufgrund der Volumenverhältnisse von $V_{m,\,SiC}$ im Vergleich zu $V_{m,\,C}$ und $V_{m,\,Si}$ bei der SiC-Bildung entsteht. Zur Bestimmung der Porosität wurde ein Ionenböschungsschnitt senkrecht zur SiC-Schicht durchgeführt (siehe Abschnitt B.3). Die Auswertung der REM-Aufnahme ergab für die gesamte Schichtdicke eine Porosität von $\Phi = 0{,}0146$.[21] Die zeitliche Änderung des SiC-Schichtanteils im Kohlenstoffsubstrat durch die Si-Diffusion ist demnach:

$$\frac{\mathrm{d}\delta_{Si}}{\mathrm{d}t} = \frac{D_{Si/SiC}}{\delta_{SiC}} \cdot \frac{V_{m,\,SiC}}{V_{m,\,Si}} \cdot (1+\Phi)\ . \qquad (4\text{-}6)$$

Die Gesamtschichtdicke δ_{SiC} des SiC ergibt sich zu

$$\delta_{SiC} = \delta_{C} + \delta_{Si} \quad \text{bzw. zu}$$

$$\frac{\mathrm{d}\delta_{SiC}}{\mathrm{d}t} = \frac{D_{C/SiC}}{\delta_{SiC}} \cdot \frac{V_{m,\,SiC}}{V_{m,\,C}} + \frac{D_{Si/SiC}}{\delta_{SiC}} \cdot \frac{V_{m,\,SiC}}{V_{m,\,Si}} \cdot (1+\Phi)\ . \qquad (4\text{-}7)$$

Aufgrund der Massenerhaltung ist das Verhältnis der diffundierenden Stoffmengen von Si und C durch die Querschnittsfläche gleich dem Verhältnis des Schichtwachstums auf der Kohlenstoffsubstrat- bzw. Siliciumseite:

$$\frac{\delta_{C}}{\delta_{Si}} = \frac{\dfrac{D_{C/SiC}}{\delta_{SiC}} \cdot \dfrac{V_{m,\,SiC}}{V_{m,\,C}}}{\dfrac{D_{Si/SiC}}{\delta_{SiC}} \cdot \dfrac{V_{m,\,SiC}}{V_{m,\,Si}} \cdot (1+\Phi)}\ . \qquad (4\text{-}8)$$

[21] Die Porosität der sich im Substrat ausbildenden SiC III-Schicht konnte zu $\Phi_{C} = 0{,}0295$ bestimmt werden (siehe Abschnitt B.3).

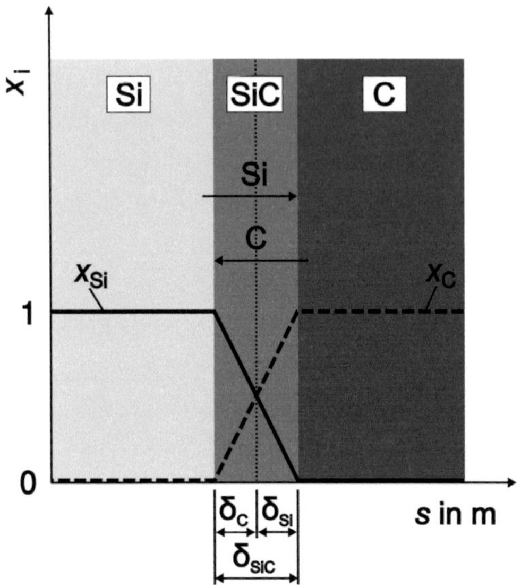

Abb. 4-24. Vereinfachtes Diffusionsmodell. – Diffusionsmodell mit dem Stoffmengenanteil x_i des Stoffes i, normiert auf 1 und bezogen auf die SiC-Schichtdicke δ_{SiC}. Die Punktlinie stellt die ursprüngliche Grenzfläche des Kohlenstoffsubstrats dar, mit S als Ortskoordinate senkrecht zur Grenzfläche. Von der ehemaligen Substratoberfläche ausgehend wächst die SiC-Schicht in beiden Richtungen aufgrund der Diffusionsprozesse von Silicium (siehe Schichtanteil δ_{Si}) und Kohlenstoff (siehe Schichtanteil δ_C).

Durch Umformen und Einsetzen von (4-8) in (4-7) ergibt sich für das SiC-Schichtwachstum

$$\frac{\mathrm{d}\delta_{SiC}}{\mathrm{d}t} = \frac{D_{C/SiC}}{\delta_{SiC}} \cdot \frac{V_{m,\,SiC}}{V_{m,\,C}} + \frac{D_{C/SiC}}{\delta_{SiC}} \cdot \frac{V_{m,\,SiC}}{V_{m,\,C}} \cdot \frac{\delta_{Si}}{\delta_C}$$

bzw.

$$\frac{\mathrm{d}\delta_{SiC}}{\mathrm{d}t} = \frac{D_{C/SiC}}{\delta_{SiC}} \cdot \frac{V_{m,\,SiC}}{V_{m,\,C}} \cdot \left(1 + \frac{\delta_{Si}}{\delta_C}\right). \qquad (4\text{-}9)$$

Das Verhältnis $\delta_{\mathrm{Si}}/\delta_{\mathrm{C}}$ lässt sich aus der Vermessung der einzelnen Schichtdicken zu $0,982$ bestimmen (siehe Abb. 4-25).

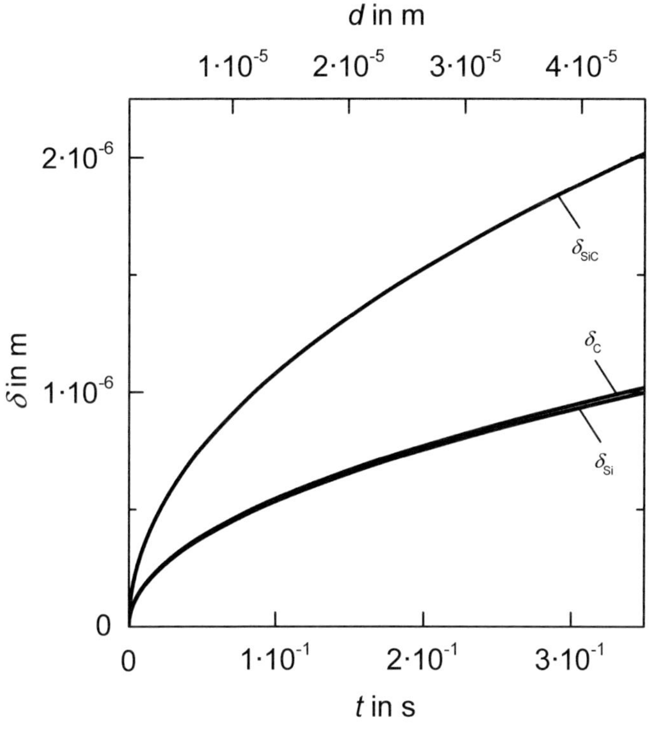

Abb. 4-25. Schichtwachstum der SiC-Schicht. – Schichtdicke der gesamten SiC-Schicht δ_{SiC}, der SiC-Schicht im Substrat δ_{Si} sowie der SiC-Schicht auf dem Substrat δ_C als Funktion der Zeit t bzw. des Abstandes d von der Dreiphasengrenzlinie. Siehe auch die Auswertung der experimentellen Daten in Abb. B-6-B-8.

Die Integration von (4-9):

$$\int \delta_{\mathrm{SiC}}\, \mathrm{d}\delta_{\mathrm{SiC}} = D_{\mathrm{C/SiC}} \cdot \frac{V_{m,SiC}}{V_{\mathrm{m,C}}} \cdot (1 + \frac{\delta_{\mathrm{Si}}}{\delta_{\mathrm{C}}}) \cdot \int \mathrm{d}t \;,$$

führt zu

$$\delta_{\mathrm{SiC}}{}^2 = 2 \cdot D_{\mathrm{C/SiC}} \cdot \frac{V_{\mathrm{m,\,SiC}}}{V_{\mathrm{m,\,C}}} \cdot (1 + \frac{\delta_{\mathrm{Si}}}{\delta_{\mathrm{C}}}) \cdot t + C \;, \quad (4\text{-}10)$$

mit C als Integrationskonstante. Mit der Randbedingung, dass bei $t = 0$ auch $\delta_{\mathrm{SiC}} = 0$ sein soll, folgt $C = 0$. So kann das, im vorliegenden Fall stets positive, Schichtwachstum mit

$$\delta_{\mathrm{SiC}} = \sqrt{2 \cdot D_{\mathrm{C/SiC}} \cdot \frac{V_{\mathrm{m,\,SiC}}}{V_{\mathrm{m,\,C}}} \cdot (1 + \frac{\delta_{\mathrm{Si}}}{\delta_{\mathrm{C}}}) \cdot t} \quad (4\text{-}11)$$

angegeben werden; mit den Molvolumina $V_{\mathrm{m,\,SiC}} = M_{\mathrm{SiC}}/\rho_{\mathrm{SiC}} = 12{,}69$ cm^3/mol, $V_{\mathrm{m,\,C}} = M_{\mathrm{C}}/\rho_{\mathrm{C}} = 5{,}46\,\mathrm{cm}^3/\mathrm{mol}$, den molaren Massen $M_{\mathrm{SiC}} = 40{,}097\,\mathrm{g/mol}$, $M_{\mathrm{C}} = 12{,}011\,\mathrm{g/mol}$, den Dichten $\rho_{\mathrm{SiC}} = 3{,}16\,\mathrm{g/cm}^3$ und $\rho_{\mathrm{C}} = 2{,}2\,\mathrm{g/cm}^3$ sowie dem Molvolumenverhältnis $V_{\mathrm{m,\,SiC}}/V_{\mathrm{m,\,C}} = 2{,}324$ [183]. Durch Auftragen von δ^2_{SiC} gegen t ergibt sich $D_{\mathrm{C/SiC}}$ aus der Steigung der Geradengleichung (siehe Gleichung 4-10) zu

$$D_{\mathrm{C/SiC}} = 1{,}30 \cdot 10^{-8}\,\mathrm{cm}^2/\mathrm{s} \;\text{ für } T = 1600\,^\circ\mathrm{C}\;. \quad (4\text{-}12)$$

[22]

Aus Gleichung 4-8 ergibt sich der effektive Diffusionskoeffizient des Siliciums durch die SiC-Schicht zu

$$D_{\mathrm{Si/SiC}} = \frac{D_{\mathrm{C/SiC}}}{1+\Phi} \cdot \frac{V_{\mathrm{m,\,Si}}}{V_{\mathrm{m,\,C}}} \cdot \frac{\delta_{\mathrm{Si}}}{\delta_{\mathrm{C}}} \;, \tag{4-13}$$

mit $V_{\mathrm{m,\,Si}} = M_{\mathrm{Si}}/\rho_{\mathrm{Si}} = 12{,}05\,\mathrm{cm}^3/\mathrm{mol}$ (mit $M_{\mathrm{Si}} = 28.086\,\mathrm{g/mol}$ und $\rho_{\mathrm{Si}} = 2{,}33\,\mathrm{g/cm}^3$ [183]) zu

$$D_{\mathrm{Si/SiC}} = 2{,}78 \cdot 10^{-8}\,\mathrm{cm}^2/\mathrm{s} \;\; \text{für } T = 1600\,^{\circ}\mathrm{C}.^{22} \tag{4-14}$$

Ein Vergleich der ermittelten Diffusionskoeffizienten mit den Literaturwerten ist in Abb. 4-26 dargestellt. Die ermittelten Werte des effektiven Diffusionskoeffizienten decken sich mit den in der Literatur gefundenen Werten für die Korngrenzendiffusion von C und Si in SiC.[23] Der im Vergleich zum Kohlenstoff höhere Diffusionskoeffizient des Siliciums stimmt ebenfalls mit den Literaturdaten überein [185]. Daraus lässt sich schließen, dass die Anteile der Volumen- und der Oberflächendiffusion, aufgrund der geringen Porosität innerhalb des betrachteten Zeitintervalls, vernachlässigbar sind und ausschließlich Korngrenzendiffusion angenommen werden kann.

[22] Thermooptische Messungen und numerische Berechnungen zeigen, dass die Temperaturerhöhung im Bereich der Dreiphasengrenzlinie durch die exotherme Reaktion bei der SiC-Bildung kleiner als 0,5 K ist. Dies liegt hauptsächlich an der geringen reaktiven Oberfläche des Glaskohlenstoffs und der guten Wärmeleitfähigkeit des flüssigen Si bzw. der Wärmeabstrahlung an den Kapillarwänden.

[23] Derzeit liegen nur wenige Literaturwerte der Diffusionskoeffizienten von C und Si in polykristallinem SiC vor [184].

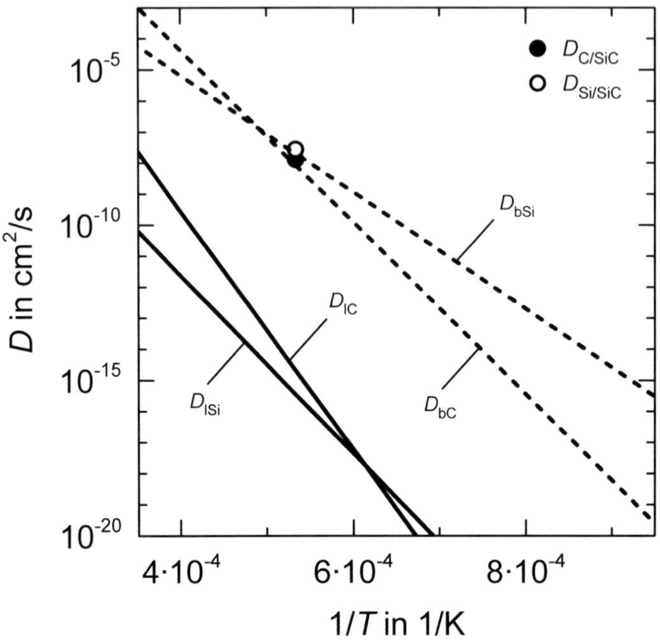

Abb. 4-26. Vergleich der ermittelten Diffusionskoeffizienten (Punkte) mit den Literaturwerten (Geraden). – Details und Quellen siehe A.8. Der Index ‚b‘ beschreibt die Korngrenzendiffusion und der Index ‚l‘ die Gitterdiffusion von Kohlenstoff (Index ‚C‘) und Silicium (Index ‚Si‘).

Mit dieser Annahme kann aus dem effektiven Diffusionskoeffizienten D auch die Diffusionskonstante D_0 mit dem Zusammenhang

$$D = D_0 \cdot \exp\left(\frac{-E_\mathrm{A}}{k_\mathrm{B} \cdot T}\right) \tag{4-15}$$

berechnet werden [186]. Mit der Aktivierungsenergie $E_\mathrm{A} = 5{,}8\,\mathrm{eV}$ für die Korngrenzendiffusion von C und mit $E_\mathrm{A} = 3{,}7\,\mathrm{eV}$ für Si, durch eine polykristalline SiC-Schicht [187–190], ergeben sich die Diffusionskoeffizienten zu:

$$D_\mathrm{C/SiC} = 5{,}24 \cdot 10^7\,\mathrm{cm}^2/\mathrm{s} \cdot \exp\left(\frac{-5{,}8\,\mathrm{eV}}{k_\mathrm{B} \cdot T}\right) \tag{4-16}$$

$$D_\mathrm{Si/SiC} = 2{,}51 \cdot 10^2\,\mathrm{cm}^2/\mathrm{s} \cdot \exp\left(\frac{-3{,}7\,\mathrm{eV}}{k_\mathrm{B} \cdot T}\right) \quad . \tag{4-17}$$

Neben dem effektiven Diffusionskoeffizienten, der sich in dieser Arbeit aus der Volumen- und Korngrenzendiffusion ergibt, wird ein weiterer Diffusionskoeffizient, der scheinbare (engl. apparent) Diffusionskoeffizient D_app, eingeführt. Dieser setzt sich aus den effektiven Diffusionkoeffizienten des Siliciums und des Kohlenstoffs zusammen (siehe Gleichung 4-7):

$$D_\mathrm{app} = D_\mathrm{C/SiC} \cdot \frac{V_\mathrm{m,\,SiC}}{V_\mathrm{m,\,C}} + D_\mathrm{Si/SiC} \cdot \frac{V_\mathrm{m,\,SiC}}{V_\mathrm{m,\,Si}} \cdot (1 + \Phi) \quad , \tag{4-18}$$

und kann für den Zeitraum 0...1 s mit

$$D_\mathrm{app} = 1{,}87 \cdot 10^6\,\mathrm{cm}^2/\mathrm{s} \cdot \exp\left(\frac{-469\,\mathrm{kJ/mol}}{R \cdot T}\right) \tag{4-19}$$

angenähert werden (siehe Abschnitt A.8). Die SiC-Schichtdicke ergibt sich für diesen Zeitraum[24] zu

$$\delta_\mathrm{SiC} = \sqrt{2 \cdot D_\mathrm{app} \cdot t} \quad . \tag{4-20}$$

[24]Zur Zeitabhängigkeit des Diffusionkoeffizienten siehe Abschnitt 9.2.

5 Infiltrationsmodell (mesoskopisch)

5.1 Mechanismen an der Infiltrationsfront

Als Mechanismen an der Infiltrationsfront werden die nachfolgend genauer beschriebenen Reaktionen, Transportvorgänge, epitaktischen Phänomene sowie deren Wechselwirkungen bezeichnet. Eine vereinfachte Darstellung dieser Mechanismen, basierend auf den vorher beschriebenen Versuchsergebnissen, ist in Abb. 5-1 dargestellt. Das mesoskopische[1] Modell zeigt eine Kapillare in der Halbdarstellung, d. h., unter Berücksichtigung der Symmetrie an der Mittelachse wird lediglich der halbe Querschnitt der Kapillare dargestellt. Die Symmetrielinie am linken Bildrand ist im Falle einer Spaltkapillare als spiegelsymmetrisch und im Falle einer zylindrischen Kapillare als rotationssymmetrisch zu deuten. Am rechten Bildrand sind die in Unterabschnitt 4.3.2 beschriebenen Zonen (Zone I: Nukleation und Inselwachstum; Zone II: Ablösung der kontinuierlichen SiC-Schicht; Zone III: Der mit Si benetzte Bereich hinter der Dreiphasengrenzlinie) aufgetragen.

[1] Mikroskopisch heterogene Materialien werden im Falle einer Mehrskalenmodellierung zur Modellierung auf makroskopischer Ebene homogenisiert. Für Composite-Materialien wird oftmals zwischen der Mikro- und Makroskala eine Zwischenskala eingeführt [191]. Auf dieser mesoskopischen Ebene können z. B. Garne anstelle von Filamente oder Schichten anstelle einzelner Kristalle als homogen betrachtet werden. Elliott definierte den Mesobereich für Mehrskalenmodelle in der Materialwissenschaft auf einer Zeit- und Längenskala mit $1 \cdot 10^{-10} ... 1 \cdot 10^{-2}$ s bzw. $5 \cdot 10^{-7} ... 5 \cdot 10^{-3}$ m [192].

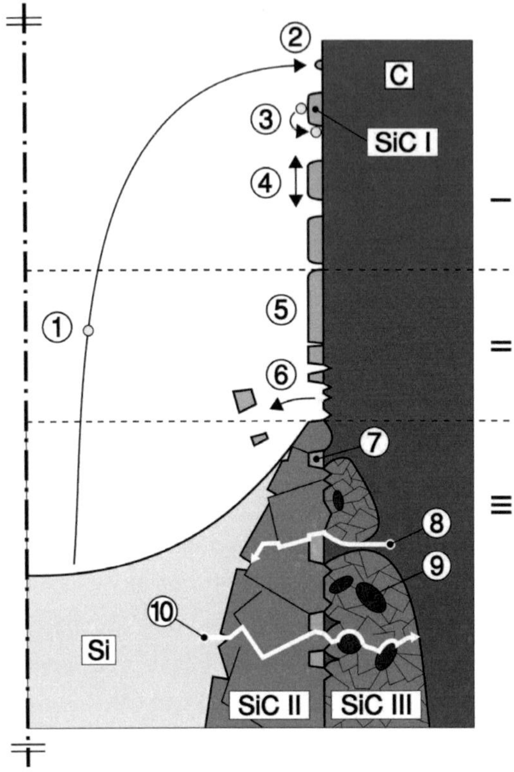

Abb. 5-1. Modell der Mechanismen an der Infiltrationsfront. – Schematische Darstellung der Zonen I, II und III im Schnitt.

1	Si-Verdampfung und Diffusion
2	Si-Adsorption und Keimbildung auf dem C-Substrat
3	Kristallwachstum
4	Inselwachstum (Volmer-Weber-Wachstum)
5	Zusammenwachsen der Inseln zur kontinuierlichen SiC-Schicht
6	Teilweises Ablösen der SiC-Schicht
7	Verbleibende SiC-Schichtteile als Diffusionsbarriere
8	C-Diffusion durch SiC-Schicht
9	Porenbildung in der SiC-Schicht
10	Si-Diffusion durch SiC-Schicht.

Zudem wurde der Infiltrationsprozess im Bereich der Dreiphasengrenzlinie in zehn Schritte eingeteilt [193]:

1. Si-Verdampfung und Diffusion: Siliciumatome, die eine genügend hohe Geschwindigkeitskomponente senkrecht zur Oberfläche des Meniskus besitzen, können sich aus der flüssigen Phase lösen und in den darüber befindlichen Gasraum abdampfen [194].[2] Durch Diffusion gelangen manche Atome bis zur Kapillarwand.

2. Si-Adsorption und Keimbildung auf dem C-Substrat: Si-Atome können sich als Adsorbat auf der C-Substratoberfläche, dem Adsorbens, anlagern. Die Adsorption kann durch Oberflächenfehler oder Verunreinigungen, die energetisch bevorzugte Stellen darstellen, begünstigt werden. Finden die auftreffenden Si-Atome geeignete Stellen zum Anlagern oder andere Si-Atome, mit denen sie Cluster bilden, reagieren diese bei ausreichender Verweildauer mit dem C-Adsorbens zu SiC. Aufgrund der chemischen Reaktion wird dieser Vorgang auch Chemisorption oder Chemoepitaxie genannt [195, 196].

3. Kristallwachstum: Durch weitere auftreffende Si-Atome wachsen die durch Chemisorption gebildeten SiC-Kerne als Einkristalle weiter an. Dadurch bilden sich sternförmige Strukturen mit partiellem Wachstum in Z-Richtung, die auch nach dem Inselwachstum (siehe Punkt 4) noch deutlich im Zentrum der SiC-Inseln erkennbar sind (siehe Abb. 4-12 und 4-14).

4. Inselwachstum (Volmer-Weber-Wachstum): Die vom Substrat aus der Gasphase adsorbierten Si-Atome bewegen sich transversal als zweidimensionales Gas nahe der Oberfläche zu den Inselrändern, wo sie mit dem C-Substrat zu SiC reagieren.[3] Da Die Translationsgeschwin-

[2]Sofern die kinetische Energie größer als die Verdampfungsarbeit ist.

[3]Siehe auch ‚bewegliche Adsorption' in Unterabschnitt 5.3.3.

digkeit der Si-Atome entlang der Oberfläche und der Korngrenzen weitaus höher als die Volumendiffusion von C- bzw. Si-Atomen durch die SiC-Schicht ist, wachsen die Inseln in dünner Kreisform weiter an (siehe Abb. 4-12 und 5-2) [187, 197–199]. Das entstehende, sehr flach orientierte Inselwachstum wird als Volmer-Weber-Wachstum bezeichnet und führt zu einer dichten und kontinuierlichen SiC-Schicht auf dem Substrat, die als SiC I bezeichnet wird [200].

5. Zusammenwachsen der Inseln zur kontinuierlichen SiC-Schicht: Die einzelnen Inseln aus SiC I wachsen solange an, bis diese das C-Substrat vollständig bedecken. Die Inselränder bilden bei einem Zusammenstoßen Korngrenzen aus (siehe Abb. 5-3).

6. Teilweise Ablösung der SiC-Schicht: Da am Inselrand durch die Koaleszenz kein freier Kohlenstoff für die Reaktion zu SiC vorhanden ist, diffundieren die Si-Atome entlang der Korngrenze zum darunterliegenden Substrat und bilden dort weiteres SiC. Das größere Molvolumen von SiC im Vergleich zu C führt zu Spannungen und verringert so die Haftkraft der SiC-Insel. Durch die Ausbildung von weiteren Korngrenzen mit benachbarten Inseln können sich dadurch einzelne Inseln vom Substrat lösen.[4]

7. Verbleibende SiC-Schichtteile als Diffusionsbarriere: Die verbleibende SiC I-Schicht schützt das Substrat vor dem Angriff mit flüssigem Silicium. Trifft die flüssige Si-Phase hingegen auf ungeschützte Substratoberflächen, führt dies zu einem schnellen, feinkristallinen SiC III-Wachstum in das Substrat. Dadurch werden die ungeschützten Sub-

[4]Ein ähnliches Wachstumsverhalten wie das der SiC-Inseln auf dem Kohlenstoffsubstrat wurde von Hesse und Honigmann bei der Ausbildung von Schutzkristallen während des Ätzens von Glas beobachtet [201, 202]. Honigmann zeigte auch, dass die Schutzkristalle geringe Haftkräfte auf dem Substrat aufweisen und sich leicht von dem Substrat mit einer Nadel abheben lassen [201]

stratoberflächen nach und nach in das, für das Si benetzbare, SiC umgewandelt. Dieser Teilprozess ist die Ursache für das Nacheilen der Infiltrationsfront in Bezug auf die Grenze zwischen der Zone I und II.

8. C-Diffusion durch SiC-Schicht: Der Kohlenstoff diffundiert vom C-Substrat, durch die SiC III-Schicht, bis zur Si/SiC-Grenzschicht und reagiert dort mit dem Si zu grobkristallinem SiC II. Dies führt zu einem Schichtwachstum auf dem Substrat.

9. Porenbildung in der SiC-Schicht: Die durch die C-Diffusion entstehenden Leerstellen werden durch Si-Diffusion aus der Schmelze gefüllt und das Si reagiert dort mit dem Kohlenstoff. Da das Molvolumen von SiC kleiner als die Molvolumina von Kohlenstoff und Silicium ist, entstehen bei dieser Reaktion Poren. Zwar führt selbige Reaktion an der Si/SiC-Grenzfläche ebenfalls zu einer Volumenabnahme; dort kann jedoch das flüssige Si stetig nachfließen.

10. Si-Diffusion durch SiC-Schicht: Ebenso wie der Kohlenstoff diffundiert umgekehrt das Si zur C/SiC-Grenzschicht und bildet dort SiC. Zu beachten ist, dass es sich bei den Diffusionsvorgängen durch die SiC-Schicht um eine zusammengesetzte Diffusion aus Oberflächendiffusion an den Porenwänden, Korngrenzendiffusion zwischen den SiC-Kristallen und Volumendiffusion durch die SiC-Kristalle handelt. Die jeweiligen Diffusionsgeschwindigkeiten nehmen hierbei in vorgenannter Reihenfolge ab. Durch das Zuwachsen der Poren und der Kornvergröberung sinken mit der Zeit die Oberflächen- und Korngrenzendiffusionskoeffizienten. Dies führt neben der Temperaturabhängigkeit zu einem zeitlich abhängigen Diffusionskoeffizienten.

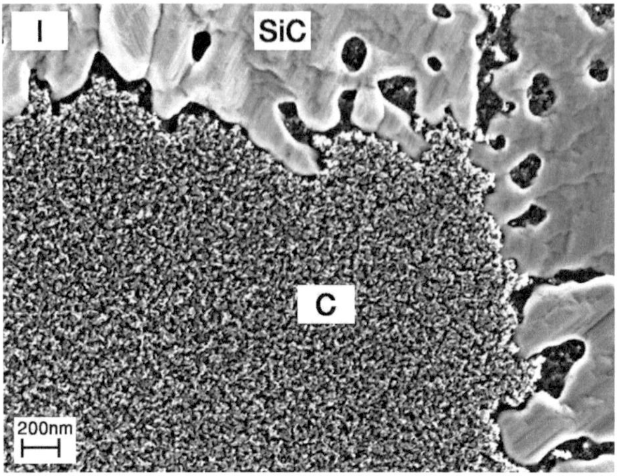

Abb. 5-2. REM-Aufnahme der Grenzkante einer SiC-Insel in Zone I. – Die Abbildung zeigt einen vergrößerten Bildausschnitt von Abb. 4-12.

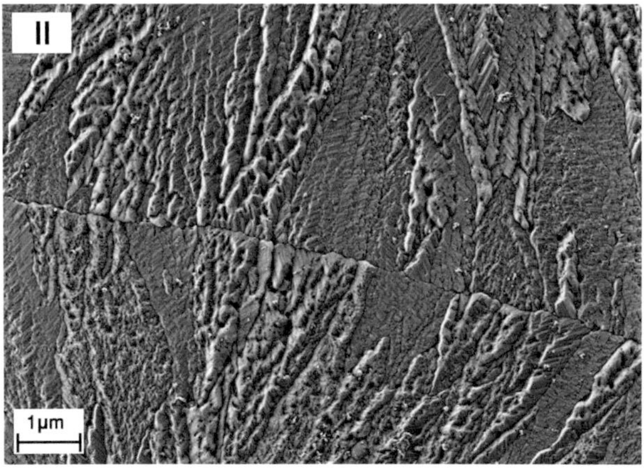

Abb. 5-3. REM-Aufnahme einer Korngrenze zwischen zwei zusammengewachsenen SiC-Inseln. – Trotz ähnlicher Orientierung bleibt die Korngrenze erhalten.

Wie dem Infiltrationsmodell zu entnehmen ist, sind nicht die Kapillar-, Trägheits- oder Reibungskräfte für das Vordringen des Siliciums in der Kapillare geschwindigkeitsbestimmend, sondern die Mechanismen an der Infiltrationsfront. Mit anderen Worten: Die Ausbildung einer benetzbaren SiC-Schicht durch die oben beschriebenen Vorgänge ist der geschwindigkeitsdominierende Prozess. Dies ist gültig, solange die Steiggeschwindigkeit durch den Kapillareffekt höher ist als die Geschwindigkeit, die sich durch die vorgenannten Vorgänge einstellt. Das ist bis zu einer Infiltrationshöhe, bei der der hydrostatische Druck sich dem Kapillardruck annähert, der Fall. Befindet sich der hydrostatische Druck mit dem Kapillardruck im Gleichgewicht, kommt es trotz weiterer Schichtbildung zu keinem weiteren Anstieg der Siliciumsäule.

5.2 Schichtwachstum und deren Temperaturentwicklung

Die Wachstumsrate der SiC-Schicht ist davon abhängig, wie schnell Silicium- bzw. Kohlenstoffatome durch die bereits gebildete SiC-Schicht diffundieren können.[5] Reagieren Silicium und Kohlenstoff zu Siliciumcarbid, wird infolge der exothermen Reaktion Wärme an der sich bildenden SiC-Schicht frei. Die Temperaturerhöhung führt nach Gleichung 4-15 zu einem höheren Diffusionskoeffizienten und folglich zu einer höheren Wachstumsrate der SiC-Schicht. Die höhere Reaktionsgeschwindigkeit hat wiederum zur Folge, dass die entstehende Reaktionswärme in kürzerer Zeit freigesetzt wird und die Temperatur weiter ansteigt. Das thermische Gleichgewicht wird erst dann erreicht, wenn der Temperaturgradient so groß wird, dass die freiwerdende Wärme in ausreichender Menge von der Reaktionszone abgeführt werden kann. Demnach muss für das Schichtwachstum auch deren Temperaturent-

[5] Vorausgesetzt, die Edukte stehen in ausreichender Menge zur Verfügung.

wicklung mit betrachtet werden. Hierfür wurde ein idealisiertes Modell der Spaltkapillare erstellt (siehe Abb. 5-4). Die thermischen Vorgänge wurden mit den Wärmestromdichten $\boldsymbol{q}$ für die Wärmeleitung ($\boldsymbol{q}_{\mathbf{hc}}$), Wärmestrahlung ($\boldsymbol{q}_{\mathbf{hr}}$) und Wärmequelle ($\boldsymbol{q}_{\mathbf{hs}}$) dargestellt. Die Wärmeleitung im Festkörper und Fluid wurde mit der homogenen Wärmetransportgleichung[6] beschrieben:

$$\rho C_\mathrm{p}\frac{\partial T}{\partial t} - \rho C_\mathrm{p}\boldsymbol{v}_{\mathbf{inf}}\cdot\nabla T + \nabla\boldsymbol{q}_{\mathbf{hc}} = 0\,, \quad \text{mit} \quad \boldsymbol{q}_{\mathbf{hc}} = -\lambda\cdot\nabla T\,. \tag{5-1}$$

Der Konvektionsterm $-\rho C_\mathrm{p}\boldsymbol{v}_{\mathbf{inf}}\cdot\nabla T$ mit der Geschwindigkeit $-\boldsymbol{v}_{\mathbf{inf}}$ bewirkt eine Translation mit dem Effekt eines bewegten Koordinatensystems entgegen der Infiltrationsrichtung. Angewandt auf das Gebiet Ω_s erzeugt dieser eine Relativbewegung zu den Gebieten Ω_v und Ω_l und bildet somit die bewegte Flüssigkeitssäule des Siliciums in der Spaltkapillare während der Infiltration ab.
Die Wärmestrahlung führt zu einer Wärmestromdichte $\boldsymbol{q}_{hr}$ durch das Flächenelement dA auf den Rändern M und W (siehe Abb. 5-4). Sie ergibt sich aus der Differenz der Einstrahlung H und Abstrahlung J zu [203]

$$-\boldsymbol{n}\cdot\boldsymbol{q}_{\mathbf{hr}} = H - J\,. \tag{5-2}$$

Zur Berechnung der Wärmestrahlung kann in guter Näherung eine graue Oberfläche mit diffuser Strahlung angenommen werden [203]. Das heißt, dass sich die vom betrachteten Oberflächenelement ausgehende Strahlung aus der emittierten Strahlung eines grauen Körpers εE_b und der reflektierten

[6] Die exotherme Reaktion von Si und C zur SiC-Schicht wird an der Kontaktfläche des flüssigen Siliciums und des Glaskohlenstoffs näherungsweise auf den Randbereich begrenzt. Die Reaktionswärme wird als Wärmequelle über eine Neumann-Randbedingung auf dem entsprechenden Randbereich definiert. Da die SiC-Schicht im Vergleich zur Größe des restlichen betrachteten Gebiets vernachlässigbar ist, wird die Wärmeleitung in der SiC-Schicht nicht berücksichtigt. Folglich ist die homogene Wärmetransportgleichung ohne Wärmequelle zur Berechnung ausreichend.

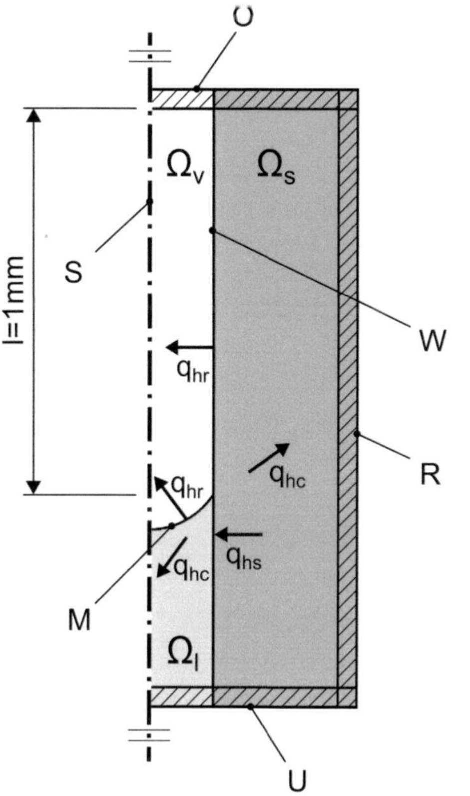

Abb. 5-4. Thermalmodell der Spaltkapillare. – S, M, U, R, W und O sind Randbereiche der Ränder von Ω. Hierbei ist Ω_l die flüssige Siliciumsäule in der Spaltkapillare Ω_V mit dem angrenzenden Glaskohlenstoff Ω_S. Die schraffierten Teilgebiete zeigen Bereiche, die sich nach außen hin im Modell unendlich ausdehnen. Die Strichpunktlinie deutet die Spiegelsymmetrie des Modells an.

Einstrahlung $\rho^d H$, mit ε als Emissions- bzw. ρ^d als Reflexionskoeffizient für diffuse Strahlung, zusammensetzt:[7]

$$J = \varepsilon E_\mathrm{b} + \rho^\mathrm{d} H \; . \tag{5-3}$$

Die Strahlung des schwarzen Körpers E_b ergibt sich mit der Stefan-Boltzmann-Konstante σ zu:

$$E_\mathrm{b} = \sigma T^4 \; .$$

Die Einstrahlung H ist die Strahlung, die von den umliegenden Flächenelementen $\mathrm{d}A'$ abgestrahlt wird und ungehindert auf $\mathrm{d}A$ einstrahlen kann. Neben einer möglichen Verschattung ist der Strahlungsaustausch zwischen den beiden Flächenelementen $\mathrm{d}A$ und $\mathrm{d}A'$ auch von der Form und Lage, deren Abstand sowie der Orientierung der Flächenelemente abhängig [203]. Dies berücksichtigt der entsprechende Sichtfaktor $\mathrm{d}F_{\mathrm{d}A-\mathrm{d}A'}$. Die Sichtfaktoren können in einfachen Fällen algebraisch berechnet werden. In der Regel werden sie jedoch numerisch, mit einem auf der Finiten-Elemente-Methode basierenden Programm (FEM-Programm), berechnet.

Wird das Flächenelement $\mathrm{d}A$ von einem halbdurchlässigen Flächenelement $\mathrm{d}A'$ oder einer Oberfläche A' mit einer Öffnung angestrahlt, kann eine zusätzliche Strahlung $H_{0,\mathrm{d}A}$ von außen auf $\mathrm{d}A$ einstrahlen:

$$H_{\mathrm{d}A} = \int_A J_{\mathrm{d}A'} \mathrm{d}F_{\mathrm{d}A-\mathrm{d}A'} + H_{0,\mathrm{d}A} \; . \tag{5-4}$$

Die exotherme Reaktion von Si und C zu SiC auf dem Rand W an der Grenzfläche zwischen Ω_l und Ω_s stellt eine Wärmequelle dar. Die dadurch

[7] Aufgrund der relativ rauen Oberfläche der Kapillarwände überwiegt die diffuse Strahlung, so dass die gerichtete Strahlung vernachlässigt werden kann. Da diese Strahlung zudem erst bei einem Glanzwinkel von über 60° in Erscheinung tritt, kann aufgrund der konkaven Form des Meniskus auch am Rand M diffuse Strahlung angenommen werden [203].

entstehende Wärmestromdichte $\boldsymbol{q}_{\mathbf{hs}}$ ergibt sich aus dem Zuwachs der SiC-Schicht (siehe Gleichung 4-9) der Dichte ρ_{SiC} und der Reaktionsenthalpie $\Delta\mathrm{H}$ zu [204]:

$$\boldsymbol{n} \cdot \boldsymbol{q}_{\mathbf{hs}} = \Delta\mathrm{H} \cdot \rho_{\mathrm{SiC}} \cdot \frac{\mathrm{d}\delta_{\mathrm{SiC}}}{\mathrm{d}t} \quad \text{auf W.} \tag{5-5}$$

Aus den Gleichungen 5-2 bis 5-5 folgt mit entsprechenden Randbedingungen das Gleichungssystem für die Wärmestrahlung:

$$\begin{cases} -\boldsymbol{n} \cdot \boldsymbol{q}_{\mathbf{hr}} = H - J \text{ , mit } J = \varepsilon E_{\mathrm{b}} + \rho^{\mathrm{d}} H & \text{auf W und M} \\ \boldsymbol{n} \cdot \boldsymbol{q}_{\mathbf{hs}} = \Delta\mathrm{H} \cdot \rho_{\mathrm{SiC}} \cdot \frac{\mathrm{d}\delta_{\mathrm{SiC}}}{\mathrm{d}t} & \text{auf W} \\ H_{\mathrm{d}A} = \int_A J_{\mathrm{d}A'} \,\mathrm{d}F_{\mathrm{d}A-\mathrm{d}A'} + H_{0,\mathrm{d}A} \text{ , mit } H_{0,\mathrm{d}A} = 0 & \text{auf O .}^{8} \end{cases} \tag{5-6}$$

Die numerische Lösung des Gleichungssystems unter Berücksichtigung der Wärmeleitung nach Gleichung 5-1 in den Gebieten Ω_{l} und Ω_{s}, ergibt bei einer Anfangstemperatur von 1600 °C das in Abb. 5-5 dargestellte Temperaturfeld. Das Temperaturfeld zeigt, dass sich eine maximale Temperaturerhöhung von lediglich 1,2 K aufgrund der exothermen Reaktion ergibt. Die Temperaturabhängigkeit kann somit für die weiteren Betrachtungen vernachlässigt und die reaktive Infiltration einer Spaltkapillare als isotherm angenommen werden.[9]

[8] Da sich das vereinfachte Modell der Spaltkapillare in Richtung der Kapillare unendlich ausdehnt, hat die Strahlung am Rand O keinen Einfluss auf das Berechnungsergebnis.

[9] Mortensen et al. kamen bei der Untersuchung der reaktiven Benetzung eines liegenden Tropfens zu dem Schluss, dass die Temperaturerhöhung aufgrund der exothermen Reaktion vernachlässigt werden kann [204]. Auch die Infrarotaufnahmen der Spaltkapillarversuche zeigten keine signifikante Temperaturerhöhung an der Kapillarwand (siehe Abb. 4-4).

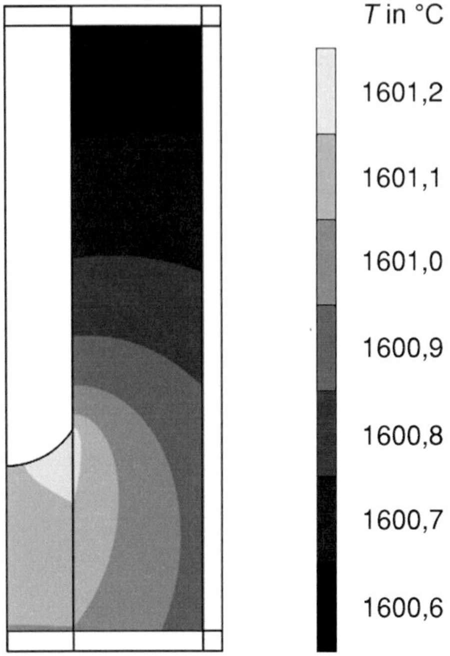

Abb. 5-5. Durch die exotherme Reaktion von Si und C zu SiC entstehendes Temperaturfeld. - Die Berechnung wurde mit einer Start- bzw. Eintauchtemperatur von 1600 °C durchgeführt.

5.3 SiC-Bildung über den Verdampfungs-Adsorptions-Prozess

Die sich vor der Dreiphasengrenzlinie an der Kapillarwand bildende SiC-Schicht entsteht über einen Verdampfungs-Adsorptions-Prozess. Hierbei verdampft das Silicium mit der Verdampfungsrate $\boldsymbol{j}_{\mathbf{vap}}$ und diffundiert in der Gasphase mit der Diffusionsstromdichte $\boldsymbol{j}_{\mathbf{diff}}$ zur Kapillarwand. Wie im vorangehenden Abschnitt gezeigt wurde, können die Temperaturgradienten im betrachteten Gebiet vernachlässigt werden. Aufgrund des geringen Temperaturunterschieds zwischen dem sich über dem Meniskus bildenden Siliciumdampf und dem Substrat kann eine klassische Kondensation des Si-Dampfes an der Kapillarwand ausgeschlossen werden[10]. Die Adsorption von Si-Atomen bzw. -Molekülen findet demnach durch Chemisorption mit der Adsorptionsrate $\boldsymbol{j}_{\mathbf{ad}}$ statt. Der Verdampfungs-Adsorptionsprozess mit den zugehörigen Teilchenstromdichten ist in Abb. 5-6 schematisch dargestellt und wird in den nachfolgenden Unterabschnitten genauer beschrieben.

5.3.1 Verdampfungsrate

Wird der sich über einer Flüssigkeitsoberfläche ausbildende Siliciumdampf beispielsweise mit einer Vakuumpumpe stetig abgepumpt oder mittels eines ungesättigten Gasstroms abgeführt, so ergibt sich eine maximale, flächenbezogene Verdampfungsrate $\boldsymbol{j}_{\mathbf{vap(max)}}$ zu

$$\boldsymbol{j}_{\mathbf{vap(max)}} = \boldsymbol{n} \cdot \sigma_{\mathrm{K}} \cdot \frac{n_{\mathrm{S}} \cdot \bar{c}}{4} \,, \tag{5-7}$$

[10] Selbst bei Erreichen des Sättigungsdampfdruckes kommt es aufgrund des nahezu isothermen und isobaren Systems an keiner Stelle zu einer Übersättigung des Si-Dampfes, was neben einer kalten Substrattemperatur für den klassischen Kondensationsvorgang vorausgesetzt wird [195].

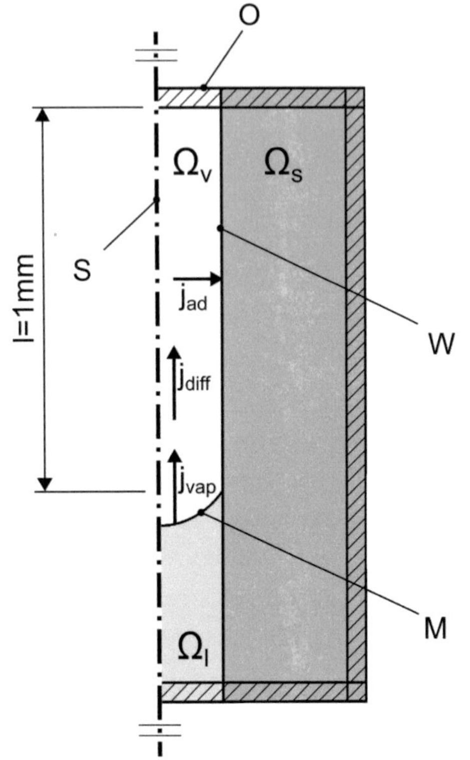

Abb. 5-6. Modell mit den Teilchenstromdichten des Verdampfungs- und Adsorptionsprozesses. – S, M, W und O sind Randbereiche des Gebietes Ω. Die schraffierten Teilgebiete zeigen Bereiche, die sich nach außen hin unendlich ausdehnen. Die Strichpunktlinie deutet auf die Spiegelsymmetrie des Modells hin.

wobei σ_K der Kondensationskoeffizient, n_S die Teilchenzahldichte der Siliciumteilchen am Meniskus und $\bar{c}$ die mittlere Geschwindigkeit der Teilchen ist, die sich zu

$$\bar{c} = \sqrt{\frac{8 \cdot R \cdot T}{\pi \cdot M}}\ , \ n_S = \frac{p_S}{k_B \cdot T} \ \text{ mit } \ R = \frac{M}{m} \cdot k_B$$

und p_S als Sättigungsdampfdruck ergeben [194]. Eingesetzt in Gleichung 5-7 gilt für die maximale Verdampfungsrate:

$$\begin{aligned} \boldsymbol{j}_{\mathbf{vap(max)}} &= \boldsymbol{n} \cdot \sigma_K \cdot \frac{p_S}{4 \cdot k_B \cdot T} \cdot \sqrt{\frac{8 \cdot R \cdot T}{\pi \cdot M}} \\ &= \boldsymbol{n} \cdot \frac{1}{\sqrt{2 \cdot \pi}} \cdot \sigma_K \cdot p_S \cdot \sqrt{\frac{M}{R \cdot T}}\ . \end{aligned} \tag{5-8}$$

Stellt sich infolge einer zu geringen Saugleistung der Vakuumpumpe oder einer unvollständigen Abfuhr der Gasteilchen ein Dampfdruck p_D mit $0 < p_D < p_S$ ein, so reduziert sich die Verdampfungsrate um die Kondensationsrate zu

$$\begin{aligned} \boldsymbol{j}_{\mathbf{vap}} &= \boldsymbol{n} \cdot \frac{1}{\sqrt{2 \cdot \pi}} \cdot \sigma_K \cdot (p_S - p_D) \cdot \sqrt{\frac{M}{R \cdot T}} \\ &= \boldsymbol{n} \cdot \frac{1}{\sqrt{2 \cdot \pi}} \cdot \sigma_K \cdot p_S \cdot (1 - \beta) \cdot \sqrt{\frac{M}{R \cdot T}}\ . \end{aligned} \tag{5-9}$$

Das Verhältnis von Dampf- und Sättigungsdruck wird als Sättigungsverhältnis $\beta = p_D / p_S$ bezeichnet, mit

$$p_D = c \cdot R \cdot T \text{ und } \ p_S = p_n \cdot \exp\left[\frac{\Delta h}{R_s} \cdot \left(\frac{1}{T_S} - \frac{1}{T}\right)\right]\ .$$

Hierbei ist c die Konzentration, p_n der Normdruck, T_S die Siedetemperatur und Δh die Verdampfungsenthalpie [205].

Zur Ermittlung des Kondensationskoeffizienten von Silicium wurde Siliciumgranulat in einem Grafittiegel unter Vakuum ($p = 7 \cdot 10^{-4}$ mbar) bei einer Temperatur von ca. 2000 °C verdampft und thermogravimetrisch die Verdampfungsrate bestimmt. Zur Abschätzung der Messunsicherheit wurde der Messaufbau zunächst mit einem 10-g-Grafitstück bei 2000 °C ausgelagert. Die Grafitmasse entsprach hierbei der Siliciumeinwaage für die Verdampfungsversuche. Anschließend wurden eine Messung über die betrachteten Druck- und Temperaturbereiche mit dem Grafitstück durchgeführt und die gemessenen Abweichungen von der 10-g-Ausgangsmasse als Messunsicherheit angenommen.[11] Die Unsicherheit der Temperaturmessung wurde durch optisches Beobachten des Schmelzvorgangs während des Aufheizens[12] ermittelt. Anhand der bekannten Schmelztemperatur konnte durch Vergleichen mit der beobachteten Schmelztemperatur die Messunsicherheit zu ± 5 K bestimmt werden. Die thermogravimetrischen Messungen zeigten, dass durch ständiges Spülen mit Argon bei 250 mbar der gesättigte Dampf abgeführt und dadurch eine Kondensation vermieden wird. Die Auswertung der Ergebnisse durch Regression der Messpunkte mit Gleichung 5-9 ergab einen Kondensationskoeffizienten[13] von $\sigma_K = 0,0133$ (siehe Abb. 5-7).

[11] Zur Wägung wurde die Wägezelle Sartorius WZA 224-CW mit einer Messunsicherheit von ± 0,1 mg verwendet.

[12] Der Ofen wurde nach einer Haltezeit von 60 min bei 1400 °C mit 1 K/min bis zum Schmelzen des Siliciums weiter aufgeheizt.

[13] Da $p \ll p_S$ (mit p_S=1,09 mbar bei 2000 °C), kann $\beta = 0$ gesetzt werden.

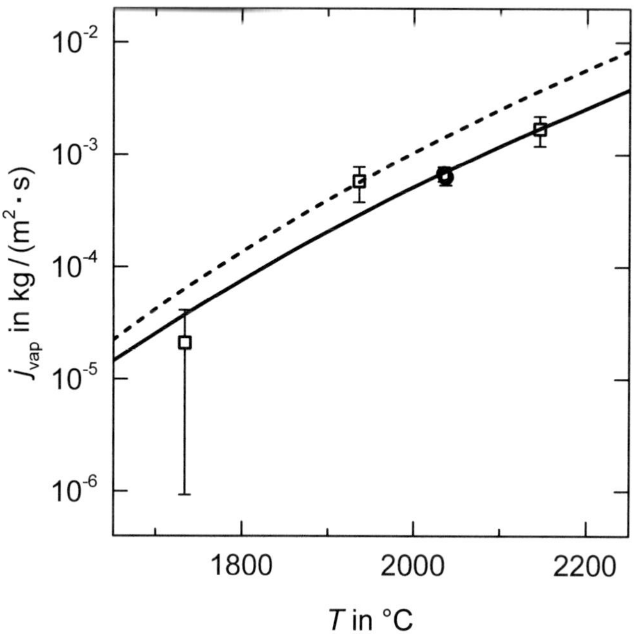

Abb. 5-7. Verdampfungsraten von Silicium als Funktion der Temperatur. – Verdampfung unter $7 \cdot 10^{-4}$ mbar (kreisförmige Symbole), sowie unter Argondurchfluss bei 250 mbar (viereckige Symbole). Die gestrichelte Linie zeigt die Literaturwerte von Dushman im Vergleich, die in dem betrachteten Temperaturbereich geringfügig über den Messwerten liegen [206].

5.3.2 Gasphasendiffusion

Die Diffusionsstromdichte $\boldsymbol{j}_{\mathbf{diff}}$ ist nach Fick [126]:

$$\boldsymbol{j}_{\mathbf{diff}} = -D\,\nabla c\,, \tag{5-10}$$

mit der Konzentration c und dem Diffusionskoeffizienten D. Durch Einsetzen der Diffusionsstromdichte in die Kontinuitätsgleichung ergibt sich das zweite, von Fick formulierte Gesetz [126]:

$$\frac{\partial c}{\partial t} + \nabla(-D\nabla c) = 0\,, \tag{5-11}$$

Der Diffusionskoeffizient kann aus der freien Weglänge

$$\bar{l} = \frac{k_{\mathrm{B}} \cdot T}{\sqrt{2} \cdot \pi \cdot d^2 \cdot p_{\mathrm{D}}} \tag{5-12}$$

und der mittleren Geschwindigkeit $\bar{c}$ mit der Teilchenmasse m_{T} berechnet werden:

$$D = \frac{\bar{l} \cdot \bar{c}}{3} = \frac{2}{3 \cdot d^2 \cdot p_{\mathrm{D}}^2 \cdot \sqrt{m_{\mathrm{T}}}} \cdot \left(\frac{k_{\mathrm{B}} \cdot T}{\pi}\right)^{3/2}\,. \tag{5-13}$$

Das mit konstanter Geschwindigkeit $\boldsymbol{v}_{\mathbf{inf}}$ aufsteigende, flüssige Silicium wird analog zur Gleichung 5-1 über einen Konvektionsterm berücksichtigt. Da der Geschwindigkeitsvektor dem Diffusionsstromvektor entgegen gerichtet ist, erhält er ein negatives Vorzeichen:

$$\frac{\partial c}{\partial t} - \boldsymbol{v}_{\mathbf{inf}}\nabla c + \nabla(-D\nabla c) = 0\,. \tag{5-14}$$

5.3.3 Adsorptionsrate

Die gasförmigen Si-Atome treffen mit der Diffusionsstromdichte $\boldsymbol{j}_{\text{diff}}$ auf die Kapillarwand auf und reagieren dort mit dem Kohlenstoff zu SiC. Die Chemisorption an der Phasengrenze führt zunächst zur Bildung von SiC-Keimen, die durch epitaktisches Wachstum immer mehr von der Substratoberfläche bedecken [193, 196, 207]. Der Bedeckungsgrad $S(t)$ der Substratoberfläche ergibt sich nach Avrami[14] zu [212, 215]:

$$S(t) = 1 - \exp\left(-S_{\text{e}}(\tau)\right) \tag{5-15}$$

$$\text{mit } S_{\text{e}}(\tau) = k \cdot \tau^{n}. \tag{5-16}$$

Hierbei ist $S_{\text{e}}(\tau)$ das Verhältnis der neu gebildeten, bzw. der sich ausbreitenden Phase[15] zur Ausgangsphase. Für das Wachstum wird eine zweite Zeitskala $\tau = t - t_0$ verwendet, mit t_0 als Startzeitpunkt, an dem das Keimwachstum beginnt. Die Konstante k berücksichtigt eine angenommene, konstante Nukleations- und Wachstumsrate. Mit der Avrami-Konstante n können unterschiedliche Wachstumsarten berücksichtigt werden; sie liegt bei scheibenförmigem, zweidimensionalem Wachstum zwischen 2 und 3 [216, 217]. Ein Vergleich des berechneten Bedeckungsgrades S mit dem

[14] Die Avrami-Gleichung wird auch als Johnson-Mehl-Avrami-Kolmogoroff-Modell oder -Gleichung (JMAK-Gleichung) bezeichnet [208]. Der Mathematiker Kolmogoroff befasste sich mit Kristallisationsvorgängen in Metallen, Mehl und Johnsen mit der Reaktionskinetik und dem Keimwachstum. Aufbauend auf den vorgenannten Arbeiten formulierte Avrami dann die nach ihm benannte Gleichung [209–214].

[15] Im Avrami-Modell wird die sich ‚ausbreitende Phase' unter der Annahme einer sphärischen Keimbildung mit konstanter Wachstumsgeschwindigkeit berechnet. Dieses Wachstum führt zu einem Überlappen mit anderen Keimen. Der Wachstumsstopp bei einem Zusammenstoß mit anderen Keimen wird mit der Annahme berücksichtigt, dass sich der tatsächliche Zuwachs der sich ausbreitenden Phase pro Zeitinkrement proportional sowohl zum Zuwachs der sich ausbreitenden Phase (ohne Berücksichtigung von Koaleszenzeffekten) als auch zur verbleibenden, noch nicht umgesetzten Phase verhält. Nach der Integration führt dies zur Gleichung 5-15 [212].

tatsächlichen Wachstum ist in Abb. 5-8 dargestellt. Die nach Avrami berechneten Werte zeigen vor allem im Bereich der Koaleszenz, also beim Zusammenwachsen der einzelnen Keime bis zur vollständigen Bedeckung, größere Abweichungen. Dies liegt daran, dass im vorliegenden Fall keine konstante Nukleationsrate aufgrund des Konzentrationsgradienten über die betrachtete Substratoberfläche gegeben ist. Stattdessen steigt das Wachstum am Übergang von Zone I zur Zone II mit zunehmender Si-Konzentration und führt zu einer Asymmetrie des nach Avrami sigmoidalen Kurvenverlaufs des Bedeckungsgrades. Angenommen, die Wachstumsgeschwindigkeit sei direkt proportional zur Konzentration bzw. zu den auf das Substrat auftreffenden Teilchen, so ist die Flächenstoßrate

$$\boldsymbol{j}_{\mathbf{N}}(x) = \frac{c \cdot \bar{c}}{4}\,, \tag{5-17}$$

mit der Konzentration c und der mittleren Teilchengeschwindigkeit $\bar{c}$ [205]. Der Anteil der neu gebildeten Phase ergibt sich demnach zu:

$$S_{\mathrm{e}}(\tau) = k \cdot \boldsymbol{j}_{\mathbf{N}}(x)^n \cdot \tau^n. \tag{5-18}$$

Die Näherung der Funktion $S_{\mathrm{e}}(\tau)$ an den gemessenen Verlauf des Bedeckungsgrades[16] zeigt eine gute Übereinstimmung von Funktion und Messwerten und liefert zugleich den Wert der Konstante k (siehe ‚tatsächliches Wachstum‘ in Abb. 5-8). Zudem zeigt der asymmetrische Kurvenverlauf nach Gleichung 5-18, dass die geringe Si-Konzentration am Anfang des Keimwachstums zu einer Hemmung des Wachstums führt.[17]

[16] Für $\boldsymbol{j}_{\mathbf{N}}(x)$ wurde eine an den numerisch berechneten Verlauf angenäherte Funktion eingesetzt (siehe Abb. C-6)

[17] Nach Meller findet bei der Adsorption von Gasen an festen Oberflächen zunächst eine physikalische Adsorption vor der Chemisorption statt. Ist die Chemisorption aufgrund ihrer hohen Reaktionsgeschwindigkeiten nicht geschwindigkeitsbestimmend, hängt folglich die Adsorptionsrate lediglich von der physikalischen Adsorption und somit von der Konzentration ab [218].

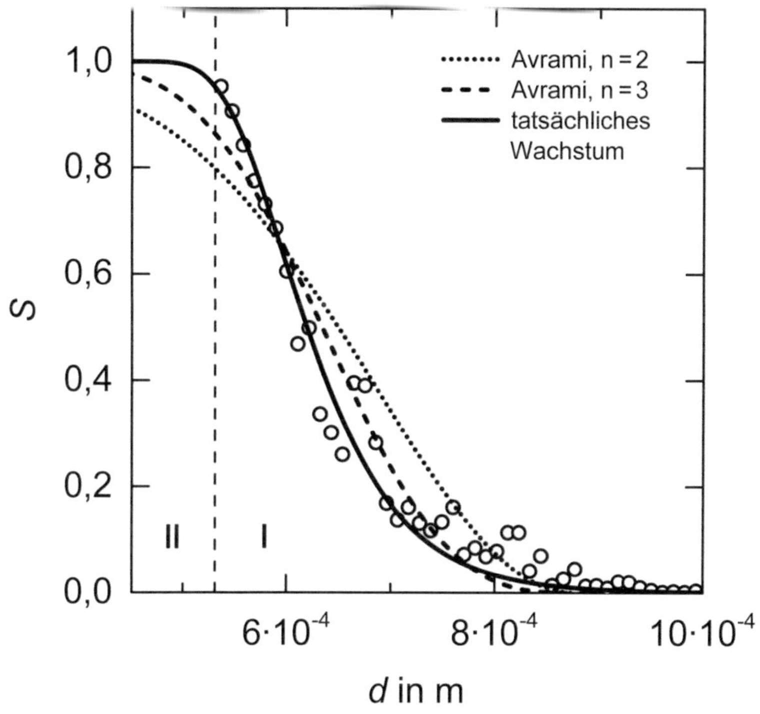

Abb. 5-8. Bedeckungsgrad $S(\tau)$ bzw. S nach Avrami, mit $d = -v_{\text{inf}} \cdot \tau$ und das tatsächliches Wachstum nach Gleichung 5-18. – Die gestrichelte Linie markiert den beobachteten Übergang von Zone I zu II an dem eine nahezu kontinuierliche SiC-Schicht vorliegt (siehe Abb. 4-14).

Wird nach Langmuir vorausgesetzt, dass lediglich ein Teil der auftreffenden Si-Atome (Haftwahrscheinlichkeit σ_{H}) auf der noch nicht bedeckten Substratoberfläche adsorbiert werden, ergibt sich die flächenbezogene Adsorptionsstromdichte $\boldsymbol{j}_{\mathbf{ad}}$ zu [205, 206, 219, 220]:

$$\boldsymbol{j}_{\mathbf{ad}} = \sigma_{\mathrm{H}}(S) \cdot \boldsymbol{j}_{\mathbf{N}}(x) \,. \tag{5-19}$$

Die Haftwahrscheinlichkeit ist wiederum von der Bedeckung und der Temperatur abhängig [205, 220, 221]:

$$\sigma_{\mathrm{H}}(S) = \sigma_{\mathrm{K}} \cdot f(S) \cdot \exp\left(-\frac{E_{\mathrm{A}}}{RT}\right), \tag{5-20}$$

mit dem Kondensationskoeffizienten σ_{K}, der Aktivierungsenergie E_{A} und der Bedeckungsfunktion $f(S)$, die sich für die bewegliche Adsorption[18] zu

$$f(S) = (1 - S(t))^2 \tag{5-21}$$

ergibt.

[18]Bei hohen Substrattemperaturen, die oberhalb einer kritischen Temperatur liegen, kommt es zum Übergang von der Oberflächendiffusion zur Translation im zweidimensionalen Gas. D. h., die Cluster und Monomere wechseln ihre ausgezeichneten Plätze mit hohem Anziehungspotential, auch Adsorptionszentren genannt, nicht mit diskreten Sprüngen durch die Gasphase, sondern können sich im zweidimensionalen Gas nahe der Oberfläche frei bewegen. Der Übergang findet statt, sobald der Quotient aus Diffusionssprungweite und Translationsgeschwindigkeit kleiner als die Relaxationszeit eines Diffusionssprunges wird. Ist die Verweilzeit kleiner als die Relaxationszeit, erreicht das Adsorbat kein thermisches Gleichgewicht mit dem Adsorbens. Es kommt zur Desorption und die Adsorptionsrate sinkt aufgrund der geringeren Haftwahrscheinlichkeit. Bezogen auf den Adsorptionsmechanismus kommt es demnach zum Wechsel von der lokalisierten- zur beweglichen Adsorption [222]. Als Bedingung für diesen Wechsel bzw. für die Gültigkeit des Modells der zweidimensionalen Gase muss $E_{\mathrm{A,\,des}} < RT$ gelten [195, 220, 221, 223]. Für den betrachteten Temperaturbereich (> 1413 °C) ist diese Bedingung mit $E_{\mathrm{A,\,des}}$ als Aktivierungsenergie für die Siliciumdesorption von der SiC-Oberfläche mit 0,046 eV bzw. von der Kohlenstoffoberfläche mit 0,110 eV erfüllt [224].

Unter Berücksichtigung der Neumann- und Dirichlet-Randbedingung ergibt sich das Gleichungssystem:

$$\begin{cases} \boldsymbol{j}_{\mathbf{vap}} = \boldsymbol{n} \cdot \frac{1}{\sqrt{2 \cdot \pi}} \cdot \sigma_{\mathrm{K}} \cdot p_{\mathrm{S}} \cdot (1-\beta) \cdot \sqrt{\frac{M}{R \cdot T}} & \text{auf M} \\ \frac{\partial c}{\partial t} - \boldsymbol{v}_{\mathbf{inf}} \nabla c + \nabla \boldsymbol{j}_{\mathbf{diff}} = 0 \,, \text{ mit } \boldsymbol{j}_{\mathbf{diff}} = -D \nabla c & \text{in } \Omega \text{ und} \\ & c = 0 \text{ auf O} \\ \boldsymbol{j}_{\mathbf{ad}} = \sigma_{\mathrm{H}} \cdot \boldsymbol{j}_{\mathbf{N}} & \text{auf W}\,. \end{cases} \tag{5-22}$$

Die numerische Lösung des Gleichungssystems 5-22 liefert unter anderem die Konzentrationsverteilung des gasförmigen Siliciums oberhalb des Meniskus (siehe Abb. 5-9) sowie den SiC-Bedeckungsgrad S und die flächenbezogene Adsorptionsrate $\boldsymbol{j}_{\mathbf{ad}}$ auf der Kapillarwand (siehe Abb. 5-10). Letztere lässt sich auch mit der flächenbezogenen Anzahldichte $\tilde{n}_{ad}$ des Adsorpts auf der Oberfläche des Adsorbens ausdrücken:

$$\boldsymbol{j}_{ad} = \frac{\mathrm{d}\tilde{n}_{ad}}{\mathrm{d}t} \,, \text{ mit } \boldsymbol{v}_{\mathbf{inf}} = \frac{\mathrm{d}y}{\mathrm{d}t} \,. \tag{5-23}$$

Mit der bekannten Länge y der sigmoidalen Bedeckungskurve $S(y)$ für den Bereich $0 < S(y) < 1$ und der Breite x der Kapillarwand können die Adsorptionsfläche $A = x \cdot y$ und somit die Teilchenzahl der Adatome N_{ad}, die für eine Benetzung bzw. für die Infiltration notwendig sind, berechnet werden:

$$N_{\mathrm{ad}} = \iint n_{\mathrm{ad}} \, \mathrm{d}x \, \mathrm{d}y \,. \tag{5-24}$$

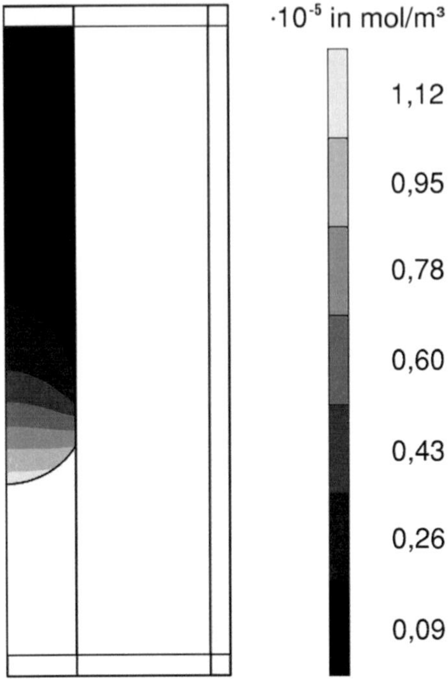

Abb. 5-9. Berechnete Konzentrationsverteilung des gasförmigen Siliciums oberhalb des Meniskus in der Spaltkapillare. – Die Berechnung wurde mit einer Eintauchtemperatur von 1600 °C und einem Umgebungsdruck von 88 mbar durchgeführt.

Durch Umstellen und Integration über die Länge der Kapillarwand kann mit Gleichung 5-23 die Anzahldichte von Atomen bzw. Molekülen berechnet werden:

$$n_{\mathrm{ad}} = \int \frac{\dot{\boldsymbol{j}}_{\mathbf{ad}}}{\boldsymbol{v}_{\mathbf{inf}}}\, \mathrm{d}y\,. \tag{5-25}$$

Wie der nächste Abschnitt zeigen wird, kann die so berechnete Teilchenzahl N_{ad} als konstant über den untersuchten Temperatur- und Druckbereich angenommen werden. Sie stellt eine Bedingung für die Infiltration dar.

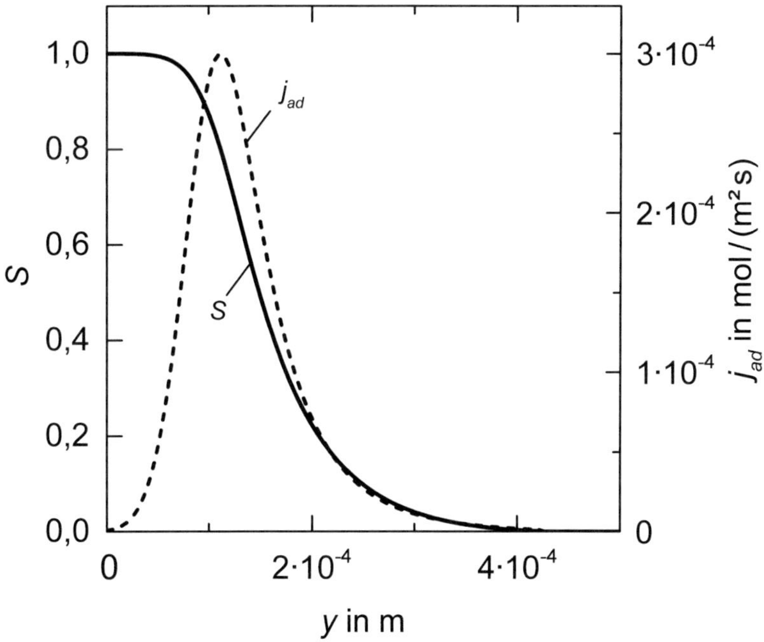

Abb. 5-10. Bedeckungsgrad und Adsorptionsrate auf der Kapillarwand. – Die Höhe der Spaltkapillare entspricht der Abszisse. Der Nullpunkt entspricht dem Dreiphasenpunkt von Silicium, Gasraum und Kapillarwand. Der Berechnung wurde eine Temperatur von 1600 °C und ein Umgebungsdruck von 88 mbar zugrunde gelegt.

5.4 Vergleich der Berechnungs- mit den Versuchsergebnissen

Zur Validierung des mesoskopischen Infiltrationsmodells wurde die Infiltrationsgeschwindigkeit zu unterschiedlichen Drücken und Temperaturen berechnet und mit den Messwerten verglichen. Hierfür wurde zunächst die Teilchenzahl der adsorbierten Atome bzw. Moleküle an der Kapillarwand bei 1600 °C und 88 mbar sowie bei der gemessenen Infiltrationsgeschwindigkeit von $1,39 \cdot 10^{-4}$ m/s mit Gleichung 5-24 berechnet, die sich für den eindimensionalen Fall auf

$$N_{\text{ad}} = \int n_{\text{ad}}\, \mathrm{d}y \tag{5-26}$$

reduzieren lässt. Die Lösung ergibt eine, auf das Avrami-Modell bezogene, Teilchenzahl von $N_{\text{ad}} = 1,27 \cdot 10^{-7}\,\text{mol/m}$, die nötig ist, um die Kapillarwand zu benetzen bzw. die Spaltkapillare zu infiltrieren. Der Wert ist im zweidimensionalen Modell über die Tiefe x der Spaltkapillare konstant. Durch Multiplikation mit der Kapillartiefe und dem Molvolumen, dividiert durch die Adsorptionsfläche, lässt sich die Schichtdicke zu 35 Å abschätzen. Dies entspricht in etwa zehn Monolagen, bezogen auf eine theoretisch ebene Oberfläche[19]. Der Wert ist um ein bis zwei Größenordnung kleiner als die unmittelbar vor der Infiltrationsfront gemessene, maximale Schichtdicke. Dies liegt daran, dass das Modell nach Avrami bzw. Langmuir auf der Ausbildung einer Monoschicht mit dem maximalen Bedeckungsgrad von $S(\tau) = 1$ beruht. Werden die Modelle auf Mehrschichtsysteme erweitert, ergibt sich

[19] Unebenheiten der Kapillarwand führen zu einer größeren, tatsächlich vorhandenen Oberfläche. Im Vergleich zu kleineren, ebenen Oberflächen müssen mehr Teilchen adsorbiert werden, um die äquivalente Teilchenzahldichte konstant zu halten. Zudem löst sich die gebildete SiC-Schicht teilweise ab, sodass das Substrat erneut beschichtet wird. Gleichung 5-26 zeigt somit auch, dass die Infiltrationsgeschwindigkeit indirekt proportional zur Adsorptionsfläche bzw. von der Ebenheit der Kapillarwand abhängig ist.

ein Gesamtbedeckungsgrad größer als Eins und folglich auch eine höhere, flächenbezogene Teilchenzahl[20] [205, 206]. Zur Berechnung der Infiltrationsgeschwindigkeiten ist jedoch nicht der Absolutwert entscheidend, sondern die Konstanz der für die Infiltration notwendigen, äquivalenten Teilchenzahl. Mit $N_{\mathrm{ad}} = const.$ und dem Gleichungssystem 5-22 lassen sich somit die Infiltrationsgeschwindigkeiten zu beliebigen Drücken und Temperaturen berechnen (siehe Abb. 5-11 und 5-12). Die beiden Abbildungen zeigen zudem eine Gegenüberstellung des Avrami-Ansatzes und der Langmuir Adsorptionsisotherme, mit dem Bedeckungsgrad

$$S = \frac{bP}{1+bP} \tag{5-27}$$

und der Adsorptionsrate

$$j_{\mathrm{ad}} = bP(1-S)\,, \tag{5-28}$$

wobei in einem Einkomponentensystem der Druck P dem Partialdruck der entsprechenden Komponente entspricht. Die Konstante b kann anhand vorliegender Messwerte empirisch bestimmt werden.[21]

Trotz der Vernachlässigung der Mechanismen in Zone II und der zahlreichen Näherungen des Adsorptionsprozesses, wie

- die Vernachlässigung der lateralen Wechselwirkungen zwischen Adsorbat und den auftreffenden Si-Atomen,

[20] Um Werte größer als 100 % zu vermeiden, kann der Bedeckungsgrad über des Volumen V, normiert auf das maximale Schichtvolumen V_S, mit $S(\tau) = V/V_S$ ausgedrückt werden. Darüber hinaus kann die von Brunauer, Emmett und Teller auf Multischichtsysteme erweiterte Langmuir-Gleichung, mit der nach ihnen benannten BET-Gleichung, verwendet werden [225]. Allerdings zeigte sich in der Praxis, dass sich die BET-Gleichung zwar bei der Beschreibung der Physisorption bewährt, die Langmuir-Gleichung jedoch bei Chemisorptionsvorgängen meist die bessere Übereinstimmung mit den Messwerten liefert [206, 226].

[21] Aus Gleichung 5-27 folgt $b = \frac{S}{P(1-S)}$. Durch Auftragen von S/P gegen $1-S$ ergibt sich b aus der Geradensteigung [206].

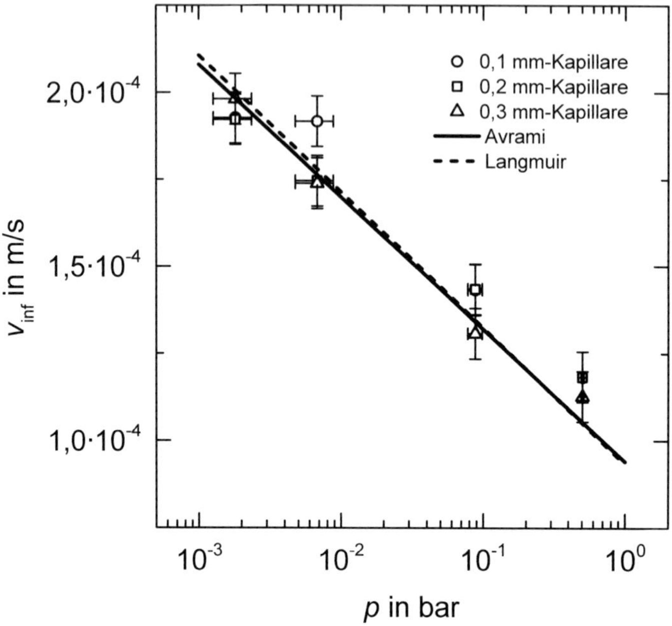

Abb. 5-11. Vergleich der Berechnungsergebnisse der druckabhängigen Infiltrationsgeschwindigkeit mit den Versuchsergebnissen (siehe auch Abb. 4-9).

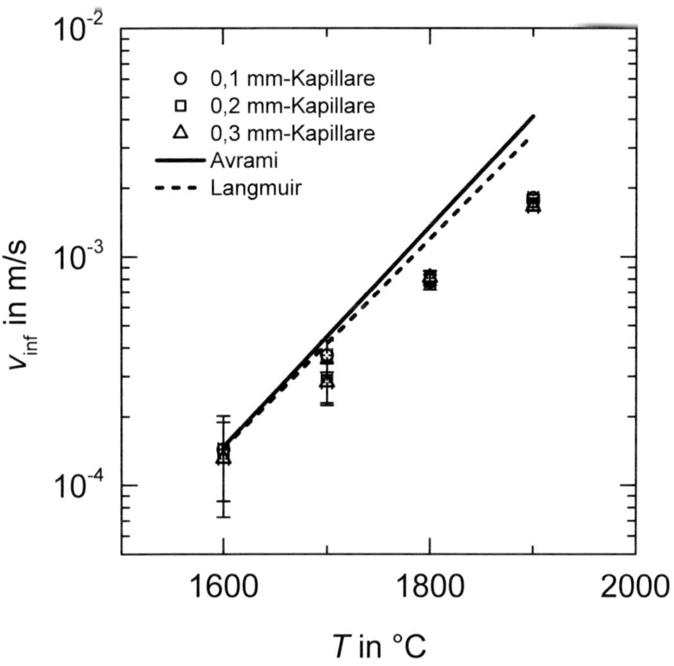

Abb. 5-12. Vergleich der Berechnungsergebnisse der temperaturabhängigen Infiltrationsgeschwindigkeit mit den Versuchsergebnissen (siehe auch Abb. 4-8).

- die Annahme einer homogenen Substratoberfläche und
- die Beschränkung der Adsorption auf eine monomolekulare Schicht; die Wechselwirkungen der auftreffenden Atome auf die bereits vorhandene Schicht werden vernachlässigt –

zeigen die Berechnungsergebnisse eine gute Übereinstimmung mit den gemessenen Infiltrationsgeschwindigkeiten (siehe Abb. 5-11). Lediglich bei höheren Temperaturen kommt es mit zunehmender Temperatur zu größeren Abweichungen (siehe Abb. 5-12). Daraus lässt sich schließen, dass der Verdampfungs-Adsorptions-Prozess im Wesentlichen der für die Infiltration mit flüssigem Silicium geschwindigkeitsbestimmende Prozess ist.

6 Infiltrationsversuche mit C_f/C-Preforms

6.1 Hintergrund

In den Kapiteln 4 und 5 wurde das Infiltrationsverhalten von schmelzflüssigem Silicium in einer Spaltkapillare aus Glaskohlenstoff untersucht. Die Kapillaren ermöglichten durch ihre einfache Geometrie, die Vorgänge an der Infiltrationsfront zu identifizieren, die die Infiltrationskinetik bestimmen. In den folgenden Abschnitten wird untersucht, inwieweit die gewonnen Erkenntnisse der Spaltkapillarproben auf kohlenstofffaserverstärkte Kohlenstoffpreformen übertragbar sind. Hierzu wurden Preforms aus einem herkömmlichen, kurzfaserverstärkten C_f/C-Material gefertigt, das auch zur Fertigung von Keramikbremsscheiben verwendet wird. Wie auch bei langfaserverstärktem C_f/C-Material, weist das verwendete Grünmaterial ein komplexes, mesoskopisches Porensystem, mit einem mittleren Porendurchmesser von ca. 0,1 mm auf (siehe Abb. B-3 und B-4).

6.2 Experimenteller Aufbau und Messmethodik

Zur Untersuchung des Infiltrationsverhaltens von Silicium wurden zylindrische Proben mit einem Durchmesser von 32 mm und einer Höhe von 30 mm verwendet, die aus C_f/C-Platten gefertigt wurden. Die Platten wurden durch Warmpressen einer Mischung aus kurzen Kohlenstoffbündeln und Binder hergestellt (siehe auch Abb. 1-4).[1] Sowohl die thermooptischen als auch gravimetrischen Messungen wurden mit der thermooptischen Messanlage TOM_ac des Fraunhofer Zentrums HTL durchgeführt (siehe auch Abschnitt 4.2). Wie auch bei den Spaltkapillarversuchen (siehe Kapitel 4) wurden die zu infiltrierenden Proben bei den gewünschten Temperaturen und Drücken in die Siliciumschmelze eingetaucht, sodass mögliche Einflüsse aufgrund des Aufschmelzverhaltens des Siliciumgranualats[2] ausgeschlossen werden konnten. Es wurden zwei Versuchsreihen durchgeführt; eine mit variierender Eintauchtemperatur und eine mit variierenden Drücken unter Argonatmosphäre[3]. Erste Versuche zeigten, dass die Infiltrationskinetik bei einer Infiltration mit Dochten stark von der Kontaktfläche zwischen Probe und Docht abhängig ist.[4] Unebenheiten von Docht und Probe führen zu Spalten an der Kontaktfläche, über die das Silicium bevorzugt abfließt und für die Infiltration nicht mehr zur Verfügung steht.[5] Kleinere Auflageflächen

[1] Dem Warmpressen bei 150 °C folgte ein Vernetzen in der Presse durch weiteres Aufheizen auf 200 °C. Die Kurzfasern in der Mischung hatten ein Länge von 6 mm, eine Breite von 1 mm und eine Dicke von 0,2 mm [69, 227].

[2] Silicium der Fa. Wacker: ‚Polysilicium semiconductor acid etched quality: 99.99 %, total metals < 500 pptw‘ (parts per trillion by weight).

[3] Es wurde Argongas mit einer Reinheit von $\geq 99{,}999$ % verwendet. Der Restsauerstoff im Ofen wurde indirekt über den CO-Gehalt bestimmt, der bei ≤ 1 ppm lag.

[4] Es wurden unterschiedliche Dochtmaterialien aus pyrolisiertem Buchenholz, Hartfilz oder aber auch demselben Material wie die Probe selbst verwendet und untersucht.

[5] Sobald die Spaltwände mit einer SiC-Schicht bedeckt sind, werden diese gut mit Silicium benetzt. Durch den Kapillareffekt kann das Silicium mit einer hohen Durchflussrate zwischen Probe und Docht abfließen.

verringern zwar die Spalte, drosseln jedoch die Siliciumzufuhr aufgrund der sich nicht deckenden Porenkanäle und der sich daraus ergebenden, geringen Querschnittsfläche der Infiltrationskanäle. Deshalb wurde ein Grafitdocht entwickelt, der eine gute Reproduzierbarkeit der Infiltrationsversuche gewährleistet (siehe Abb. 6-1).

Abb. 6-1. Grafitdocht mit Kapillarbohrungen. – Die 43 Durchgangsbohrungen mit Ø 0,6 mm fördern das Silicium im Überschuss zur Probe. Zur flächigen Benetzung wurde die Kontaktfläche auf einen Durchmesser von 10 mm und eine Tiefe von 0,2 mm abgesetzt. Der Dochtdurchmesser im unteren Bereich beträgt 10 mm und im oberen Bereich 15 mm; bei einer Gesamtlänge des Dochtes von 27 mm.

Der Docht wurde mit 43 Durchgangsbohrungen mit Ø = 0,6 mm versehen, die durch die Kapillarkräfte das Silicium im Überschuss zur Probe fördern.[6] Zudem wurde die Kontaktfläche auf einen Durchmesser von 10 mm und einer Tiefe von 0,2 mm ausgefräst, um eine flächige Benetzung und Aufnahme des Siliciums von der Probe sicherzustellen. Zur Infiltration der C_f/C-Preform mit Silicium, wurden Docht und Probe in einen aus Grafit gefertigten Käfig eingebaut. Dieser wurde anschließend zur gravimetrischen Messung der Pro-

[6]Zusätzliche Versuche mit Dochten, die eine geringere Anzahl an Bohrungen aufwiesen, zeigten, dass eine Drosselung der Infiltration erst bei weniger als zwei Bohrungen stattfindet. Mit der hohen Anzahl der Bohrungen konnte somit auch ausgeschlossenen werden, dass durch zunehmende Verengung der Bohrungen durch die Ausbildung einer SiC-Schicht eine Drosselung eintritt.

be während der Silicierung an einem Waagengestänge aufgehängt, das mit einer Wägezelle[7] verbunden wurde (siehe Abb. 6-2 und 4-2). Der Aufbau mitsamt Wägezelle konnte über einen vakuumdichten Faltenbalg vertikal verfahren und der Docht mit der darauf liegenden Probe in das flüssige Silicium eingetaucht werden. Der Käfig selbst wurde so konzipiert, dass er die Infrarotstrahlung auf die Mantelfläche der Probe nur unwesentlich verschattet und eine gute optische Beobachtung der Probe zulässt. Die durchgängige Bodenplatte hingegen dient neben der Fixierung des Dochtes auch zum Schutz der Probe vor einer Bedampfung mit Silicium während des Versuchs.

Eine mittige, auf halber Höhe befindliche und bis zur Zylinderachse gehende Bohrung (Ø 6 mm) diente als schwarzer Strahler[8] zur Temperaturbestimmung (siehe Abb. 6-2). Die Temperaturmessung erfolgte optisch mit einer Infrarotkamera[9], mit der die aufsteigende Infiltrationsfront aufgezeichnet wurde. Die einzelnen Graustufenbilder wurden anschließend eingelesen und mit MATLAB ausgewertet. Hierzu wurden kreisförmige Messflächen von 1 mm Durchmesser in den Bildern definiert und über diesen Bereich der arithmetische Mittelwert des Grauwertes ermittelt (siehe Abb. 6-3).
Um den Grauwerten Temperaturen zuordnen zu können, wurden zunächst eine C_f/C-Probe ohne eine Infiltration mit Silicium in Abhängigkeit von der Temperatur mit unterschiedlichen Belichtungszeiten aufgezeichnet und Kalibrierkurven erstellt (siehe Abb. B-12). Somit wurden die Grauwerte der während der Silicierung aufgenommenen Graustufenbilder mit den Temperaturen korreliert. Dadurch konnten sowohl auf der sichtbaren Mantelfläche

[7] Es wurde die Wägezelle WZA 224-CW von Sartorius mit einer Messunsicherheit von $\pm 0{,}1$ mg verwendet.

[8] Bei einem Verhältnis von Bohrungstiefe zu Bohrungsdurchmesser von 2,7 und einem tatsächlichen Emissionsgrad von 0,8...0,9, liegt der scheinbare Emissionsgrad am Boden der Bohrung mit 0,99 bei nahezu eins [228]. Die Kavität kann somit als schwarzer Strahler aufgefasst werden.

[9] Es wurde die Kamera AVT Marlin F-131 B mit einem CMOS-Sensor und einer spektralen Empfindlichkeit von 400...1000 nm verwendet.

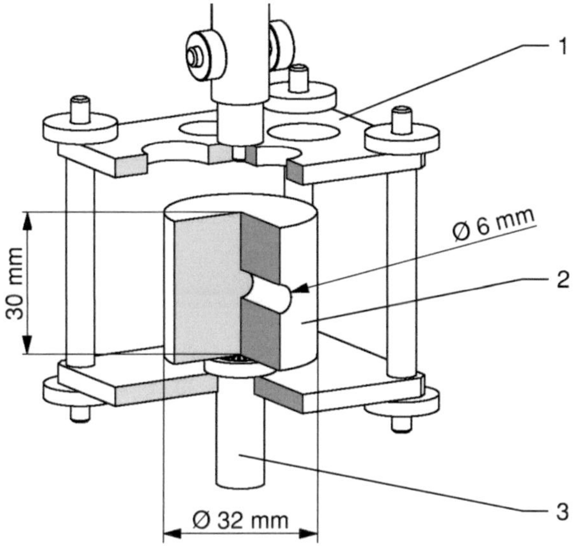

Abb. 6-2. Käfig mit Docht und aufliegender C_f/C-Probe zum Eintauchen in die Siliciumschmelze. – Käfig und Probe sind zur besseren Darstellung im Viertelschnitt dargestellt.

1 Grafitkäfig
2 C_f/C-Probe mit mittiger Bohrung Ø 6 mm bis zur Zylinderachse der Probe
3 Grafitdocht mit 43 zylindrischen Kapillaren Ø 0,6 mm.

der zylindrischen Probe als auch im Inneren der Probe bzw. in der Bohrung die Temperaturen bestimmt werden. Werden diese gegen die Zeit aufgetragen, ergeben sich Temperaturverläufe wie in Abb. 6-4 dargestellt.[10] Sie zeigen den Temperaturanstieg infolge der exothermen Reaktion von C und Si zu SiC. Die Temperaturerhöhung beträgt im Inneren der Probe 575 °C und an der Probenmantelfläche 419 °C. Im Gegensatz zu den Spaltkapillarversuchen kann der Temperaturanstieg nicht vernachlässigt und muss bei der Bestimmung der temperaturabhängigen Infiltrationsgeschwindigkeit berücksichtigt werden. Aus den Temperaturverläufen ist auch erkennbar,

[10]Die Aufnahmen wurden mit einer Bildfrequenz von 8 Bildern pro Sekunde erstellt.

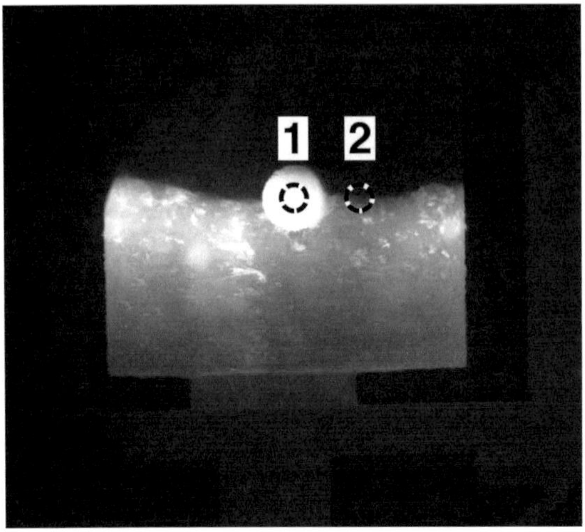

Abb. 6-3. Temperaturbestimmung einer zylindrischen C_f/C-Probe während der Infiltration. – Die Kreise markieren die beiden Messstellen 1 und 2.

dass die Probentemperatur nach der Infiltration wieder annähernd auf die Ausgangstemperatur sinkt. Demzufolge ändert sich der Emissionsgrad während der Materialumwandlung von C_f/C zu C_f/SiC nur geringfügig, sodass in guter Näherung ein konstanter Emissionsgrad zur Temperaturbestimmung angenommen werden kann.

Neben den thermooptischen Messungen wurden die Siliciuminfiltrationen der C_f/C-Proben auch gravimetrisch erfasst und gegen die Zeit aufgetragen. Ein für die Infiltrationsversuche charakteristischer Massenverlauf ist in Abb. 6-5 dargestellt. Die Schnittdarstellung der Probe im Diagramm zeigt schematisch den Verlauf der Infiltrationsfront innerhalb der Probe zu den Zeitpunkten 1 bis 5:

1: Die Infiltrationsfront breitet sich nach oben und nach außen zur Mantelfläche aus. Die radiale und zugleich axiale Ausbreitung führt zu einer starken Massenzunahme.

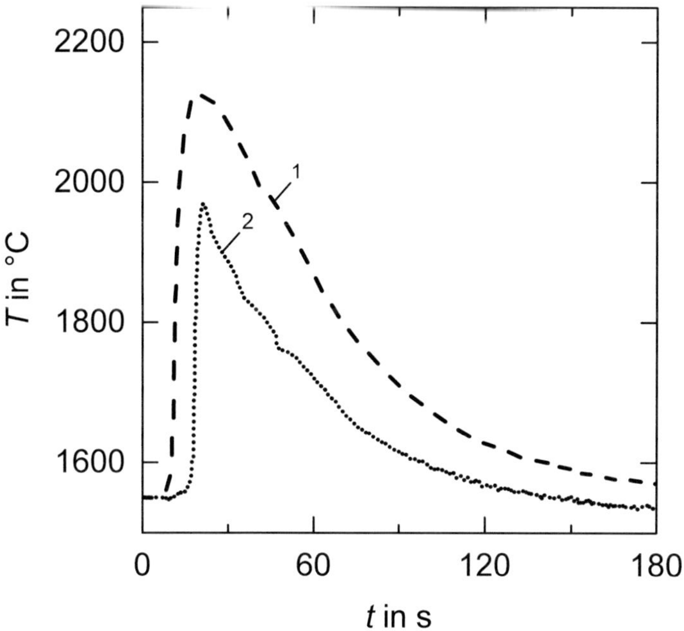

Abb. 6-4. Temperaturverläufe einer zylindrischen C_f/C-Probe während der Infiltration. – Die Probe wurde bei 1550 °C unter Argonatmosphäre mit 100 mbar eingetaucht. Der Kurvenverlauf 1 entspricht der Probentemperatur an der Messstelle 1, der Kurvenverlauf 2 entsprechend der Messstelle 2 (siehe Abb. 6-3).

2: Sobald die Infiltrationsfront die Mantelfläche erreicht, kann sie sich nur noch in axialer Richtung ausbreiten. Dies führt zu einer abrupten Änderung der Massenzunahme bzw. zu dem charakteristischen ‚Knick' des Kurvenverlaufs.

2...3: Die zylindrische Bohrung stellt eine Verringerung des zu infiltrierenden Materialquerschnitts dar und senkt den Massenzuwachs weiter.

3...5: In diesem Bereich ändert sich die Oberflächenform der Infiltrationsfront kaum und bewegt sich ausschließlich in axialer Richtung mit konstantem Querschnitt durch die Probe. Dies führt zu einem linearen Kurvenverlauf, dessen Steigung dem Massenstrom entspricht und zur Auswertung herangezogen werden kann.

5 Erreicht die Infiltrationsfront die Oberseite, werden lediglich noch die Kantenbereiche infiltriert, was zu einer schnellen Abflachung des Kurvenverlaufs führt.

Mit dem über das Kurvenstück 3...5 ermittelten Massenstrom

$$\dot{m} = \frac{\mathrm{d}m}{\mathrm{d}t} \quad , \tag{6-1}$$

(siehe Abb. 6-5) und der bekannten Porosität Φ kann die Infiltrationsgeschwindigkeit

$$\boldsymbol{v}_{\mathrm{inf}} = \frac{\dot{m}}{\rho_{\mathrm{Si}} \cdot \Phi \cdot A} \quad \text{, mit } \Phi = 1 - \frac{\rho}{\rho_0} \tag{6-2}$$

und der Probenquerschnittsfläche A, der Rohdichte ρ sowie mit der Reindichte ρ_0 berechnet werden.

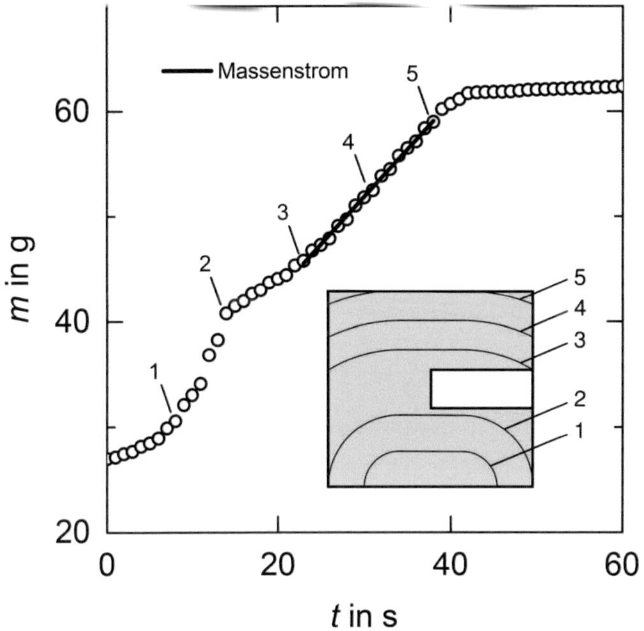

Abb. 6-5. Massenzunahme einer C_f/C-Probe während der Infiltration mit Silicium. – Die Probe wurde zur Infiltration bei 1500 °C unter 100 mbar Argonatmosphäre eingetaucht. Der Massenstrom entspricht der Steigung der Ausgleichsgeraden des linearen Verlaufs zwischen den Zeitpunkten 3 und 5. Die schematische Schnittdarstellung durch die Zylinderachsen von Bohrung und Probe zeigt die unterschiedlichen Positionen der Infiltrationsfront zu den Zeitpunkten 1 bis 5.

6.3 Versuchsergebnisse

Zur Bestimmung der temperaturabhängigen Infiltrationsgeschwindigkeit wurden zunächst die Temperaturerhöhungen für die unterschiedliche Eintauchtemperaturen ermittelt (siehe Abb. B-13). Obwohl die Messwerte aufgrund der kleinen Messfläche und des mikroskopisch anistropen Materials stark streuen, zeigt die Ausgleichsgerade, dass mit zunehmender Eintauchtemperatur die Temperaturerhöhung bei der reaktiven Infiltration abnimmt[11]. Die Temperatur T_{inf} an der Infiltrationsfront, setzt sich aus der Eintauchtemperatur und der Temperaturerhöhung zusammen. Für die Bestimmung der Infiltrationsgeschwindigkeit wurden zunächst Roh- und Reindichte der Grünproben mit einer hydrostatischen Waage nach dem archimedischen Prinzip zu $\rho = (1,107 \pm 0,013)\,\text{kg/dm}^3$ bzw. zu $\rho_0 = (1,757 \pm 0,040)\,\text{kg/dm}^3$ bestimmt. Daraus ergibt sich eine Porosität von $\Phi = 0{,}370 \pm 0{,}016$. Mit den nach Gleichung 6-1 berechneten Massenströmen können mit Gleichung 6-2 die Infiltrationsgeschwindigkeiten berechnet werden. Deren logarithmischer Auftrag gegen die Infiltrationstemperatur zeigt einen streng linearer Verlauf (siehe Abb. 6-6).

Unter der Annahme einer thermisch aktivierten Infiltrationsgeschwindigkeit, ergibt die Arrhenius-Auftragung von v_{inf} gegen $1/T$ (siehe auch B-2) eine Infiltrationsgeschwindigkeit v_{inf} von:

$$v_{\text{inf}}\Big|_{p=100\,\text{mbar}} = 2,48 \cdot 10^{10} \cdot \exp\left(\frac{-E_{\text{A}}}{R \cdot T}\right) \frac{m}{s} \text{ , mit } E_{\text{A}} = 626 \frac{kJ}{mol} \text{ .} \tag{6-3}$$

Ebenso wurden die Infiltrationsgeschwindigkeiten gegen den Druck aufgetragen und so die Druckabhängigkeit der Infiltrationsgeschwindigkeit untersucht (siehe Abb. 6-7). Die Auswertung ergibt eine druckabhängige Infiltrationsgeschwindigkeit von

$$v_{\text{inf}}\Big|_{T_{\text{inf}}=2180\,^\circ\text{C}} = -4,06 \cdot 10^{-5} \cdot \ln(p) + 1,48 \cdot 10^{-3} \text{ ,} \tag{6-4}$$

[11] Dies hat mehrere Ursachen. Zum einen kann die Probe bei höheren Temperaturen aufgrund der höheren Wärmstromdichte mehr Wärme abstrahlen (siehe Gleichung 5-2). Zum anderen führt die mit steigender Temperatur ebenfalls steigenden Wärmekapazität, Wärmeleitung und der Emissionsgrad dazu, dass bei höheren Temperaturen mehr Leistung für eine bestimmte Temperaturerhöhung benötigt wird (siehe Abschnitt A.4). Der Hauptgrund liegt jedoch in dem Kühleffekt des Siliciums. Je schneller das Silicium die Poren füllt und je schneller ‚kälteres' Silicium nachströmt, desto schneller kann die entstehende Wärme abgeführt werden.

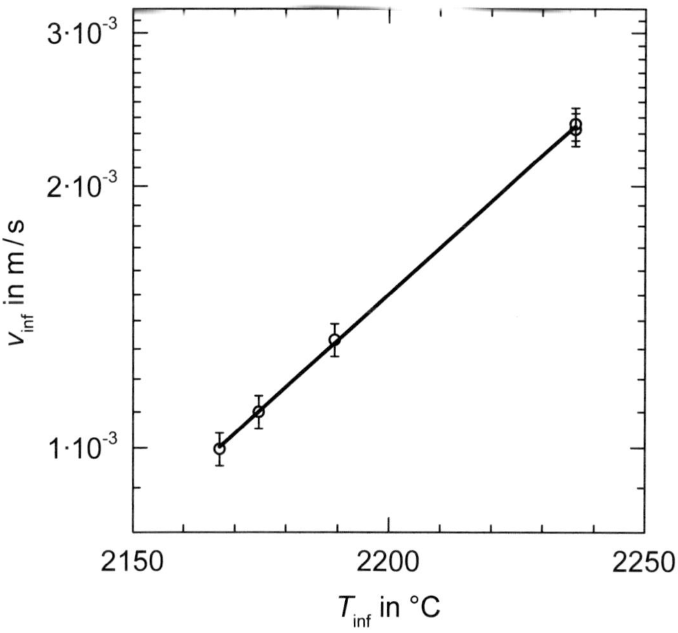

Abb. 6-6. Temperaturabhängige Infiltrationsgeschwindigkeiten von Silicium in C_f/C-Preforms. – Die Versuchsreihe wurde unter Argonatmosphäre bei einem konstanten Druck von 100 mbar durchgeführt. Die Unsicherheit der Temperaturmessung beträgt $\pm 5\,°C$.

Die Versuchsergebnisse zeigen, dass ebenso wie bei den Spaltkapillarproben auch bei den C_f/C-Proben eine temperatur- und druckabhängige Infiltrationsgeschwindigkeit vorliegt. Zudem ergaben die gravimetrischen Messungen, dass unter isothermen und isobaren Bedingungen die Infiltrationsgeschwindigkeiten konstant sind. Es liegt daher der Schluss nahe, dass die bei den Spaltkapillarversuchen gefundenen Mechanismen auch auf C_f/C-Preforms übertragbar sind.

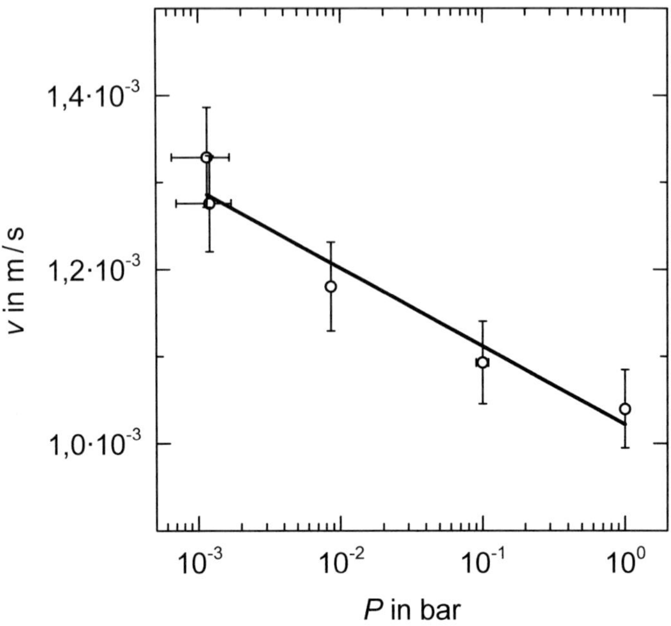

Abb. 6-7. Druckabhängigkeit der Infiltrationsgeschwindigkeit von Silicium in C_f/C-Preforms. – Die Infiltrationsversuche mit den C_f/C-Proben wurden bei einer Eintauchtemperatur von 1575 °C durchgeführt.

7 Diskussion

Infiltrationskinetik

Wenngleich die Infiltrationskinetik der Flüssigphasensilicierung bis heute in einschlägigen Standardwerken, wie beispielsweise von Bansal et al. [5], mit dem Kapillarmodell beschrieben wird, konnte in dieser Arbeit keine zeitliche Abhängigkeit der Infiltrationsgeschwindigkeit festgestellt werden. Stattdessen zeigten die Versuche eine konstante Infiltrationsgeschwindigkeit, die lediglich von der Temperatur, dem Druck und der Oberfläche des zu benetzenden Substrats abhängig ist. Demgegenüber würde nach dem Kapillarmodell das flüssige Silicium in einer Spaltkapillare direkt proportional zu $\sqrt{t}$ steigen. Die maximale Steighöhe von ca. 140 mm in einer 0,34 mm breiten Spaltkapillare würde demnach bereits nach ca. 0,5 s erreicht werden (siehe Abb. C-7). Dagegen stieg das flüssige Silicium in der 0,34-mm-Spaltkapillare mit einer konstanten Infiltrationsgeschwindigkeit von $1{,}31 \cdot 10^{-4}$ m/s und würde somit die maximale Steighöhe erst nach ca. 18 min erreichen (siehe Abb. 4-7). Ein Vergleich der Messergebnisse aus dieser Arbeit mit den in der Literatur gefundenen Daten ist allerdings nur bedingt möglich. Zwar wurden, wie in Abschnitt 3.1 beschrieben, einige Arbeiten zur Untersuchung des Infiltrationsverhaltens von Silicium in C_f/C-Preforms verfasst, jedoch wurden die theoretischen Modelle nur vereinzelt mit Versuchen überprüft. Dies liegt vor allem daran, dass eine direkte Beobachtung im Hochtemperaturbereich relativ aufwendig und nur mit speziell hierfür ausgelegten Anlagen möglich ist. Zudem müssen zahlreiche Einflüsse auf das Infiltrationsverhalten ausgeschlossen werden, wie z. B. eine gedrosselte Siliciumzufuhr aufgrund des Schmelzvorgangs des Si-Granulats während der Silicierung. In den Arbeiten von Gern und Gern und Kochendörfer [65, 135] wurde das auf der Washburn-Gleichung basierende Infiltrationsmodell indirekt durch Untersuchungen der Siliciumkonzentrationsverteilung überprüft. Hierbei wurde der Ofen während der Infiltration abgekühlt und die infiltrierten Bauteile wurden anschließend untersucht. Die Genauigkeit der Ergebnisse solcher Abbruchversuche hängt im Wesentlichen von der Abkühlrate sowie der Temperaturmessung und -verteilung im Bauteil ab. Hohe Heiz- und Abkühlraten und lange Infiltrationszeiten verringern den Fehler bei der Bestimmung der temperaturabhängigen Infiltrationsgeschwindigkeit. Dies führt jedoch auch dazu, dass nur Proben untersucht werden können, die bereits zu einem Großteil infiltriert wurden. Deshalb war es Gern auch nicht möglich, sein Kapillarmodell mit den beiden durchgeführten Messungen experimentell zu überprüfen [135]. Einset validierte hingegen sein Kapillarmodell zur Beschreibung der Ausbreitung der Siliciumfront in C_f/C-Proben mit zwei unterschiedlichen Versuchsaufbauten. Zum einen infiltrierte er eine mit Thermoelementen bestückte Probe und zum anderen beobachtete er einen stabförmigen Probekörper während der Infiltration mit Silicium durch eine Kamera [136, 137]. Ein Vergleich der berechneten Werte mit den Messdaten zeigte, dass die Berechnung höhere Geschwindigkeiten lieferte. Werden seine Messwerte stattdessen unter der Annahme einer konstanten Infiltrationsgeschwindigkeit ausgewertet, zeigen diese eine gute Übereinstimmung mit den Messdaten (siehe Abb. C-1). Sangsuwan et al. überprüften ihr Kapillarmodell ebenfalls mit in Proben eingebetteten Thermoelementen [76]. Anders als Einset tauchten sie die Probe in geschmolzenes Silicium ein und konnten so eine ausreichende Siliciumzufuhr während der Infiltration sicherstellen. Allerdings ist davon auszugehen, dass die Probe vor dem Eintauchen mit Silicium bedampft wurde. Auch hierbei konnten die berechneten Werte mit den Versuchsergebnissen nicht bestätigt worden, was auf den Choking-Effekt (siehe Seite 35) zurückgeführt wurde. Werden allerdings auch ihre Messwerte mit der Infiltrationshöhe gegen die Zeit linear aufgetragen, zeigt sich abermals eine gute Übereinstimmung. Dies lässt auf eine konstante Infiltrationsgeschwindigkeit schließen (siehe Abb. C-2 und Abb. C-3). Ähnliche Ergebnisse wurden auch von Raether et al. zum Oxidationsverhalten von C_f/SiC bei einer früheren Untersuchung am Fraunhofer Institut ISC erzielt. Die Arbeit zeigte bei einer Temperatur von 1700 °C eine Übereinstimmung der Infiltrationskinetik mit der Washburn-Gleichung. Bei 1485 °C konnte hingegen eine konstante Infiltrationsgeschwindigkeit ermittelt werden [229].

Die in dieser Arbeit gefundene Konstanz der Infiltrationsgeschwindigkeit wurde demnach durch eine weiterführende Auswertung der Messwerte anderer Autoren indirekt bestätigt. Zudem konnten die in den vorgenannten Arbeiten beschriebenen, unerwünschten Einflüsse auf das Infiltrationsverhalten mit dem in dieser Arbeit verwendetem Versuchsaufbau ausgeschlossen werden. So konnte durch das Eintauchen der Probe in die Siliciumschmelze stets eine ausreichende Siliciumzufuhr gewährleistet und zudem die Spaltkapillarprobe vor einer frühzeitigen Bedampfung mit Silicium geschützt werden. Aufgrund der Trennung von Probe und Silicium konnte die Probentemperatur vor der Silicierung auf die gewünschte Eintauchtemperatur eingestellt werden. Auch wiesen die Spaltkapillaren eine einfache Geometrie mit gleichbleibendem Querschnitt über die gesamte Länge der Kapillare auf, deren Infiltration in situ beobachtet werden konnte. Neben der Konstanz der Infiltrationsgeschwindigkeit konnte zudem gezeigt werden, dass diese nicht von der Breite der Spaltkapillare abhängt. Dies allein zeigt, dass die Infiltrationskinetik mit einem auf der Washburn-Gleichung basierenden Kapillarmodell nicht hinreichend beschrieben werden kann. Auch zeigt die Literaturübersicht, dass der anfängliche Kontaktwinkel im System Silicium/Kohlenstoff > 90 ° ist und somit das Silicium den Kohlenstoff nicht benetzt (siehe Abschnitt 3.3). Mit der Zeit verringert sich der Kontaktwinkel bis auf einen konstanten Wert im Bereich von 9...44 ° und das Silicium kann den Kohlenstoff infolge einer sich bildenden Zwischenschicht aus SiC benetzen (siehe auch Abb. A-16 und Abb. A-17). Der sich zeitlich ändernde Kontaktwinkel wird jedoch von den auf dem Kapillardruck basierenden Infiltrationsmodellen nicht berücksichtigt. Demzufolge können derartige Modelle den Infiltrationsprozess nicht vollständig beschreiben. Zu diesem Schluss kamen auch Israel et al., die die Reaktion von Si und C zu SiC an der Dreiphasengrenze als den geschwindigkeitsbestimmenden Vorgang identifizierten [154]. Jedoch erklärt dies nicht die Druckabhängigkeit der Infiltrationsgeschwindigkeit, die in dieser Arbeit gefunden wurde. Eine Druckabhängigkeit wurde auch von Hausherr et al. im Zusammenhang mit den Untersuchungen zur Restporosität festgestellt [230].

Durch Analysemethoden wie REM und EDX konnten die geschwindigkeitsbestimmenden Phänomene der Infiltration genauer untersucht werden. Im Ergebnis handelt es sich im Wesentlichen um eine Gasphasenreaktion, die über einen Verdampfungs-Adsorptionsprozess eine SiC-Schicht auf dem Kohlenstoffsubstrat bildet, die das Silicium benetzen kann. Die gefundenen Teilprozesse wurden vereinfacht, idealisiert und mit einem mesoskopischen Modell abgebildet. Trotz der gemachten Annahmen und Vereinfachungen, zeigte das numerische Modell eine gute Übereinstimmung mit den Messergebnissen der Spaltkapillarversuche (siehe Abb. 5-11). Die isobaren Infiltrationen bei unterschiedlichen Temperaturen zeigten im Vergleich von Berechnung und Versuch mit steigenden Temperaturen zunehmende Abweichungen (siehe Abb. 5-12). Die Abbildung zeigt jedoch auch, dass der Startwert der Berechnung bei 1600 °C innerhalb des Fehlerintervalls des Messwertes so gewählt werden kann, dass die Berechnungsergebnisse nahezu über den gesamten Temperaturbereich innerhalb der Fehlergrenzen der Messwerte liegen. Überdies beeinflusst die Oberflächenrauheit der Kapillarwand die Infiltrationsgeschwindigkeit. Durch Anpassung der Fertigungsparameter konnten Spaltkapillarproben mit einer höheren, mittleren Rauheit gefertigt werden. Der Einfluss der Rauheit der Kapillarwände ist anhand des Parallelversatzes der aus der druckabhängigen Infiltrationsgeschwindigkeit erhaltenen Regressionsgeraden ersichtlich (siehe Abb. 4-9). Die Versuche mit den C_f/C-Proben zeigten eine ähnliche Temperatur- und Druckabhängigkeit wie die Spaltkapillarproben. Die Infiltrationsgeschwindigkeiten lagen hierbei um den Faktor 7...19 unterhalb derer, wie sie bei den Spaltkapillaren ermittelt wurden (siehe Abb. B-14 und B-15).[1] Dies ist plausibel, da im Gegensatz zu den Spaltkapillarversuchen auch Querkapillaren beschichtet und infiltriert werden müssen, die zur betrachteten Infiltrationsrichtung erst dann einen Beitrag leisten, wenn sie gefüllt sind. Zudem ist das offene Porensystem im C_f/C-Material stark verwunden, so dass keine geradlinigen Kapillaren wie bei den Spaltkapillarversuchen vorliegen (siehe Abb. B-3). Dadurch sind die Porenkanäle in Infiltrationsrichtung länger als die zu infiltrierende Materialstrecke.

Diffusion und Schichtbildung

Durch eine Präparation der Spaltkapillarproben mit Ionenböschungsschnitten konnten die SiC-Schichtdicken entlang der Kapillarwand unter dem REM vermessen werden. Die konstante Infiltrationsgeschwindigkeit des Siliciums führt zu einem einfachen, linearen Zusammenhang zwischen der Infiltrationsgeschwindigkeit und der Kontaktzeit des Siliciums mit dem Substrat. Aus der bekannten Zeitspanne, in der sich die Schichtdicke bei einer

[1] Um die Infiltrationsgeschwindigkeiten der Spaltkapillarversuche mit der Infiltration von C_f/C-Proben vergleichen zu können, musste die Temperaturerhöhung von 580 °C bei der reaktiven Infiltration der C_f/C-Proben auch bei den Spaltkapillaren berücksichtigt werden. Die druckabhängigen Infiltrationsgeschwindigkeiten der Spaltkapillaren bei einer Temperatur von 1600 °C mussten demnach nach Gleichung 6-3 für die Temperatur von 2180 °C berechnet werden.

konstanten Temperatur gebildet hat, ließen sich die Diffusionskoeffizienten berechnen. Mit einem vereinfachten Diffusionsmodell konnten zudem die Diffusionsvorgänge des Kohlenstoffs und des Siliciums bei der Bildung der SiC-Schicht beschrieben werden. Die in der Literatur konträr diskutierte Frage, ob die SiC-Schicht in das Substrat hineinwächst oder sich auf dem Substrat bildet, konnte im Falle des Glaskohlenstoffs beantwortet werden. Ebenso konnten die widersprüchlichen Aussagen, ob die Silicium- oder die Kohlenstoffdiffusion für die SiC-Schichtbildung verantwortlich ist, geklärt werden [65, 73, 95, 106, 154–156, 181, 231–234]. Es wurde gezeigt, dass aufgrund der Gegendiffusion von Silicium und Kohlenstoff die SiC-Schicht sowohl auf dem Substrat als auch in das Substrat hinein wächst.

Teil III

Simulation des LSI-Process

8 Problemstellung und Vorgehensweise

8.1 Vorbemerkung

Bislang existieren nur wenige, mehrdimensionale Modelle zur Simulation der Siliciuminfiltration von porösen Kohlenstoffpreformen, die auch mit Versuchen validiert wurden. So sind bislang nur die auf den Finiten Elementen (FE) basierenden Simulationsmodelle von Einset und Yushanov et al. sowie von Nelson und Colella bekannt.[1] Die Ergebnisse der vorgenannten Autoren weichen jedoch über 20 % von den Versuchsergebnissen ab [137, 235]. Ebenso wie die FE-Modelle von Einset und Yushanove et al. basiert das von Nelson und Colella entwickelte Modell auf der von Hillig formulierten $\sqrt{t}$-Abhängigkeit[2]. Ein Vergleich des Nelson-Modells mit den Versuchsergebnissen fand jedoch nicht statt [105, 144]. Demnach bilden die bisher bekannten numerischen Modelle die Silicierung von C_f/C-Preforms mit einem Fehler von > 20 % ab, was z. B. für Spannungsanalysen oftmals eine unzureichende Genauigkeit darstellt. In Teil II der vorliegenden Arbeit konnte nachgewiesen werden, dass bei stationären Randbedingungen konstante Infiltrationsgeschwindigkeiten vorliegen. Eine weitere Auswertung der Versuchsdaten von den vorgenannten Autoren zeigte, dass die

[1] Yushanov et al. validierten ihr Simulationsmodell mit den Messwerten von Einset [137, 235].

[2] Als $\sqrt{t}$-Verhalten wird die lineare Abhängigkeit der Infiltrationshöhe gegen die Quadratwurzel aus der Infiltrationszeit bezeichnet.

Abweichungen hauptsächlich durch die Annahme einer diskontinuierlichen Infiltrationsgeschwindigkeiten entstanden.[3] Dementsprechend wurde bei der Modellierung des Infiltrationsprozesses eine konstante Infiltrationsgeschwindigkeit berücksichtigt.

8.2 Problemstellung und Zielsetzung

Die Infiltration von porösen C_f/C-Preformen mit dem LSI-Prozess sollte vollständig mit einem dreidimensionalen, makroskopischen Simulationsmodell abgebildet werden. Bei dem zu simulierenden Versuchsaufbau wird die Preform über einen Docht mit schmelzflüssigem Silicium infiltriert.[4] Hierzu wird der Docht mitsamt der aufliegenden Preform in einen Grafitkäfig eingebaut und dieser über dem mit Siliciumgranulat gefüllten Tiegel aufgehängt. Dadurch kann die Preform mitsamt Docht in das flüssige Silicium eingetaucht werden, nachdem es vollständig geschmolzen ist, um so eine ausreichende Siliciumzufuhr während der Infiltration zu gewährleisten. Eine Drosselung der Infiltration aufgrund des langsamer verlaufenden Schmelzvorgangs kann somit ausgeschlossen werden. Zudem wird die Preform vor einem unerwünschten Bedampfen mit Silicium geschützt, bevor die eigentliche Infiltration startet. Darüber hinaus sind bei dieser Versuchsanordnung Infiltrationen bei unterschiedlichen Temperaturen möglich, ohne die Preform bereits im Vorfeld zu infiltrieren. Auch die Temperaturhomogenisierung durch Überhitzen des gesamten Versuchsaufbaus und die anschließende Abkühlung auf die gewünschte Eintauch- bzw. Infiltrationstemperatur wird

[3] Es wurde mit einer weiteren, eigenen Auswertung der Messwerte von Einset gezeigt, dass diese über den angegebenen Messbereich gut mit den Werten übereinstimmen, die sich mit einer konstanten Infiltrationsgeschwindigkeit ergeben (siehe Kapitel 11 und Abb. C-1).

[4] Die Infiltration über poröse Dochte aus Kohlenstoff ist die gängigste Art, um C_f/C-Preformen mit Silicium zu infiltrieren [18, 75, 137]. Überschüssiges Silicium kann so problemlos mit den Dochten vom Bauteil separiert werden. Die Dochte selbst können aufgrund der geringen Kontaktflächen einfach durch Schleifen vom Bauteil getrennt oder abgebrochen werden.

dadurch ermöglicht. Der Versuchsaufbau ist in Abb. 8-1 dargestellt. Als Ofen wurde die Thermooptische Messanlage TOM_ac am Fraunhofer Zentrum HTL verwendet (siehe Abb. 0-3). Nach dem Einbau in die TOM_ac wurde der Aufbau unter Vakuum bzw. inerter Atmosphäre[5] aufgeheizt und das Silicium zum Schmelzen gebracht. Zur gravimetrischen Messung während der Infiltration befand sich eine vakuumdicht eingehauste Wägezelle[6] oberhalb des Ofenraums. Die Einhausung mit der Wägezelle wurde durch einen vertikal beweglichen Balg mit dem Ofendeckel verbunden. Wägezelle und Probenkäfig konnten so mit einem Gestänge verbunden und auf und ab bewegt werden. Dadurch konnte der Docht mit der Preform bei beliebiger Temperatur zwischen 1413 °C und 2000 °C in die Siliciumschmelze eingetaucht werden. Der speziell für die Versuche entwickelte Grafitdocht (siehe Abb. 6-1), stellte eine ausreichende Siliciumzufuhr mit einer geometrisch bestimmten Kontaktfläche zwischen Preform und Docht sicher. Während der Infiltration wurde die Massenzunahme in Abhängigkeit der Zeit aufgezeichnet. Temperaturmessungen an der Zylindermantelfläche und in der Bohrung der Preform ermöglichten eine Aufzeichnung der Temperaturverläufe (siehe auch Abschnitt 6.2). Die thermooptische Messanlage ermöglicht zudem eine optische Beobachtung der Preform mit einer Kamera während der Infiltration.

Die Simulation sollte zum einen die Infiltrationskinetik und zum anderen die Reaktion von Si und C zu SiC abbilden. Damit verbunden war auch die orts- und zeitabhängige Temperaturerhöhung aufgrund der exothermen Reaktion sowie der Umwandlungsgrad der mit Si infiltrierten C_f/C-Preform zu SiC. Zur Validierung des Simulationsmodells wurden die mit der thermooptischen Messanlage TOM_ac ermittelten Temperatur- und Massenverläufe herangezogen. Aufgrund der Probengeometrie und der inhomogenen

[5] Die Infiltrationsversuche fanden unter Argongas mit einer Reinheit von $\geq 99{,}999\,\%$ statt.

[6] Zur Wägung wurde die Wägezelle Sartorius WZA 224-CW mit einer Messunsicherheit von $\pm\,0{,}1$ mg verwendet.

Temperaturverteilung innerhalb des Ofenraums der TOM_ac, die das Simulationsmodell ebenfalls berücksichtigen sollte, wurde ein dreidimensionales Modell zur Abbildung der gesamten Ofenanlage mit Versuchsaufbau erstellt.

Abb. 8-1. Versuchsaufbau zur Infiltration einer C_f/C-Preform mit Silicium. – Die Bohrung in der Mitte der zylindrischen C_f/C-Preform dient zur Messung der Temperatur im Inneren der Preform.

1 Gestänge
2 Grafitkäfig zur Aufhängung und zum Schutz der Preform vor einer Bedampfung mit Si
3 C_f/C-Preform mit mittiger Bohrung Ø 6 mm bis zur Zylinderachse
4 Grafitdocht mit 43 Stck. zylindrischen Kapillarbohrungen Ø 0,6 mm
5 Siliciumgranulat
6 Grafittiegel

8.3 Vorgehensweise

Für die Erstellung von FEM-Modellen zur numerischen Lösung von Gleichungssystemen gibt es je nach Problemstellung unterschiedliche Strategien. Für die vorliegende Problemstellung wurde eine weitgehend übliche Vorgehensweise angewandt, die sich in folgende Schritte gliedert:

• Analyse der Problemstellung und Zielsetzung	
• Systemgrenzen festlegen	
• Computer-aided-design-Modelle (CAD-Modelle) einlesen	Geometrieerzeugung mit CAD-Programm
• Idealisierung des CAD-Modells	
• CAD-Datenimport	
• Diskretisierung bzw. Vernetzung des CAD-Modells	
• Rand-, Lager-, Symmetriebedingungen definieren	Modellierung mit Präprozessor
• Strömungsbedingungen und Lasten aufbringen	
• Werkstoffkenndaten zuweisen	
• Berechnung	Lösen der Gleichungen im Löser
• Berechnungsergebnisse	Darstellung mit Postprozessor
• Interpretation der Resultate	

Die für die Berechnung benötigten Geometrien und CAD-Modelle[7] wurden mit Autodesk Inventor 2013 erstellt. Da es sich hierbei um reine CAD-

[7] Die heute verfügbaren Rechner mit standardmäßigen Rechenleistungen ermöglichen bereits die Berechnungen von komplexen Geometrien. Deshalb werden in der Regel nicht mehr einzelne Knoten mit Koordinaten zur Vernetzung eingegeben, sondern CAD-Modelle mit einem automatischen Vernetzer zur Diskretisierung verwendet [236].

Tätigkeiten handelt, wird auf eine nähere Beschreibung dieser Arbeitsschritte verzichtet. Es sei jedoch darauf hingewiesen, dass die Erstellung der CAD-Modelle, bzw. die Idealisierung der realen Gegebenheiten mit idealisierten Geometrien, wesentlich zur Qualität des Modells und dessen Modellierungsaufwand beitragen [237]. So liegt die Herausforderung oft darin, die Modelle soweit wie möglich, jedoch so wenig wie nötig zu vereinfachen. Dies setzt ein genaues Verständnis der zu simulierenden Vorgänge voraus. Ebenso wird auf die Behandlung der numerischen Lösungsverfahren, mit denen die Löser der FEM-Programme arbeiten, verzichtet. Diese sind ausgiebig in Standardwerken wie von Zienkiewicz et al. [238] oder Bathe [239] beschrieben.

Die folgenden Kapitel umfassen die Problemstellung, die Modellierung sowie die Darstellung der Berechnungsergebnisse und deren Interpretation. Unter der Modellierung ist hierbei sowohl die physikalisch-technische als auch die mathematische Modellierung zu verstehen [240]. Erstere umfasst die Vernetzung des vereinfachten, idealisierten CAD-Modells sowie das Aufbringen von Rand-, Lager- und Symmetriebedingungen (siehe Abschnitt 9.3). Die mathematische Modellierung, also die Beschreibung von Vorgängen mittels Differenzialgleichungen und die Formulierung der Stoffgesetze, ist in den Abschnitten 9.1 und 9.2 beschrieben. Zur Lösung des Berechnungsmodells wurden der Prä- und Postprozessor COMSOL Multiphysics Version 5.1 mit entsprechendem Gleichungslöser verwendet. COMSOL bietet viele Module zur Beschreibung von physikalischen und chemischen Vorgängen. Diese Module wurden für gängige Modellierungen, wie z. B. den Strahlungsaustausch zwischen Ofen und der Preform oder die Wärmeleitung der Ofenmaterialien, verwendet. Auf die Modellierung der Vorgänge, die COMSOL standardmäßig mit implementierten Modulen abbilden kann, wird ebenfalls nicht näher eingegangen und auf einschlägige Literatur wie von Pryor [241] verwiesen. Die Phänomene, die charakteristisch für den LSI-Prozess sind, werden hingegen in den folgenden Kapiteln ausführlich behandelt. Als Beispiele seien die lokale Schichtdickenbildung mit deren chemischen Reaktion, die sich zeitlich ändernden Materialeigenschaften oder die Beschreibung der Infiltrationskinetik genannt. Hierfür wurden Gleichungen aufgestellt und in COMSOL implementiert. Da die Gleichungen allgemein formuliert wurden, können diese auch in andere FEM-Programme eingepflegt und so Modelle zur Simulation der Infiltrationskinetik mitsamt den chemischen und thermischen Reaktionsmechanismen erstellt werden.

Als vorteilhaft erwies sich bei der FEM-Berechnung die Unterteilung des gesamten Prozesses in zeitlich abgrenzbare Teilprozesse. Dies ermöglichte eine Kombination von stationären und transienten Berechnungen, die über die Ergebnisse der vorhergehenden Berechnung als Startwerte für die jeweils nachfolgende Berechnung gekoppelt wurden. So konnte beispielsweise das Temperaturfeld der stationären Temperaturausgleichsrechnung zu Beginn anschließend als Startbedingung für die transiente Berechnung verwendet werden.[8] Aus der vorliegenden Problemstellung ergab sich eine Unterteilung des LSI-Prozesses in vier voneinander zeitlich abgrenzbare Prozessschritte:

1. Temperaturausgleichsrechnung (stationär)
2. Überhitzen und Abkühlen auf Eintauchtemperatur (transient)
3. Eintauchen des Dochtes mit Preform in das Silicium (transient)
4. Infiltration der Preform mit flüssigem Silicium (transient)

[8]Ein weiterer Vorteil liegt darin, dass bei parametrisierten Modellen die Berechnungen so aufgeteilt werden können, dass bei einer Änderung der Parameter nur Teilrechnungen wiederholt werden müssen. Dadurch kann erheblich Rechenzeit eingespart werden.

9 Modellierung

9.1 Infiltrationskinetik

Wie in Unterabschnitt 4.3.1 gezeigt, bewegt sich die Infiltrationsfront des Siliciums in einer porösen Kohlenstoffpreform mit konstanter Geschwindigkeit. Die bisher bekannten Ansätze zur Beschreibung der Infiltrationskinetik ergeben jedoch zu Beginn hohe Infiltrationsgeschwindigkeiten, die mit zunehmender Zeit bzw. Infiltrationsstrecke, rasch abnehmen. Dies liegt daran, dass die geschwindigkeitsbestimmenden Druck- und Konzentrationsgradienten der verwendeten Kapillar- und Diffusionsmodelle den reaktiven Charakter der Infiltration nicht abbilden. Wird hingegen die Infiltration als chemische Reaktion mit räumlicher Fortpflanzung aufgefasst, so kann diese mit der Fisher-Gleichung, als einem speziellen Fall der Reaktionsdiffusionsgleichung, beschrieben werden [242]:

$$\frac{\partial u}{\partial t} = D\frac{\partial^2 u}{\partial x^2} + k \cdot u(C-u) \; . \tag{9-1}$$

Hierbei ist D der Diffusionskoeffizient, k die Geschwindigkeitskonstante der Reaktion und C die Konzentration. Die vorstehende Gleichung wurde ursprünglich von Luther im Jahr 1906 zur Beschreibung autokatalytischer[1],

[1] Im Falle der Autokatalyse wird durch die katalytische Reaktion fortlaufend Katalysator gebildet, der die Reaktion beschleunigt.

isothermer Reaktionen in homogenen Medien aufgestellt.[2] Er stellte fest, dass die räumliche Ausbreitung der Reaktionsfront, bedingt durch die Reaktionsgeschwindigkeit und die Zu- und Abdiffusion der Produkte bzw. Edukte, eine Überlagerung von Diffusion und chemischer Reaktion ist. Die Idee der Überlagerung ist direkt aus Gleichung 9-1 ersichtlich, da zur Diffusionsgleichung lediglich die Gleichung für die autokatalytische Reaktion,

$$\frac{\mathrm{d}u}{\mathrm{d}t} = k \cdot u(C-u) \ , \tag{9-2}$$

addiert wurde [245, 246]. Die Lösung von Gleichung 9-2, auch logistische Gleichung genannt, ergibt einen S-förmigen Kurvenverlauf. Dieser kommt durch einen exponentiellen Anstieg infolge der Katalysatorbildung und eine anschließende, symmetrische Abflachung aufgrund des Stoffverbrauchs durch die Reaktion zustande [246, 247]. Des Weiteren formulierte Luther auch eine Gleichung für die Fortpflanzungsgeschwindigkeit v mit $v = a\sqrt{kCD}$, wie sie sich aus Gleichung 9-1 ergibt , wobei a eine Konstante mit einem Zahlenwert von 2...10 ist [245]. Mit neueren und mittlerweile gängigen Verfahren wie der Stabilitätsanalyse eines Differenzialgleichungssystems konnte die von Luther postulierte Gleichung bestätigt und gezeigt werden, dass eine minimale Fortpflanzungsgeschwindigkeit v_{min} mit

$$v_{\text{min}} = \sqrt{4kCD} \tag{9-3}$$

[2]In der Literatur werden Fisher [242] und Kolmogoroff et al. [209] als die Autoren angeführt, die erstmals die Fisher-Gleichung (oftmals auch KPP-Gleichung nach den Autoren Kolmogoroff, Petrovsky und Piscounoff genannt) unabhängig voneinander im Jahr 1937 niederschrieben [243, 244]. Die Autoren verweisen auf Luther, der die Lösung der vorgenannten Gleichung 1906 öffentlich in einer Sitzung des chemischen Laboratoriums an einer Technischen Hochschule diskutierte. Auf Nachfrage, ob er diese Gleichung bereits veröffentlicht habe teilte Luther mit: „Nein, sie ist eine einfache Konsequenz der entsprechenden Differenzialgleichung.“ [245]. Im Jahre 1908 veröffentlichte sein damaliger Assistent Meinecke die von Luther diskutierte Differenzialgleichung in seiner Dissertation mit dem Verweis, dass sie von Luther aufgestellt wurde [246].

existiert (Gleichung C-12). Zur Untersuchung von v_{min} lassen sich k und D durch die Skalierung der Zeitvariable t und der Ortsvariable x mit

$$t^* = kt \; ; \; x^* = x\sqrt{\frac{k}{D}} \tag{9-4}$$

und durch Einsetzen in Gleichung 9-1 eliminieren. Mit der Normierung der maximalen Konzentration C auf eins, lässt sich die Fisher-Gleichung auf die dimensionslose Form

$$\frac{\partial u}{\partial t^*} = \frac{\partial^2 u}{\partial x^{*2}} + u(1-u) \tag{9-5}$$

mit der Minimalgeschwindigkeit der Front

$$v^*_{\min} = 2 \tag{9-6}$$

reduzieren. Dies entspricht dem von Luther vorhergesagten kleinsten Wert für den Faktor a zur Berechnung der Ausbreitungsgeschwindigkeit von chemischen Reaktionen (siehe oben).

Im Folgenden wird mithilfe der Fisher-Gleichung ein neuer Ansatz zur Beschreibung der Infiltration von porösen Kohlenstoffpreforms mit Silicium vorgestellt. Analog zu den von Luther untersuchten Prozessen wird die SiC-Schichtbildung vor der Infiltrationsfront als autokatalytische Reaktion aufgefasst. Durch ständiges Verdampfen von Silicium aus dem Meniskus an der Infiltrationsfront wird fortlaufend durch Chemiesorption eine SiC-Schicht an der Kapillarwand gebildet, die erst die Infiltration ermöglicht und somit als ‚Katalysator' wirkt. Demnach kann der Verdampfungs-Adsorptionsprozess von Silicium, der nach der Reaktion mit dem Kohlenstoffsubstrat zu einer benetzbaren SiC-Schicht führt, als autokatalytischer Vorgang bezeichnet werden. Die Siliciuminfiltration kann ferner als räumliche Fortpflanzung der autokatalytischen Reaktion, die über den Diffusionsprozess beschrieben wird, aufgefasst werden. Weiter wird angenommen, dass die Konzentration C proportional zur Sättigung ist und der gesättigte bzw. der infiltrierte Bereich der maximalen, normierten Konzentration $C = 1$ entspricht. Zudem sei die Geschwindigkeitskonstante der chemischen Reaktion k ein Maß für die Schärfe der Phasengrenze zwischen dem gesättigten und ungesättigten Bereich. Diese ergibt sich auf mesoskopischer Ebene, teils aus den ausgebildeten Menisken des Siliciums in den Kapillaren und teils aus dem gasförmigen Silicium, das aus den Menisken abdampft. Zudem entsteht auf makroskopischer Ebene eine Unschärfe an der Phasengrenze aufgrund der komplexen, verwundenen Porenstruktur mit Querkanälen. Dieses Porensystem führt dazu, dass sich die zur Benetzung und Infiltration notwendige SiC-Schicht nicht gleichzeitig an allen Stellen aus der Gasphase bildet. Der dadurch entstehende, stetige Übergang zwischen den ungefüllten und gefüllten Poren kann mit der Steigung der Lösungsfunktion abgebildet werden. Dabei ist k/v_{inf} proportional zur Steigung der Sigmoidfunktion im Wendepunkt, die die Lösung der logistischen Gleichung darstellt.[3] Ferner sei die Konzentration $u(x,t) = u$ gleich der orts- und zeitabhängigen Sättigung $\alpha(x,t)$, kurz α. Mit diesen Annahmen ergibt sich Gleichung 9-1 zu:

$$\frac{\partial \alpha}{\partial t} = D\frac{\partial^2 \alpha}{\partial x^2} + k \cdot \alpha(1-\alpha)\ . \tag{9-7}$$

Die vorstehende Gleichung muss nun noch mit der Infiltrationsgeschwindigkeit verknüpft und der Diffusionskoeffizient eliminiert werden. Der bekannte Ansatz, die Ausbreitung der Wellen- bzw. Infiltrationsfront mit der Verschiebung $x - v \cdot t$ zu beschreiben, führt jedoch dazu, dass nur für Infiltrationsgeschwindigkeiten größer oder gleich der Minimalgeschwindigkeit stabile

[3]Durch Einsetzen von $t = \frac{x}{v_{\text{inf}}}$ in Gleichung 9-2 ergibt sich: $\frac{\mathrm{d}u}{\mathrm{d}x} = \frac{k}{v_{\text{inf}}} \cdot u(C-u)$ mit $\frac{k}{v_{\text{inf}}}$ als Steigung der Funktion im Wendepunkt.

Lösungen existieren (siehe Abschnitt C.3). Dieses Problem galt bislang noch als ungelöst (siehe auch Brunet und Derrida [248]).

Wird hingegen Gleichung 9-3 nach D aufgelöst und die minimale Fortpflanzungsgeschwindigkeit v_{min} mit der konstanten Infiltrationsgeschwindigkeit v_{inf} gleichgesetzt, ergibt sich durch Einsetzen in Gleichung 9-1 die Gleichung für die Infiltration mit konstanter Geschwindigkeit [249]:

$$\frac{\partial \alpha}{\partial t} = \frac{v_{\text{inf}}^2}{4 \cdot k} \frac{\partial^2 \alpha}{\partial x^2} + k \cdot \alpha(1 - \alpha) \; . \tag{9-8}$$

Mithilfe der Stabilitätsanalyse kann gezeigt werden, dass für die vorstehende Gleichung stabile Lösungen für alle Geschwindigkeiten existieren (siehe Abschnitt C.4). In Abb. 9-1 sind numerisch berechnete Lösungen der Gleichung 9-8 für unterschiedliche Infiltrationsgeschwindigkeiten zu verschiedenen Zeiten dargestellt. Neben der linearen Abhängigkeit der infiltrierten Länge x von der Infiltrationszeit und -geschwindigkeit ist auch der Einfluss von k/v_{inf} auf die Steigung der Lösungsfunktion im Wendepunkt ersichtlich. Zur Beschreibung der Infiltration von dreidimensionalen Gebieten ergibt sich Gleichung 9-8 zu:

$$\frac{\partial \alpha}{\partial t} = \nabla \cdot \left(\frac{\mathbf{v_{inf}}^2}{4 \cdot k} \nabla \alpha \right) + k \cdot \alpha(1 - \alpha) \; , \tag{9-9}$$

$$\text{mit } \mathbf{v_{inf}} = \begin{bmatrix} v_{\text{inf}} & 0 & 0 \\ 0 & v_{\text{inf}} & 0 \\ 0 & 0 & v_{\text{z}} \end{bmatrix} .$$

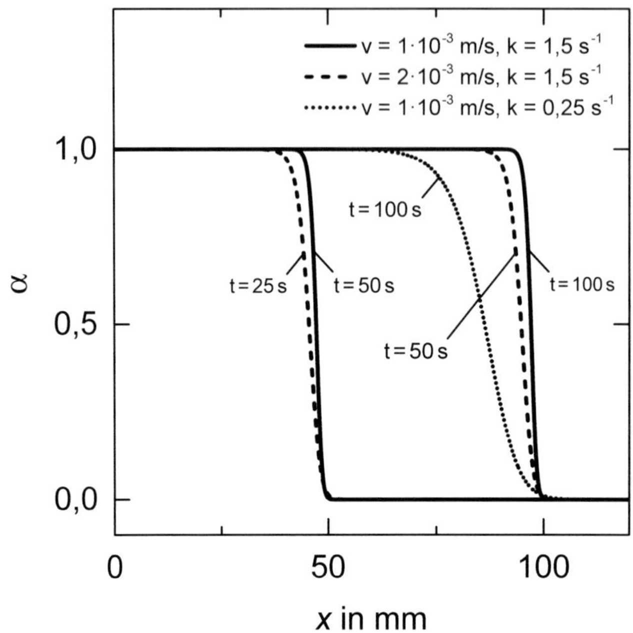

Abb. 9-1. Lösungen der Infiltrationsgleichung 9-8 mit unterschiedlichen Geschwindigkeiten zu verschiedenen Zeitpunkten und variierendem Parameter k. – Die Abbildung zeigt die lineare Abhängigkeit von der Sättigung α von der Infiltrationsgeschwindigkeit v bzw. der Zeit t. Bei doppelter Geschwindigkeit erreicht die Sigmoidfunktion dieselbe Position nach der Hälfte der Zeit, bezogen auf den x-Wert des Kurvenanstiegs.

Mit der Gleichung 3-6:

$$v_{\text{Washburn}} = \frac{\left(\frac{2\sigma}{r} cos\Theta - \rho \cdot g \cdot h\right) r^2}{8\eta h} \tag{9-10}$$

kann die maximale Infiltrationshöhe[4] abgeschätzt werden, indem die vertikale Infiltrationsgeschwindigkeit v_z beim Erreichen der maximalen Steighöhe nach Washburn auf Null sinkt und dadurch die Infiltration stoppt:

$$v_z = \begin{cases} v_{\text{inf}}, \text{ für } v_{\text{inf}} \leq v_{\text{Washburn}} \\ v_{\text{Washburn}}, \text{ für } v_{\text{inf}} > v_{\text{Washburn}} \end{cases} . \tag{9-11}$$

Mit der Lösungsfunktion $\alpha(x,y,z,t,v_{\text{inf}})$, die für den infiltrierten bzw. gesättigten Bereich den Wert 1 und für den nicht infiltrierten bzw. ungesättigten Bereich den Wert 0 liefert, lassen sich für eine Preform auf einfache Art und Weise die Materialeigenschaften E zuweisen:

$$E_{\text{Probe}} = \alpha \cdot E_{\text{gesättigt}} + (1-\alpha) \cdot E_{\text{ungesättigt}} . \tag{9-12}$$

Ein weiterer Vorteil dieser Infiltrationsgleichung ist die mit dem Parameter k einstellbare, maximale Steigung der Sigmoidfunktion. Durch eine Verringerung der Steigung können bei gleichem Fehler einerseits die Schrittweiten der numerischen Berechnung erhöht und Rechenzeit eingespart werden.[5] Andererseits werden bei unveränderter Schrittweite die Fehler verringert[6] und zugleich die Stabilität und Konvergenzgeschwindigkeit erhöht, was ebenfalls zur Einsparung von Rechenzeit beiträgt (siehe auch Abschnitt 10.3). Aus Sicht der FE-Modellierung kann somit mit dem k-Wert die Infiltrationsgleichung an die Netzqualität angepasst werden.

[4] Wird der hydrostatische Druck des Siliciums in der Pore ebenso groß wie der Kapillardruck, so kommt die Infiltration aufgrund des erreichten Gleichgewichts zum Stillstand. Zudem ist zu berücksichtigen, dass für $v_z > v_{\text{Washburn}}$ der Kapillareffekt geschwindigkeitsdominierend ist.

[5] Mit vorgegebener Genauigkeit und der Steigung kann dieser Vorgang automatisiert und in den Verfahren als Schrittweitensteuerung implementiert werden.

[6] Voraussetzung für eine Verringerung des Fehlers ist, dass die Schrittweiten nicht bereits so klein gewählt wurden, dass die Rundungsfehler dominieren. In diesem Fall kann der Fehler gegebenenfalls durch Erhöhung der Schrittweite verringert werden.

9.2 Temperatur- und zeitabhängige Materialeigenschaften

Für quantitative Berechnungsergebnisse mit hoher Genauigkeit sind neben einer ausreichend genauen Modellierung, auch die zeit- und temperaturabhängigen Werkstoffkenndaten von entscheidender Bedeutung. Das breite Anwendungsspektrum von C, Si und SiC in den unterschiedlichsten Branchen, vor allem in der Halbleiterindustrie, führte zu einer großen Anzahl von veröffentlichten Materialkenndaten. Aufgrund der reaktiven Infiltration des Grünkörpers liegt neben der Temperaturabhängigkeit auch eine Zeitabhängigkeit der Materialeigenschaften vor. Diese muss ebenfalls unter Berücksichtigung der Reaktionskinetik abgebildet werden, um eine gute Übereinstimmung der berechneten mit den experimentellen Ergebnissen zu erreichen.

Temperaturabhängigkeit der Materialeigenschaften

Zur Bestimmung der temperaturabhängigen Materialdaten wurden die Kennwerte für Kohlenstoff und dessen Modifikationen wie Glaskohlenstoff oder verschiedenen Grafitsorten sowie für Silicium und Siliciumcarbid aus über 100 Literaturstellen zusammengetragen. Für die Auswertung der gesammelten Daten wurden zunächst für jeden Materialkennwert mittels Ausgleichsrechnung der Messwerte zehn Werte über den angegebenen Messbereich ermittelt. Anschließend wurden von jeder Literaturstelle die so gewichteten Werte von allen Quellen in einem Diagramm zusammengeführt und diese anschließend mit einer geeigneten Funktion bestmöglich angenähert. Um die teilweise notwendigen Extrapolationen darzustellen, wurde zu den Funktionen auch der Messbereich, in dem die Literaturwerte vorlagen, angegeben (siehe Anhang A). Für das in dieser Arbeit verwendete C_f/C- bzw.

C_f/SiC-Material lagen keine Literaturwerte vor. Dies liegt an der Phasenzusammensetzung und den verwendeten Fasern, die sich von den in der Literatur beschriebenen Faserkeramiken unterscheiden. Die fehlenden Kennwerte wurden entweder mit der Mischungsregel aus bekannten Werten der einzelnen Phasen berechnet oder eigenständig gemessen. Letzteres trifft auf die Temperaturleitfähigkeit (TLF) des C_f/C-Materials zu, die bis zu einer Temperatur von 2000 °C mit dem thermooptischen Messgerät TOM 1 am Fraunhofer Zentrum HTL durchgeführt wurde. Das Gerät verwendet dabei eine Kombination aus der Laser-Flash-Analyse[7] (LFA) und der optischen Dilatometrie [169]. Zusätzlich wurde die Temperaturleitfähigkeit im niederen Temperaturbereich mit einem handelsüblichen LFA-Gerät[8] gemessen. Aufgrund des Herstellungsprozesses haben die C_f/C- bzw. C_f/SiC-Preforms orthotrope, genauer transversal isotrope, Materialeigenschaften. D. h., sie besitzen aufgrund des Warmpressverfahrens identische Eigenschaften in der horizontalen Ebene und dazu unterschiedliche Eigenschaften in der z-Richtung, d. h. der Pressrichtung. Daher wurden zwei unabhängige Messungen in z- und x-Richtung bei den C_f/C- bzw. C_f/SiC-Proben durchgeführt. Anhand der Messergebnisse lässt sich die Anisotropie des Werkstoffes berücksichtigen (siehe Abb. B-10-B-12).

Die thermische Ausdehnung wurde mittels optischer Dilatometrie gemessen [252]. Aus der temperaturabhängigen Längenänderung ε_{ij} kann der Wärmeausdehnungskoeffizient für ein orthotropes Material durch einen

[7] Bei der Laser-Flash-Methode adsorbiert die Vorderseite einer münzgroßen, isolierten Probe einen Laserimpuls mit hoher Intensität. Anhand des daraus resultierenden Temperaturanstiegs auf der Rückseite der Probe können mit dem Temperatur-Zeit-Verlauf die Temperatur- und Wärmeleitfähigkeit sowie die Wärmekapazität bestimmt werden [250]. Zwar ist diese Methode hauptsächlich für homogene Materialien gedacht, Taylor et al. zeigten jedoch, dass bei genügend großen Proben auch TLF-Messungen an heterogenen Materialien, wie z. B. faserverstärkten Verbundwerkstoffen, mit ausreichender Genauigkeit durchgeführt werden können [251].

[8] Für diese Messungen wurde das LFA 457 vom Hersteller Netzsch verwendet.

symmetrischen Tensor mit seinen Komponenten $\alpha_{\text{ij}}(T)$ berechnet werden [238, 253]:

$$\alpha_{\text{ij}}(T) = \frac{\varepsilon_{\text{ij}}}{\Delta T} \,. \tag{9-13}$$

Der Raumausdehnungskoeffizient $\gamma_{(T)}$ ergibt sich bei einer transversalen Isotropie in XY-Richtung mit $\alpha_{11} = \alpha_{22}$ zu:

$$\gamma_{(T)} = \frac{\Delta V}{\Delta T} = 2 \cdot \alpha_{11} + \alpha_{22} \,, \tag{9-14}$$

wobei für das untersuchte C_f/C-Material annähernd $\alpha_{11} = \alpha_{22} = \alpha_{33}$ gilt und somit ein Raumausdehnungskoeffizient mit

$$\gamma_{(T)} \approx 3 \cdot \alpha \tag{9-15}$$

angenommen werden kann (siehe auch Abb. B-9). Die temperaturabhängige Dichte $\rho_{(T)}$ ergibt sich aus der Rohdichte ρ zu [254]:

$$\rho(T) = \rho(T_0) \cdot \exp\left(- \int_{T_0}^{T} \gamma(T) \, \mathrm{d}T \right) \,. \tag{9-16}$$

Aus der gemessenen Temperaturleitfähigkeit $a_{\text{ij}}(T)$ und der Wärmekapazität $C_{\text{p}}(T)$ kann die Wärmeleitfähigkeit $\lambda_{(T)}$ mit der Beziehung

$$\lambda(T) = \alpha_{ij}(T) \cdot \rho(T) \cdot C_{\text{p}}(T) \tag{9-17}$$

bestimmt werden [238, 253, 255].

Zeitabhängigkeit der Materialeigenschaften

Die sich während der Infiltration ändernden Materialeigenschaften wurden mit der Mischungsregel

$$E_{Comp}(t) \approx \varphi_{Ph\,1}(t) \cdot E_{Ph\,1} + \varphi_{Ph\,2}(t) \cdot E_{Ph\,2} + \; ... \; + \varphi_{Ph\,n}(t) \cdot E_{Ph\,n} \quad (9\text{-}18)$$

berechnet [11, 168, 256–260], wobei E_{Comp} für die Materialeigenschaft des Kompositwerkstoffs und $E_{Ph\,n}$ für die Eigenschaft, bzw. $\varphi_{Ph\,n}$ für den Volumenanteil, der Phase n steht. Folglich ergeben sich die mechanischen und thermischen Materialeigenschaften bei der zeitabhängigen Konvertierung des C_f/C- hin zum C_f/SiC-Material zu:

$$\rho_{C_f/SiC}(t) = \varphi_{C_f/C}(t) \cdot \frac{\rho_{C_f/C}}{1-\Phi} + \varphi_{Si}(t) \cdot \rho_{Si} + \varphi_{SiC}(t) \cdot \rho_{SiC} \quad (9\text{-}19)$$

$$C_{p,C_f/SiC}(t) = \varphi_{C_f/C}(t) \cdot C_{p,C_f/C} + \varphi_{Si}(t) \cdot C_{p,Si} + \varphi_{SiC}(t) \cdot C_{p,SiC} \quad (9\text{-}20)$$

$$\lambda_{C_f/SiC}(t) = \varphi_{C_f/C}(t) \cdot \frac{\lambda_{C_f/C}}{1-\Phi} + \varphi_{Si}(t) \cdot \lambda_{Si} + \varphi_{SiC}(t) \cdot \lambda_{SiC} \,. \quad (9\text{-}21)$$

Die bei der exothermen Reaktion von Kohlenstoff und Silicium zu Siliciumcarbid freiwerdende Wärmemenge Q ist gegeben durch:

$$Q = \Delta H \cdot c_{A_R} \cdot \frac{\partial \delta_{SiC}}{\partial t} \cdot s(\delta_{SiC}) \,, \quad (9\text{-}22)$$

mit der Reaktionsenthalpie ΔH (siehe auch Abschnitt 2.3) und der reaktiven Oberfläche pro Volumen c_{A_R}. Sie wurde mittels computertomografischer Porositätsanalyse[9] zu $56{,}3 \cdot 10^3\ m^2/m^3$ bestimmt (siehe Abb. B-3). Der Zuwachs der Siliciumschicht $\partial \delta_{SiC} / \partial t$ stoppt, sobald aufgrund eines Poren-

[9] Hierfür wurde die CT-Anlage am Fraunhofer Zentrum HTL mit einer Diondo 225 kV Mikrofokus Röntgenröhre verwendet.

verschlusses kein Silicium mehr für die Reaktion zur Verfügung steht oder der Kohlenstoff verbraucht ist. Dies wird mit der Sprungfunktion

$$s(\delta_{\mathrm{SiC}}) = \begin{cases} 1 & \text{für } \frac{c_{\mathrm{A_R}} \cdot \delta_{\mathrm{SiC}}}{2} \leq \Phi_{0,\mathrm{Si}} \\ 1 & \text{für } \frac{c_{\mathrm{A_R}} \cdot \delta_{\mathrm{SiC}}}{2} \leq \Phi_{0,\mathrm{C}} \\ 0 & \text{sonst} \end{cases} \tag{9-23}$$

berücksichtigt.[10] Hierbei sind $\Phi_{0,\mathrm{Si}}$ und $\Phi_{0,\mathrm{C}}$ die Volumenanteile von Silicium und Kohlenstoff vor der Infiltration.

Mit zunehmender Reaktionszeit der SiC-Schicht tritt eine Ostwald-Reifung der auf dem Kohlenstoffsubstrat wachsenden, grobkörnigen SiC-Kristalle auf. Die Kornvergröberung führt dazu, dass das Verhältnis von Korngrenzen- zu Volumendiffusion sinkt. Die zeitliche Abhängigkeit der Interdiffusion[11] von Kohlenstoff und Silicium und somit der Zuwachs der SiC-Schicht pro Zeit $\partial \delta_{\mathrm{SiC}} / \partial t$, lässt sich mit dem zeitabhängigen, scheinbaren Diffusionskoeffizienten $D_{\mathrm{app}}(t)$ beschreiben [249]:

$$\frac{\partial \delta_{\mathrm{SiC}}}{\partial t} = \frac{D_{\mathrm{app}}(t)}{\delta_{\mathrm{SiC}}} \tag{9-24}$$

$$D_{\mathrm{app}}(t) = D_{0,\mathrm{app}}(t) \cdot \exp\left(\frac{-E_{\mathrm{A}}(t)}{R \cdot T} \right) , \tag{9-25}$$

wobei neben der zeitabhängigen Aktivierungsenergie $E_{\mathrm{A}}(t)$ auch die scheinbare Diffusionskonstante um einen zeitabhängigen Faktor zur Funktion

[10] Näherungsweise wird davon ausgegangen, dass die SiC-Schicht zu gleichen Teilen in das Substrat bzw. den Kohlenstoff und in den mit flüssigem Silicium gefüllten Porenraum wächst (siehe Unterabschnitt 4.3.3 und Abb. 4-25)

[11] Als Interdiffusion wird die Vermischung zweier Elementpaare A und B durch Diffusion bezeichnet. In der Interdiffusionszone ändert sich der Konzentrationsverlauf von einem ausgehenden, sprunghaften Übergang hin zu einer gegenläufigen Sigmoidfunktion [108, 261, 262].

$D_{0,\text{app}}(t)$ erweitert wurde. Die beiden Funktionen ergeben sich aus der Auswertung von Literaturdaten und aus Messdaten dieser Arbeit (siehe Abb. C-5) zu

$$D_{0,\text{app}}(t) = 4,09 \frac{cm^2}{s} \cdot \exp\left(\frac{1700s}{t + 86s}\right) \quad (9\text{-}26)$$

$$E_{\text{A}}(t) = 260 \frac{kJ}{mol} \cdot \exp\left(\frac{110s}{t + 185s}\right) \quad . \quad (9\text{-}27)$$

In Abb. 9-2 ist der zeitabhängige, scheinbare Diffusionskoeffizient für unterschiedliche Zeiten im Vergleich mit den Literaturwerten sowie mit den berechneten Werten nach Gleichung 4-19 dargestellt. Die numerische Integration von Gleichung 9-24 liefert die in Abb. 9-3 dargestellten Lösungen für $T = 1510\,^{\circ}\text{C}$ und $1600\,^{\circ}\text{C}$. Die berechneten Kurvenverläufe decken sich mit den von Zhou und Singh, Favre et al. und Voytovych et al. vorgeschlagenen Kurvencharakteristiken [73, 95, 234].[12]

[12] Voytovych et al. schlugen eine Einteilung des Schichtwachstums in drei Zeitbereiche vor, wobei im letzten Zeitbereich ab einer materialspezifischen Zeit ein langsames Schichtwachstum stattfindet. Dies wird dadurch begründet, dass die Korngrenzendiffusion vernachlässigt werden kann und hauptsächlich eine Kornvergröberung erfolgt [234]. Zhou und Singh beschrieben das Schichtwachstum mit einer empirischen Potenzfunktion für den Temperaturbereich 1430...1510 °C [95].

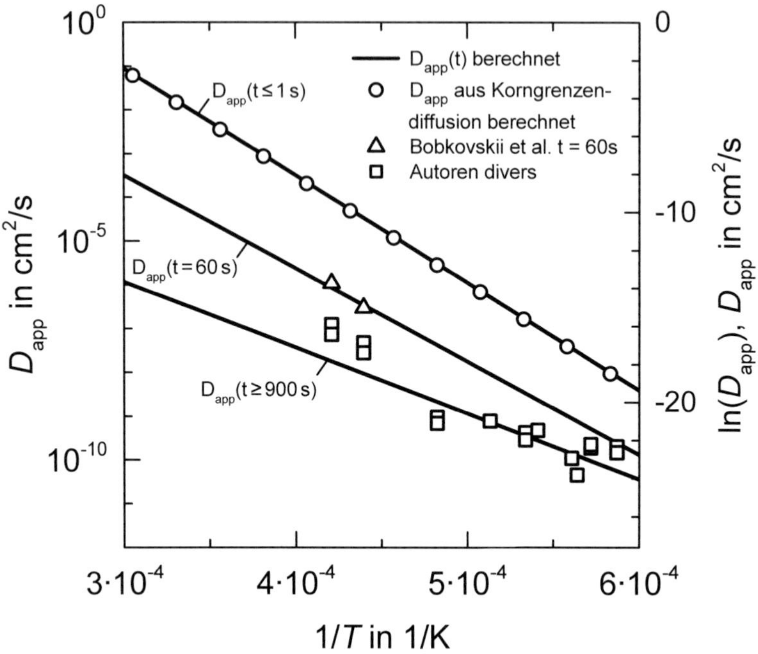

Abb. 9-2. Zeitabhängiger, scheinbarer Diffusionskoeffizient D_{app}. – Die berechneten Werte wurden für die Zeit $t = 1s$ mit den mit Gleichung 4-19 berechneten Diffusionskoeffizienten (basierend auf der Korngrenzendiffusion von C und Si durch die SiC-Schicht) verglichen. Für die Zeit von 60 s wurden die Literaturwerte von Bobkovskii et al. [263] und für den Zeitbereich ≥ 900 s die Werte der Autoren [95, 151, 181, 264, 265] und [73] zum Vergleich herangezogen.

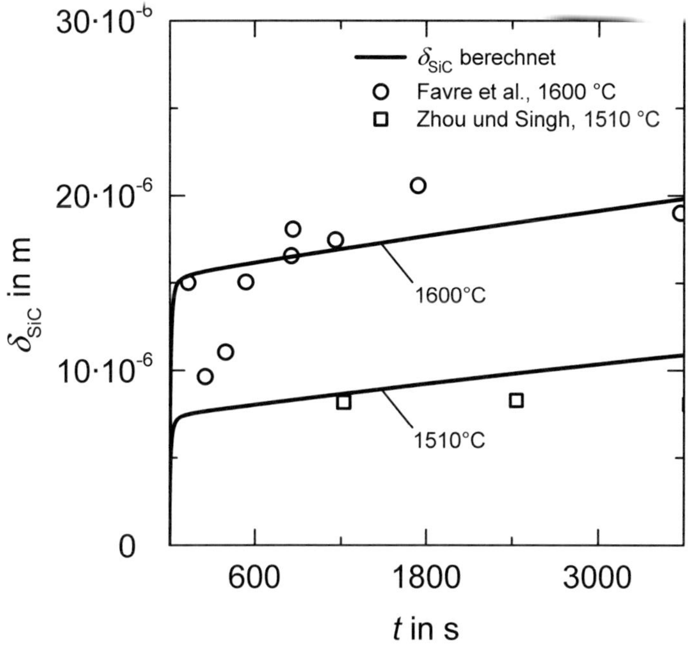

Abb. 9-3. Vergleich des berechneten Schichtwachstums mit den Literaturwerten. – Die Kurvenverläufe der Schichtdicke δ_{SiC} als Funktion der Zeit t wurden durch numerische Integration von Gleichung 9-24 berechnet. Die Verläufe stimmen gut mit den Messdaten von Zhou und Singh überein [95]. Unter Berücksichtigung der Streuung der Messwerte von Favre et al. stimmt der berechnete Kurvenverlauf auch mit deren Daten gut überein [73].

9.3 Idealisierung und Diskretisierung

Für die Modellierung wurde zunächst vom CAD-Modell der Ofenanlage eine idealisierte Trägergeometrie zur Vernetzung abgeleitet und in den Präprozessor eingelesen. Bei diesem Schritt wurde die Ausgangsgeometrie soweit vereinfacht, dass die Qualität der Berechnungsergebnisse noch ausreichend war. Anschließend wurde die vereinfachte Trägergeometrie der Probe in weitere, hexaedrische Teilbereiche (Subdomains) unterteilt. Die Subdomains haben den Vorteil, dass sie auch mit automatischen Vernetzern mit unterschiedlichen Elementtypen, wie z. B. mit Hexaedern oder Tetraedern, vernetzt werden können. Dies ermöglicht u. a. die Bildung von Superelementen.[13] Zudem werden dadurch die Suche von Netzfehlern oder die lokale Verfeinerung des Netzes vereinfacht. Die vernetzte Trägergeometrie des Hauptmodells ist in Abb. 9-4 dargestellt.

Ein vergrößerter Ausschnitt des Versuchsaufbaus in Abb. 9-4b wird in Abb. 9-5 gezeigt. Sie zeigt die grobe Vernetzung der Subdomains mit viereckigen Schalenelementen. Die grobe Vernetzung ermöglicht eine schnelle Berechnung der Sichtfaktoren, wie sie bei der Wärmestrahlung durchgeführt wird und für diese Berechnung ausreichend ist. Im vorliegenden Fall wurden die Sichtfaktoren nicht nur einmal, sondern aufgrund der Verwendung von bewegten und deformierenden Netzen für jeden Zeitschritt erneut berechnet. Die Elementanzahl hatte deshalb einen signifikanten Einfluss auf die Rechenzeit.

[13] Die Erzeugung der Superelemente kann sowohl in einem CAD-Programm als auch in einem Präprozessor durchgeführt werden. Mittlerweile bieten manche Präprozessoren bereits eigene Superelementgeneratoren an [266].

Bewegtes und deformiertes Netz

Während des Überhitzens und anschließenden Abkühlens zur Homogenisierung auf die gewünschte Zieltemperatur befand sich die Probe 30 mm über dem Silicium. Nach dem Erreichen der Solltemperatur wurde der Docht mit der aufliegenden Probe in die Siliciumschmelze eingetaucht. Das Netz von Docht, Probe und Käfig bewegt sich somit relativ zum restlichen Netz des Ofens (siehe Abb. 9-5). Erreicht wurde dies über eine zeitabhängige Knotenverschiebung.

Nach dem Eintauchen der Probe in die Siliciumschmelze fließt das Silicium aufgrund der Kapillarkräfte durch die Bohrungen im Docht in die poröse Probe. Zugleich sinkt der Siliciumspiegel im Tiegel, bis die Probe vollständig infiltriert ist. Anders als beim Eintauchvorgang bleibt während der Infiltration das Netz des Siliciums nicht starr, sondern wird verformt (siehe Abb. 9-6). Die Geschwindigkeit, mit der sich der Siliciumspiegel im Tiegel absenkt, ist direkt proportional zur Massenzunahme der Probe. Zur Berechnung der Siliciumspiegelhöhe wird für jeden Zeitschritt die Masse der infiltrierenden Probe durch Integration bestimmt und anschließend die Ausgangsmasse der Probe abgezogen. Die aufgenommene Siliciummasse ist wiederum proportional zur Volumenabnahme des Siliciums im Tiegel. Mit dem bekannten Tiegelquerschnitt können somit für jeden Zeitschritt der Siliciumstand und die Deformation des Netzes berechnet werden.

Submodell

In bestimmten Fällen ist für das Lösen von Gleichungssystemen eine relativ kleine Schrittweite, also ein feines Netz, notwendig. So auch im vorliegenden Fall. Es kann zwar die Wärmestrahlung mit einer groben Vernetzung berechnet werden, nicht jedoch die entstehende Wärme aufgrund der exothermen Reaktion von Si und C zu SiC. Dies liegt an der raschen Bildung des Siliciumcarbids, was zu hohen Temperaturgradienten über kleine Bereiche führt. Diese Bereiche müssen durch ein feines Netz entsprechend ‚hoch aufgelöst' werden. Im Gegensatz zur groben Vernetzung für die Berechnung der Wärmestrahlung ist demnach ein relativ feines Netz zur Berechnung der lokalen SiC-Schichtbildung und der damit verbundenen Temperaturerhöhung erforderlich. Dieses Dilemma konnte mit einem Submodell umgangen werden. Hierzu wurde die mit viereckigen Schalenelementen vernetzte Probenoberfläche des Hauptmodells in einem zweiten Modell mit kleineren, tetraedrischen Elementen diskretisiert (siehe Abb. 9-7). Dabei wurde darauf geachtet, dass die Tetraeder so gruppiert werden konnten, dass die Elementgruppe eine hexaedrische Form bildete. Zudem wurde die Netzgröße bei der Vernetzung der Subdomains im Submodell so gewählt, dass sich die Eckpunkte der gruppierten Elementflächen im Submodell mit den Knoten der viereckigen Schalenelemente im Hauptmodell deckten. Dadurch konnten Haupt- und Submodell über die Knoten der Schalenelemente gekoppelt werden. Die Schalenelemente bilden somit die homogenisierten Eigenschaften der gruppierten Elementflächen ab, weshalb sie auch als Superelemente bezeichnet werden [267, 268]. Durch die Verwendung der Superelemente konnte die Anzahl der zu berechnenden Sichtfaktoren und Wärmeströme im Hauptmodell deutlich reduziert und somit die Effizienz des Berechnungsmodells gesteigert werden. Die Wärmeleitung und die Infiltrationsgleichung mit der exothermen, chemischen Reaktion wurde im feinvernetzten Submodell gerechnet. Mit dieser Modellstruktur wurde eine hohe Genauigkeit der Berechnungsergebnisse bei zugleich geringem Rechenaufwand erreicht (siehe auch Abschnitt 10.3).

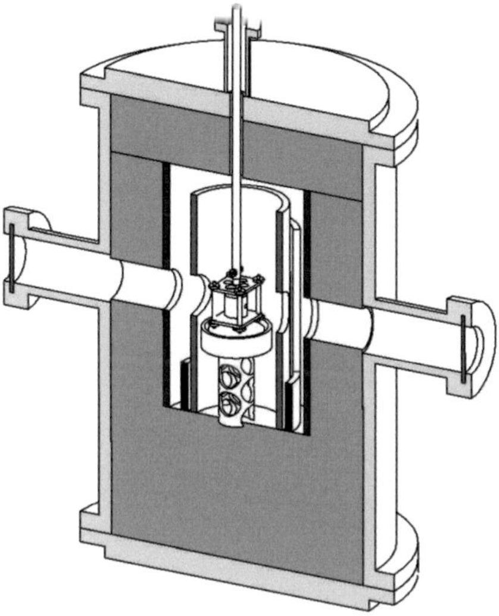

(**a**) CAD-Modell der TOM_ac und des eingebauten Versuchsaufbaus. – Die Darstellung zeigt die TOM_ac, bis auf den Versuchsaufbau, im Halbschnitt.

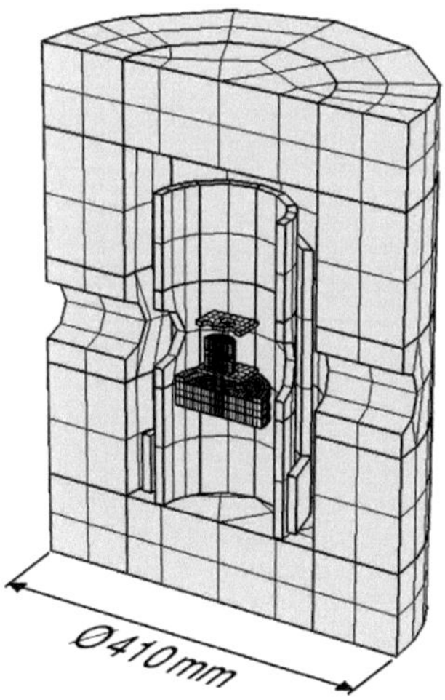

(**b**) Vernetzte, vereinfachte Trägergeometrie. – Durch Ausnützen von Symmetrien können sowohl der Ofen als auch die Versuchsanordnung im Halbschnitt modelliert werden.

Abb. 9-4. Trägergeometrie und Vernetzung der TOM_ac sowie des Versuchsaufbaus.

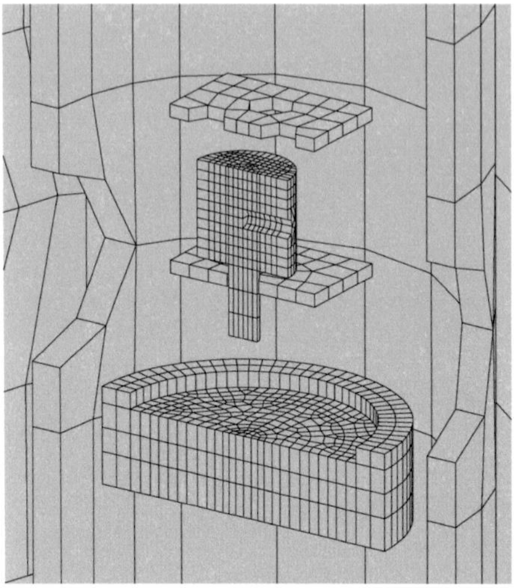

(**a**) Probekörper vor dem Eintauchen in die Siliciumschmelze. – Der Docht befindet sich 30 mm über dem Silicium des Tiegels.

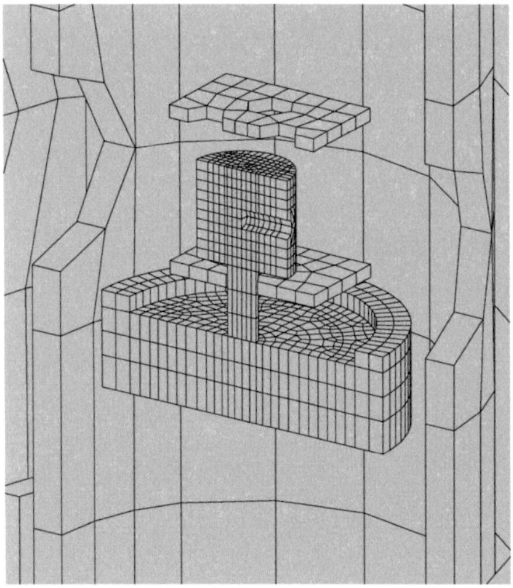

(**b**) Probekörper nach dem Eintauchen. – Das Netz von Käfig, Probe und Docht wurde schrittweise in Richtung des Tiegels bewegt, bis der Docht das Silicium berührt.

Abb. 9-5. Grobvernetztes Hauptmodell des Versuchsaufbaus mit bewegtem Netz.

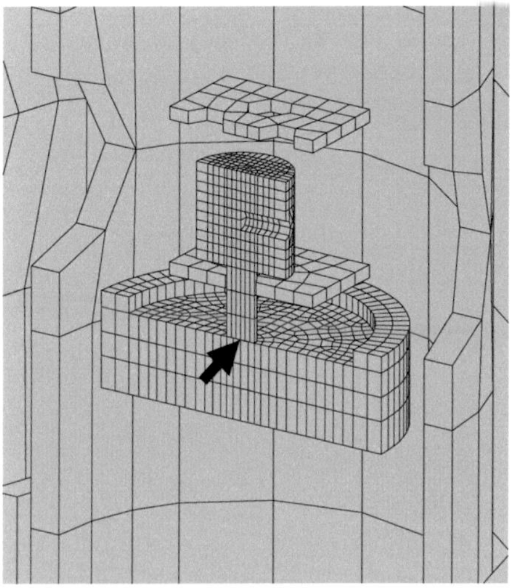

(**a**) Probekörper zum Startzeitpunkt der Infiltration. – Der Docht hat zum Startzeitpunkt gerade das Silicium berührt und noch kein Silicium aufgenommen.

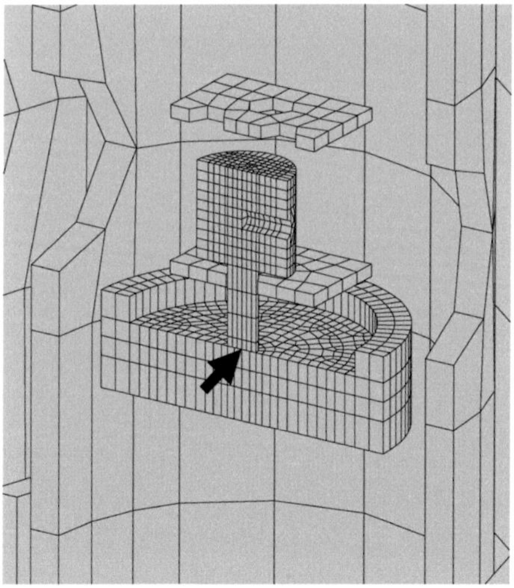

(**b**) Probekörper während der Infiltration. – Über den Docht nimmt die Probe Silicium auf, der Siliciumspiegel im Tiegel sinkt, das Netz von Docht und Probe wird deformiert.

Abb. 9-6. Grobvernetztes Hauptmodell des Versuchsaufbaus mit deformiertem Netz.

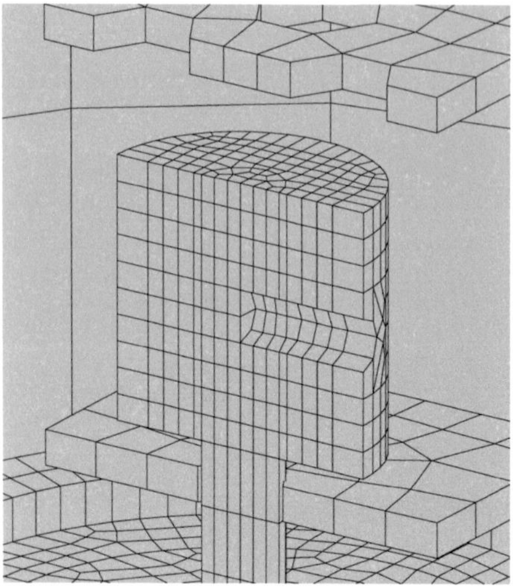

(**a**) Grobvernetztes Hauptmodell des Probekörpers.

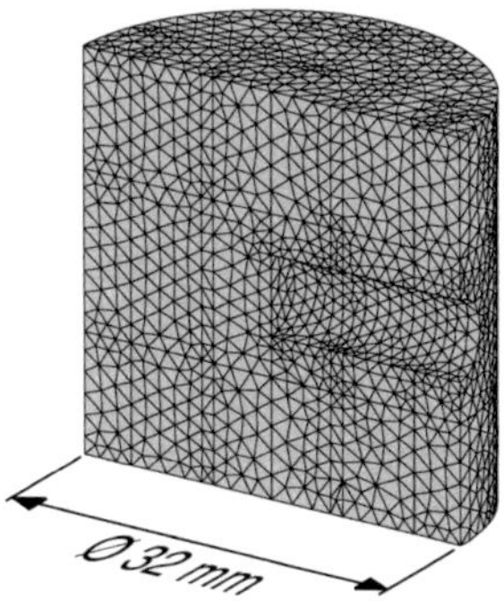

(**b**) Feinvernetztes Submodell des Probekörpers.

Abb. 9-7. Grobvernetzer Probekörper im Hauptmodell und feinvernetzter Probekörper im Submodell.

10 Berechnungsergebnisse, Modellvalidierung und Fehlerabschätzung

10.1 Berechnungsergebnisse

Die numerischen Lösungen der Infiltrationsgleichung 9-9, mit den Randbedingungen Γ auf der Probenoberfläche und $\Gamma_{\mathrm{Probe/Docht}}$ an der Kontaktfläche zwischen Probe und Docht,

$$\nabla\alpha\Big|_{\Gamma} = 0 \text{ und } \alpha\Big|_{\Gamma_{\mathrm{Probe/Docht}}} = 1 \ ,$$

sowie mit den Anfangsbedingungen

$$\frac{\partial\alpha}{\partial t}(t=0) = 0 \quad \text{und} \quad \alpha(t=0) = 0 \ ,$$

sind für unterschiedliche Infiltrationszeiten in Abb. 10-1 dargestellt. Die Lösungen zeigen, wie sich die Infiltrationsfront mit konstanter Geschwindigkeit von 10^{-3} m/s um die Bohrung herum in der Probe ausbreitet. Trotz der relativ groben Diskretisierung mit Elementgrößen von $1...2\cdot10^{-3}$ m liefern die Lösungen scharfe Phasengrenzen, sodass keine weiteren Maßnahmen zur Glättung notwendig sind.

Wird Gleichung 9-9 zudem als Startfunktion für die Wärmequelle auf Gleichung 9-22 angewandt, entsteht eine sich mit der Infiltrationsfront ausbreitende Wärmequelle.[1] Neben der räumlichen Abhängigkeit ist die freiwerdende Wärmemenge zudem zeitlich von der Schichtwachstumsrate abhängig. Sie sinkt mit zunehmender Schichtdicke der SiC-Schicht (siehe Gleichung 9-24). Dadurch entsteht ein dynamisches Wechselspiel zwischen der sich bewegenden Wärmequelle und Wärmeleitung in der Probe sowie der Wärmestrahlung an der Probenoberfläche und deren Wechselwirkung mit dem Ofenraum. Das sich daraus ergebende, instationäre Temperaturfeld kann mit den Anfangswertbedingungen für das Schichtwachstum

$$\frac{\partial \delta_{\mathrm{SiC}}}{\partial t}(t=0)=0 \quad \text{und} \quad \delta_{\mathrm{SiC}}(t=0)=0\,,$$

mithilfe des FE-Modells transient berechnet werden. Abb. 10-2b zeigt beispielhaft das berechnete Temperaturfeld für eine Infiltrationszeit von 18 s. Die dynamische Wärmequelle, die die hohen Temperaturgradienten an der Infiltrationsfront verursacht, ist in Abb. 10-2a dargestellt.

Die Temperaturgradienten lassen sich auch aus den Temperaturverläufen von Fixpunkten in der Probe ablesen, die von der Infiltrationsfront durchlaufen werden. Wie bei den Infiltrationsversuchen mit den C_f/C-Preformen (siehe Abschnitt 6.2) wurden hierfür ein Messpunkt an der Zylindermantelfläche der Probe und einer am Boden in der Bohrung definiert. Abb. 10-3 zeigt die Temperaturverläufe der beiden virtuellen Messstellen.

[1] Die exotherme Reaktion startet an einem bestimmten Punkt, sobald dieser von der Infiltrationsfront erreicht wird. Durch Multiplikation von Gleichung 9-22 mit $\alpha(x,y,z,t)$ wird der Start der exothermen Reaktion orts- bzw. zeitabhängig.

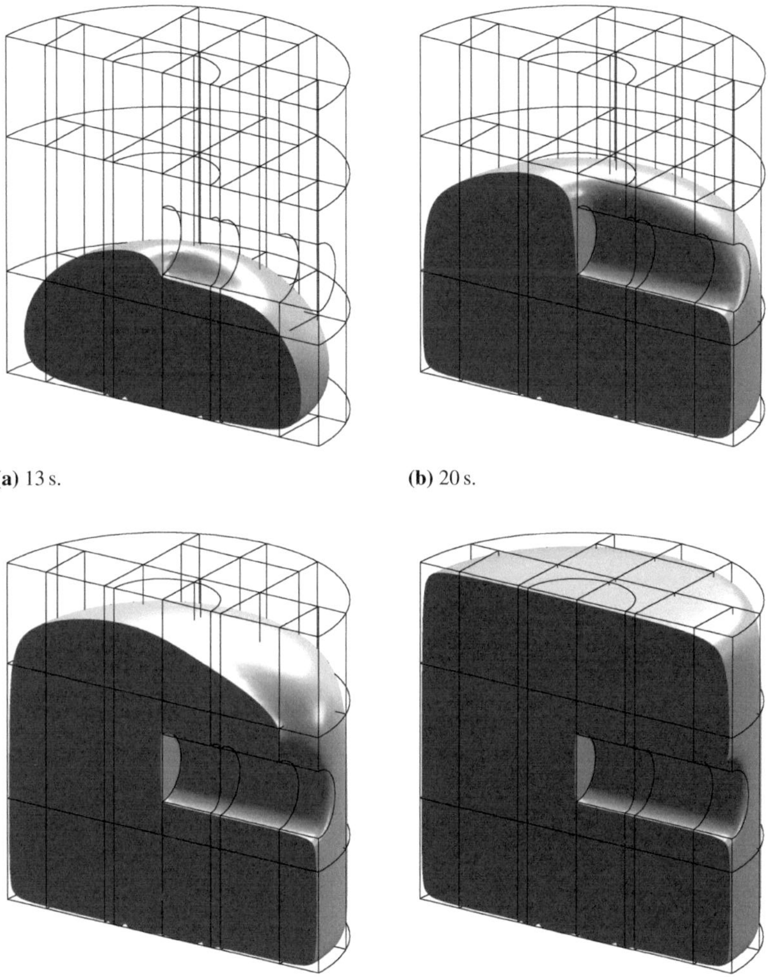

(a) 13 s. **(b)** 20 s.

(c) 27 s. **(d)** 34 s.

Abb. 10-1. Numerische Lösung der Infiltrationsgleichung für unterschiedliche Infiltrationszeiten. – Die Lösungen zeigen die Infiltrationsfronten nach 13 s, 20 s, 27 s und 37 s mit einer konstanten Infiltrationsgeschwindigkeit von 10^{-3} m/s. Zur Visualisierung der Infiltrationsfront wurden die Bereiche mit dem Wert $\alpha \geq 1$ grau dargestellt. Die Gitterlinien zeigen die Kanten der Superelemente, die zur Diskretisierung der Trägergeometrie verwendet wurden.

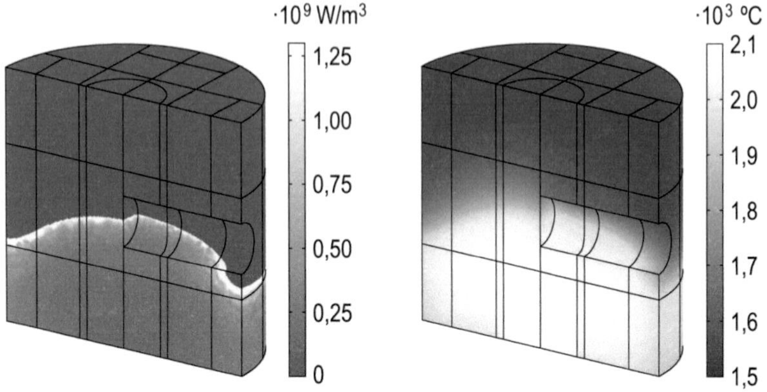

(a) Dynamische Wärmequelle infolge der exothermen, reaktiven Infiltration.

(b) Infolge der dynamischen Wärmequelle, der Wärmeleitung und Wärmestrahlung entstehendes, instationäres Temperaturfeld.

Abb. 10-2. Wärmequelle und Temperaturfeld einer C_f/C-Preform während der Siliciuminfiltration. – Für die Berechnung wurden eine Infiltrationsgeschwindigkeit von $1 \cdot 10^{-3}$ m/s, eine Infiltrationszeit von 18 s und eine Starttemperatur von 1550 °C angenommen.

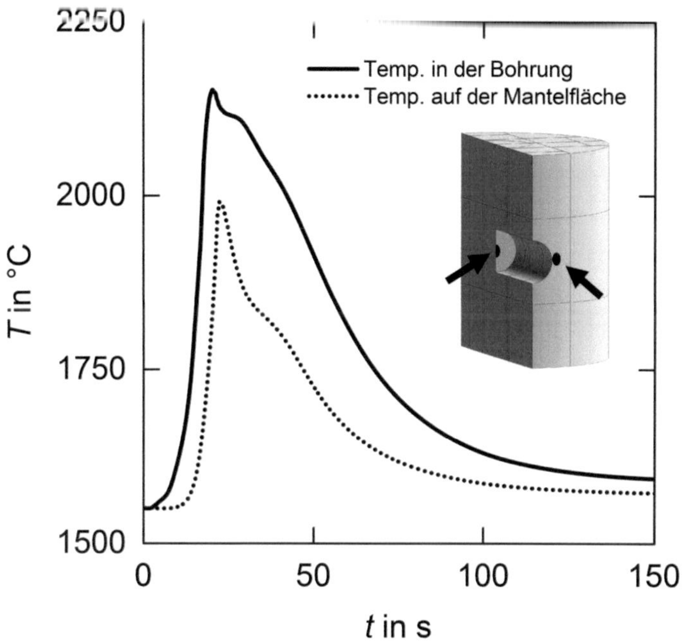

Abb. 10-3. Berechnung der Temperaturerhöhung infolge der exothermen Reaktion während der Infiltration. – Die rechte Abbildung im Diagramm zeigt die beiden virtuellen Messpunkte zur Temperaturbestimmung. Die Infiltrationsgeschwindigkeit betrug $1 \cdot 10^{-3}$ m/s bei einer Ausgangstemperatur von 1550 °C.

10.2 Validierung des numerischen Infiltrationsmodells

Mit der thermooptischen Messanlage TOM_ac konnten während der Infiltration mit Silicium sowohl die Temperaturen auf der C_f/C-Preform bestimmt als auch gravimetrische Messungen der Probe durchgeführt werden. Folglich wurden für die Modellvalidierung die Massen- und Temperaturverläufe mit dem FEM-Modell berechnet. Zur Bestimmung der Probenmasse während der Siliciuminfiltration wurden der Probe zunächst die entsprechenden Materialeigenschaften im Modell zugeordnet (siehe Abschnitt 9.2). Der zeitabhängige Massenverlauf konnte anschließend durch Integration der Masse über das Probenvolumen für jeden Zeitschritt bestimmt werden. Ein Vergleich des berechneten mit dem gemessenen Massenverlauf ist in Abb. 10-4 dargestellt. Die Abbildung zeigt eine gute Übereinstimmung der beiden Verläufe. Lediglich in der Anfangsphase, nach ca. 15...20 s, ist eine geringe Abweichung erkennbar. Der höhere Massenstrom des gemessenen Verlaufs ist auf eine leichte Asymmetrie von Probe und Docht zurückzuführen.[2] Aufgrund der hemisphärischen Infiltrationsfront wird dadurch der Bereich neben der Bohrung etwas früher infiltriert, was zu einem höheren Massenstrom führt. Sobald die Infiltrationsfront die Bohrung passiert hat, hat sich die Abweichung kompensiert und es liegt erneut eine gute Übereinstimmung der beiden Verläufe vor. Ebenso wie die Massenzunahme wurde auch die Temperaturerhöhung infolge der exothermen, reaktiven Infiltration berechnet und mit den Messdaten verglichen.

Hierzu wurden die Messstellen an der Probe in der thermooptischen Mess-

[2] Da der Käfig, in dem die Probe zur gravimetrischen Messung eingebaut wurde, über ein Gestänge mit der Wägezelle verbunden ist, wurde die Probe beim Aufsetzen auf den Docht austariert. Aufgrund der Bohrung liegt der Massenschwerpunkt etwas neben der Zylinderachse, was beim Austarieren zu der leichten Asymmetrie von Probe und Docht führt.

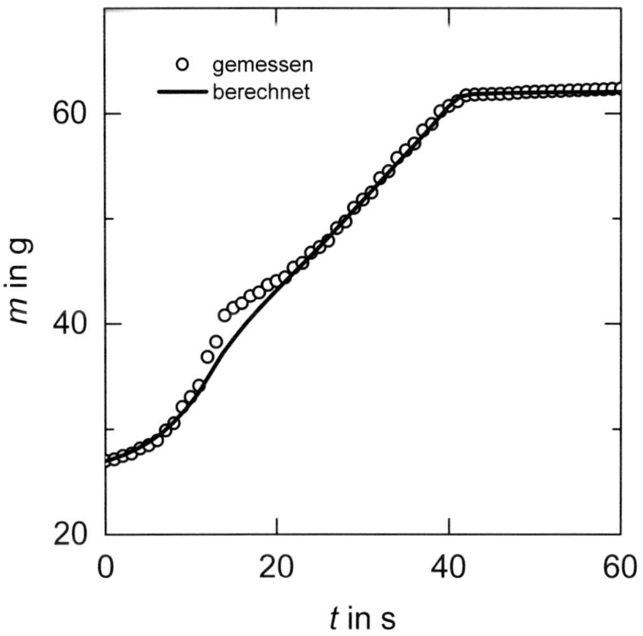

Abb. 10-4. Vergleich der berechneten mit der gemessenen Massenzunahme einer C_f/C-Probe während der Siliciuminfiltration. – Der Berechnung wurden eine gemessene Infiltrationsgeschwindigkeit von ca. $1 \cdot 10^{-3}$ m/s bei 100 mbar und eine Eintauchtemperatur bei 1500 °C zugrunde gelegt.

anlage im Simulationsmodell an gleicher Stelle mit virtuellen Messpunkten nachgebildet (siehe Abb. 10-5). Zur Abschätzung der Messunsicherheit, die sich größtenteils aus der Reproduzierbarkeit der Messung ergibt, wurden zwei Messungen durchgeführt. Sie ergaben eine Maximaltemperatur von (2136 ± 12) °C in der Bohrung und (1973 ± 8) °C an der Mantelfläche. Die maximale Abweichungen der Temperaturverläufe der Bohrung als auch der Mantelfläche lagen in der Abklingphase bei ca. 30 K. Die berechneten Maximaltemperaturen ergaben für die Bohrung 2151 °C und für die Mantelfläche 1991 °C. Die maximale Abweichung vom Mittelwert der Wiederholungsmessung betrug 48 K in der Abklingphase der Bohrungstemperatur. Unter Berücksichtigung der Unsicherheit der Wiederholungsmessung stimmen demnach die Ergebnisse der numerischen Berechnung mit den Messdaten gut überein.

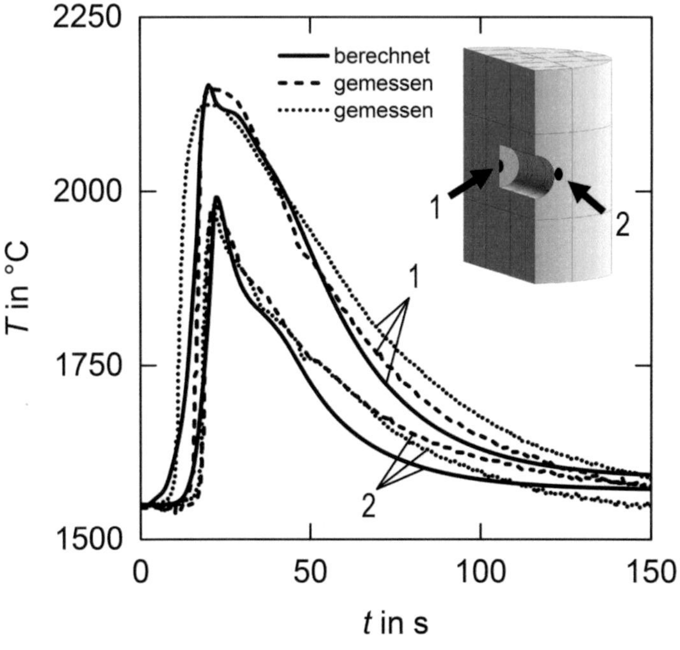

Abb. 10-5. Vergleich der berechneten, mit den gemessenen Temperaturverläufen zweier Messstellen einer C_f/C-Probe während der Silicierung. – Die Messungen und Berechnungen wurden bei 100 mbar und einer Eintauchtemperatur von 1550 °C durchgeführt. Die Infiltrationsgeschwindigkeit lag bei ca. $1 \cdot 10^{-3}$ m/s.

Neben der Validierung des Berechnungsmodells für eine bestimmte Eintauchtemperatur wurden zudem die berechneten mit den gemessenen Temperaturerhöhungen bei unterschiedlichen Eintauchtemperaturen im Bereich von 1475...1625 °C verglichen (siehe Abb. 10-6). Die zur Berechnung notwendigen, korrespondierenden Infiltrationsgeschwindigkeiten wurden experimenteil durch die Auswertung der gravimetrischen Messungen mit Gleichung 6-2 bestimmt. Der sich daraus ergebende Verlauf der Infiltrationsgeschwindigkeit gegen die Eintauchtemperatur ist ebenfalls in Abb. 10-6 dargestellt. Der berechnete ΔT-Verlauf weist eine schwächere Abhängigkeit der Temperaturerhöhung von der Eintauchtemperatur auf als der empirisch bestimmte Verlauf. Die Abweichungen der beiden Verläufe im betrachteten Temperaturbereich liegen jedoch innerhalb des Fehlerintervalls der Messwerte und innerhalb der Messunsicherheit einer Wiederholungsmessung. Folglich kann das Berechnungsmodell auch für Eintauchtemperaturen von 1475 °C bis 1625 °C als ausreichend validiert betrachtet werden.

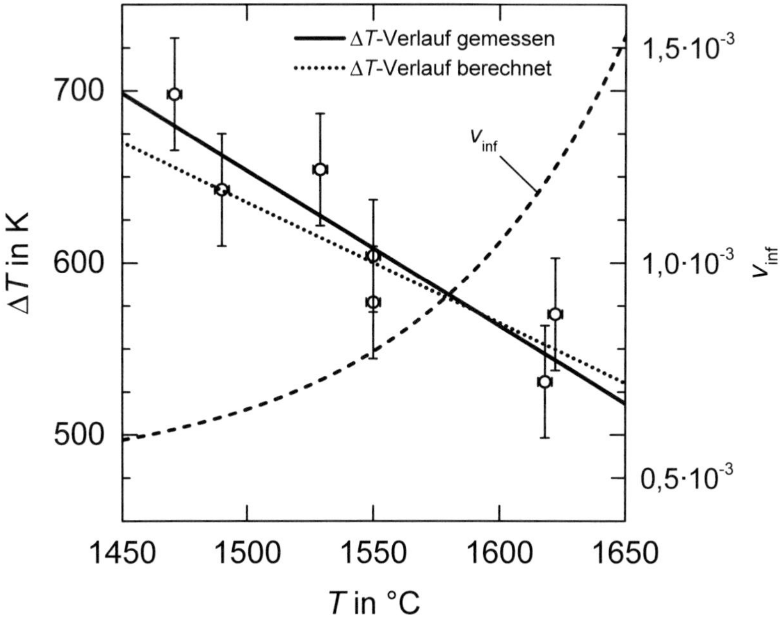

Abb. 10-6. Vergleich der berechneten, mit den gemessenen Temperaturerhöhungen infolge der exothermen Reaktion an der Infiltrationsfront als Funktion der Eintauchtemperatur. – Die Messungen der Temperaturerhöhungen ΔT und der Infiltrationsgeschwindigkeiten v_{inf} wurden bei 100 mbar durchgeführt.

10.3 Fehlerabschätzung

Neben den Programmier- und Anwenderfehlern, die bei numerischen Modellen auftreten können, gibt es noch die Fehlertypen [269]

- Modellfehler,
- Diskretisierungsfehler und
- Iterationsfehler.

Rundungsfehler spielen heutzutage aufgrund der hohen Rechengenauigkeit nur noch eine untergeordnete Rolle. Sie können daher im Vergleich zu den anderen Fehlern, auf die im Folgenden näher eingegangen wird, vernachlässigt werden.

Modellfehler

Unter Modellfehler fallen sowohl die Fehler bei der mathematischen Modellierung als auch jene bei der geometrischen Nachbildung des zu untersuchenden Systems. So werden zum einen komplexe physikalische Vorgänge, wie die reaktive Infiltration, makroskopisch mit der Infiltrationsgleichung beschrieben, ohne z. B. mikroskopische Phänomene wie den Verdampfungs-Adsorptionsprozess zu berücksichtigen. Zum anderen werden die tatsächlichen Geometrien vereinfacht, um z. B. die Vernetzung des Lösungsgebietes zu erleichtern oder untergeordnete Einflüsse wie die Verschattung des Käfiggestänges bei der Wärmestrahlung zu vernachlässigen. Hierbei sollten die Vereinfachungen stets nachvollziehbar sein und der Fehler, der durch die Näherungen entsteht, abgeschätzt werden. Zudem werden oftmals Anfangs- oder Randbedingungen angenommen, die zur Lösung von Gleichungen notwendig sind, jedoch aufgrund fehlender Kenntnis der genauen Vorgänge, oder aufgrund zu hoher Komplexität, approximiert werden. Auch diese Näherungen können die Lösungen beeinflussen [269].

Diskretisierungsfehler

Jedes numerische Lösungsverfahren produziert, aufgrund der durchgeführten Näherungen zur Überführung des Problems in ein algebraisches Gleichungssystem, Fehler. Bei der FEM erfolgt die Approximation durch eine räumliche und zeitliche Diskretisierung.[3] Es ist naheliegend, dass der Fehler mit abnehmender räumlicher und zeitlicher Schrittweite sinkt und zugleich der Speicherplatz und die Rechenzeit steigen [269].

Iterationsfehler

Die vorgenannten Gleichungssysteme werden mit geeigneten Iterationsverfahren[4] gelöst. Der Iterationsfehler ist dann die Differenz zwischen der exakten und der iterativen, also der angenäherten, Lösung. Da das Iterationsverfahren beliebig lange fortgeführt werden kann, werden Abbruchkriterien eingeführt, die in der Regel auf Bedingungen für das Konvergenzverhalten basieren. Eine Bedingung kann beispielsweise die maximal zulässige Differenz zweier aufeinanderfolgender Lösungen sein, oder die Reduktion der Residuen[5] um drei bis vier Größenordnungen [269]. Zudem kann eine maximale Anzahl an Iterationsschritten vorgegeben werden, die beim Erreichen zum Abbruch der ergebnislosen Berechnung[6] führen, falls zuvor keine der anderen Bedingungen erfüllt wurde. Der Iterationsfehler sollte lediglich um eine Größenordnung unter dem Diskretisierungsfehler liegen.

[3] Z. B. durch das Eulersche Polygonzugverfahren, das die Lösungskurve in Kurvenabschnitte diskretisiert und durch Linearisierung approximiert.

[4] Als Iterationsverfahren sind Algorithmen zur schrittweisen Annäherung an die exakte Lösung zu verstehen. Ein Beispiel ist das Newton-Verfahren, indem die berechnete Lösung wieder in die Ausgangsgleichung eingesetzt und dadurch der erneut berechnete Wert immer näher an die exakte Lösung herangeführt wird.

[5] Für das Gleichungssystem $Ax = b$ ergibt sich das Residuum $\tilde{r}$ zu $\tilde{r} := b - \tilde{x}$ mit $\tilde{x}$ als Näherungslösung. Das Residuum kann somit berechnet werden, ohne die exakte Lösung x oder den Fehler $\tilde{x} - x$ zu kennen.

[6] D. h., es wurde keine Näherungslösung unter den entsprechenden Bedingungen gefunden. Dennoch kann eine exakte Lösung existieren.

Eine weitere Verringerung des Fehlers würde die Güte des Ergebnisses nur gering verbessern, jedoch zusätzliche Rechenzeit verursachen.

Fehlerabschätzung

Zur Fehlerabschätzung des gesamten Modells wurde zunächst die numerische Berechnung der Infiltrationsgleichung (siehe Gleichung 9-9), die die Ausbreitung der Infiltrationsfront beschreibt, betrachtet. Wie in Abschnitt 10.1 gezeigt, dient die Lösung der Infiltrationsgleichung als Startfunktion für die Reaktion zur SiC-Bildung. Zudem weist sie lokale Materialeigenschaften zu, indem sie den gesättigten und ungesättigten Bereich beschreibt (siehe Gleichung 9-12). Die Berechnungsfehler der Infiltrationsgleichung pflanzen sich somit über weite Bereiche des Modells fort.

Ein übliches Verfahren zur Abschätzung des Diskretisierungsfehlers sind die sukzessive Verringerung der zeitlichen und örtlichen Schrittweiten sowie ein Vergleich der dadurch erhaltenen Lösungen [269]. Die systematische Verfeinerung des Netzes und somit die Erhöhung der Knotenanzahl erfolgten mit einem äquidistanten Gitter, um vergleichbare Ergebnisse zu erhalten (siehe Abb. 10-7). Die daraus gewonnenen Lösungen zeigen das Konvergenzverhalten von α in Abhängigkeit der Schrittweite (siehe Abb. 10-8). Dadurch lassen sich für beliebige k-Werte die maximalen Netzgrößen bestimmen, die zulässig sind, um einen akzeptablen Fehler des Grenzwertes nicht zu überschreiten. Umgekehrt lassen sich für gegebene Knotenabstände die maximalen k-Werte ermitteln.

Mit sinkendem k-Wert flacht die Steigung der sigmoidalen Lösungsfunktion von α ab und es entsteht eine größere Unschärfe des Phasenübergangs an der Infiltrationsfront. Dies weicht zunehmend von den tatsächlichen Vorgängen ab, wie die Linienabstände der Konturlinien mit den α-Werten

0,25 und 0,75 für unterschiedliche k Werte zeigen (siehe Abb. 10-7). Der Modellfehler kann z. B. mit einer geglätteten Heaviside-Funktion:

$$\alpha^\star = \begin{cases} 1 & \text{, für } \alpha \geq 2d \\ 0,5 + 0,75(\alpha - d/d) - 0,25(\alpha - d/d)^3 & \text{, sonst} \end{cases} \tag{10-1}$$

verringert werden. Hierbei ist für d der α-Wert zu wählen, für den $\alpha^\star = 0,5$ als Wendepunkt der geglätteten Heaviside-Funktion gelten soll.

Werden die zeitliche Schrittweite von $1 \cdot 10^{-1}$ s und der zulässige Iterationsfehler von $1 \cdot 10^{-3}$ um eine Größenordnung verringert, erhöht sich die Genauigkeit des Grenzwertes von α um eine signifikante Stelle auf $\pm 1 \cdot 10^{-4}$. Dies geschieht auf Kosten der Rechenzeit t_{CPU}, die auf das Neunfache ansteigt.

Zur Fehlerabschätzung des vollständigen FE-Modells wurde dieselbe Vorgehensweise angewandt; d. h., es wurden Vergleichsrechnungen mit einem systematisch verfeinertem Netz sowie mit verringerten Zeitschritten und Toleranzen für die Iterationsfehler durchgeführt. Um alle Modellfehler wie

- das idealisierte Schichtwachstum mit dem apparenten Diffusionskoeffizienten,
- die Unsicherheiten der Materialkennwerte und
- die Vereinfachung der Trägergeometrien

zu berücksichtigen, wurde die maximale Temperaturerhöhung aufgrund der exothermen Reaktion in der Probe zum Vergleich herangezogen. Zunächst wurden die Zeitschritte von 0,10 s auf 0,05 s halbiert und schließlich auf 0,02 s herabgesetzt. Bei einer Infiltrationsgeschwindigkeit von $1 \cdot 10^{-3}$ m/s und einem k-Wert von 0,5, lagen die Maximaltemperaturen der durchgeführten Berechnungen alle innerhalb von 2248 ± 1 K. Zur Abschätzung des Diskretisierungsfehlers wurde die Netzweite von 1,8 mm auf 0,8 mm und schließlich auf 0,5 mm verkleinert. Die erste Verfeinerung des Netzes auf

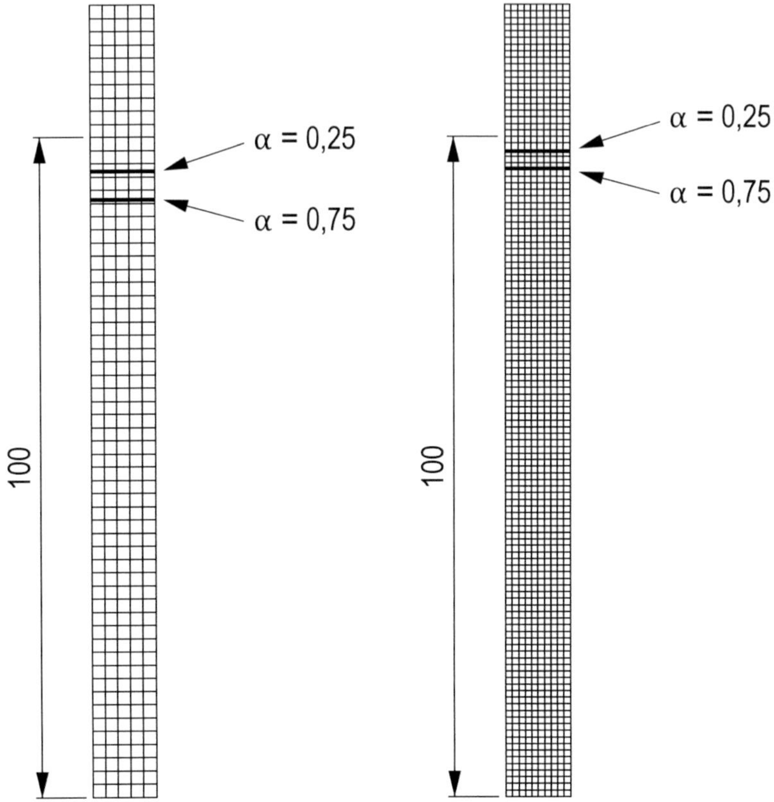

(a) Netzweite 2 mm mit $k = 0,5$.

(b) Netzweite 1 mm mit $k = 1,0$.

Abb. 10-7. Einfluss des Parameters k auf das Berechnungsergebnis der Infiltrationsgleichung und Darstellung der Netzqualität. – Zur Darstellung der Verfeinerung des äquidistanten Gitters wurde eine rechteckige Trägergeometrie mit $10 \cdot 120\,\text{mm}^2$ verwendet. Die α-Werte wurden mit t=100 s und einer Infiltrationsgeschwindigkeit von $1 \cdot 10^{-3}$ m/s berechnet. Die beiden α-Werte 0,25 und 0,75 zeigen die Unschärfe des Phasenübergangs der infiltrierenden Phase in Abhängigkeit des k-Wertes.

0,8 mm führte zu einer Erhöhung der Maximaltemperatur auf 2355 K, während das feinste Netz mit einer Netzweite von 0,5 mm keine weitere Än-

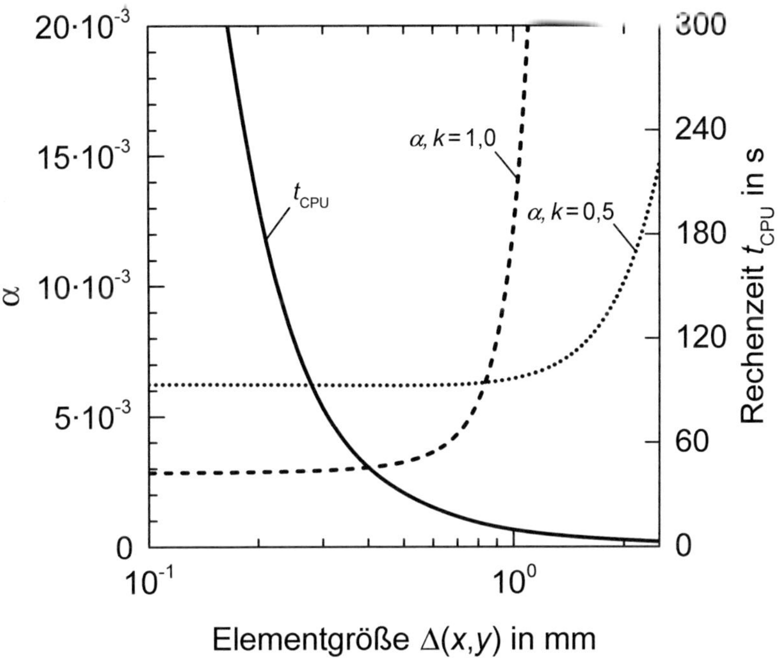

Abb. 10-8. Konvergenzverhalten und Fehlerabschätzung der numerischen Berechnung der Infiltrationsgleichung mit der korrespondierenden Rechenzeit. – Der α-Wert wurde bei einer Infiltrationsgeschwindigkeit von $1 \cdot 10^{-3}$ m/s, nach 100 s und einer Infiltrationshöhe von 100 mm bestimmt (siehe Abb. 10-7). Die zeitliche Schrittweite betrug $1 \cdot 10^{-1}$ s und der eingestellte, zulässige Iterationsfehler $1 \cdot 10^{-3}$.

derung der Maximaltemperatur bewirkte. Demzufolge wurden sämtliche Berechnungen mit einer Zeitschrittweite von 0,1 s und einer maximalen Elementgröße von 0,8 mm mit einer geschätzten Unsicherheit von ± 2 K durchgeführt. Die Fehlerbetrachtung zeigt, dass die Iterationsfehler im Vergleich zu den Diskretisierungsfehlern vernachlässigbar sind und diese wiederum eine untergeordnete Rolle gegenüber den Modellfehlern spielen. Materialkenndaten oder Messdaten wie z. B. die gemessene reaktive Oberfläche haben auf die Unsicherheit des Berechnungsergebnisses einen größeren Einfluss als die geschätzten Iterations- und Diskretisierungsfehler.

Sensitivitätsanalyse

Um zu überprüfen, wie das Modell auf kleine Änderungen (10 %) der gemessenen Infiltrationsgeschwindigkeit und der reaktiven Oberfläche reagiert, wurde eine Sensitivitätsanalyse durchgeführt. Als Vergleichswert wurde erneut die Maximaltemperatur herangezogen. Diese erhöhte sich um 5 °C bei einer Erhöhung der Infiltrationsgeschwindigkeit von $1,0 \cdot 10^{-3}$ m/s auf $1,1 \cdot 10^{-3}$ m/s. Die Erhöhung der reaktiven Oberfläche von $56,3 \cdot 10^3$ m^2/m^3 auf $61,8 \cdot 10^3$ m^2/m^3 führte zu einer Erhöhung der Maximaltemperatur um 26 °C.

Wie die Modellvalidierung in Abschnitt 10.2 zeigt, liegt die Unsicherheit der numerischen Berechnung in derselben Größenordnung wie die Unsicherheit, die sich aus der Reproduzierbarkeit der Messungen ergibt.

11 Diskussion

Für die Simulation der reaktiven Infiltration von C_f/C-Preforms mit schmelzflüssigem Silicium wurde ein numerisches Berechnungsmodell basierend auf der Finiten-Elemente-Methode entwickelt. Das Modell bildet den vollständigen LSI-Prozess, mitsamt dessen Infiltrationskinetik und den auftretenden thermischen Effekten, ab. Die Berechnungen zeigten eine gute Überstimmung mit den Ergebnissen der In-situ-Messungen, die mit einer thermooptischen und gravimetrischen Messanlage durchgeführt wurden. Die gute Übereinstimmung zwischen Experiment und Simulation ist auf den zeitabhängigen, scheinbaren Diffusionskoeffizienten, die speziell hierfür entwickelte Infiltrationsgleichung, sowie auf die Mess- und Literaturdaten, die für die temperaturabhängigen Materialeigenschaften verwendet wurden, zurückzuführen.

Zeitabhängiger, scheinbarer Diffusionskoeffizient

Mit dem bekannten Ansatz der Arrhenius-Gleichung konnte das Wachstum der SiC-Schicht auf dem Kohlenstoffsubstrat bei einem Kontakt mit flüssigem Silicium nicht mit ausreichender Genauigkeit beschrieben werden. Deshalb wurde die Gleichung für den Diffusionskoeffizienten mit zeitabhängigen Faktoren erweitert und ein zeitabhängiger, scheinbarer Diffusionskoeffizient eingeführt. Dadurch wurde eine gute Übereinstimmung des berechneten Schichtwachstums mit den Mess- und Literaturdaten über mehrere Zeitskalen erreicht. Zu Beginn des Schichtwachstums führt der scheinbare

Diffusionskoeffizient zu sehr hohen Wachstumsraten aufgrund des großen Anteils der Korngrenzendiffusion. Dies verursacht eine hohe Reaktionswärme und folglich einen hohen Temperaturanstieg an der Infiltrationsfront. Dieser starke Anstieg zeigte sich auch bei den durchgeführten Messungen, die gut mit den berechneten Temperaturverläufen übereinstimmten (siehe Abb. 10-5).

Infiltrationsgleichung

Untersuchungen des LSI-Prozesses zeigten, dass sich die reaktive Infiltrationsfront mit konstanter Geschwindigkeit ausbreitet. Frühere Modelle, die allesamt auf Kapillar- oder Diffusionsgleichungen beruhen, bilden die gefundene Infiltrationskinetik jedoch nicht ab. Um eine konstante Geschwindigkeit im Modell zu berücksichtigen, wurde ein auf der Fisher-Gleichung beruhender Ansatz gewählt (siehe Gleichung 9-1). Allerdings musste das bekannte Problem der zulässigen Minimalgeschwindigkeit, die die Infiltrationsgeschwindigkeit übersteigt, gelöst werden. Hierzu wurde die Fisher-Gleichung weiterentwickelt (siehe Gleichung 9-9). Eine durchgeführte Stabilitätsanalyse zeigte, dass die neue Infiltrationsgleichung nun für alle Geschwindigkeiten sinnvolle Lösungen liefert. Zudem kann mit einem Parameter die Unschärfe des Phasenübergangs an der Infiltrationsfront eingestellt und an die Netzqualität von FE-Modellen angepasst werden. Überdies kann anstatt der konstanten Geschwindigkeit auch eine orts- und zeitabhängige Geschwindigkeit verwendet werden. Dies erweitert die Einsatzmöglichkeiten der neuen Infiltrationsgleichung über den LSI-Prozess hinaus.

Modellvalidierung

Zur Einschätzung der Qualität der Berechnungsergebnisse wurde eine Fehlerabschätzung des Infiltrationsmodells durchgeführt. Zunächst wurden durch sukzessives Halbieren der Zeitschritte und der Netzgröße die Konvergenz untersucht und die Diskretisierungsfehler minimiert. Für die Abschätzung des Modellfehlers wurden die Berechnungsergebnisse mit Messergebnissen verglichen. Hierfür wurden mit einer Wiederholungsmessung auch die Unsicherheiten der Messergebnisse abgeschätzt, die sich aus der Reproduzierbarkeit des Probenmaterials und der Messung ergeben. Es konnte gezeigt werden, dass die Unsicherheiten von Messung und Berechnung in derselben Größenordnung liegen. Durch die erfolgreiche Validierung kann somit dem Berechnungsmodell eine ausreichende Genauigkeit zugesprochen werden. Wird das Modell auf andere Materialien angewandt, müssen die materialspezifischen Kennwerte, wie die reaktive Oberfläche, die thermischen Materialeigenschaften oder die Infiltrationsgeschwindigkeit, bestimmt und deren Werte in den Gleichungen angepasst werden.

Zusammenfassung und Ausblick

Zusammenfassung

Erstmals konnte die reaktive Infiltration von Kohlenstoff mit schmelzflüssigem Silicium in situ unter definierten Bedingungen gemessen werden. Es wurde gezeigt, dass sich die Infiltrationsgeschwindigkeit nicht nach dem $\sqrt{t}$-Gesetz verhält, wie es die aus der Literatur bekannten Kapillarmodelle vorhersagen. Vielmehr wurde bewiesen, dass die Infiltrationsgeschwindigkeit konstant ist. Sie hängt lediglich von der Temperatur, dem Druck und der Oberflächenrauheit der Kapillarwände ab. Mit einem neuartigen Versuchsaufbau konnten zudem die Reaktionsvorgänge zwischen dem Silicium und dem Kohlenstoffsubstrat bei kurzen Kontakt- bzw. Reaktionszeiten untersucht werden. Dies wurde durch Abbruchversuche ermöglicht, bei denen durch Herausziehen der Kapillaren aus der Siliciumschmelze während der Infiltration das Silicium abrupt vom Kohlenstoff separiert wurde. Dadurch wurde die Reaktion von Silicium und Kohlenstoff schlagartig gestoppt. Zugleich wurden die Mechanismen an der Infiltrationsfront für weitere Untersuchungen ‚eingefroren'. Durch Analysemethoden wie der energiedispersiven Röntgenanalyse und der Rasterelektronenmikroskopie wurden anschließend die einzelnen Vorgänge untersucht und identifiziert. Die Ergebnisse bestätigten, dass unter üblichen Randbedingungen nicht der Kapillareffekt, sondern ein Verdampfungs-Adsorptionsprozess die Infiltrationsgeschwindigkeit bestimmt. Darüber hinaus lieferten Analysen der SiC-Schicht erstmals Daten des SiC-Schichtwachstums für Zeiten unter einer Sekunde. Neben dem Diffusionsverhalten von Silicium und Kohlenstoff während des Schichtwachstums konnte auch deren zeitabhängiger Diffusionskoeffizient bestimmt werden. Die nachgewiesene Interdiffusion von Silicium und Kohlenstoff und die Einführung eines zeitabhängigen Diffusionskoeffizienten liefern zudem einen Beitrag zur Klärung des in der Literatur kontrovers diskutierten Schichtwachstums. Auf den Ergebnissen der Versuche und Analysen aufbauend konnten die Infiltrationskinetik und deren Vorgänge an der Infiltrationsfront mit einem mesoskopischen Modell abgebildet werden. Die Validierung des numerischen Modells erfolgte mit den zuvor durchgeführten Infiltrationsversuchen bei unterschiedlichen Temperaturen und Drücken. Die Resultate der Versuchsreihen stimmten gut mit den prognostizierten Ergebnissen des mesoskopischen Modells überein. Infolgedessen wurde geprüft, ob die aus den Spaltkapillarversuchen gewonnenen Erkenntnisse auch auf herkömmliche, kohlenstofffaserverstärkte Vorformen (C_f/C-Preforms) mit komplexen Porensystemen übertragbar sind. Hierzu wurde in einer thermooptischen Messanlage, poröses C_f/C-Material mit Silicium infiltriert. Simultan zur optischen Beobachtung wurden gravimetrische Messungen in situ durchgeführt, um die Massenzunahme der Probe als Funktion der Zeit aufzuzeichnen. Die Auswertung des Massenstroms ergab, dass die C_f/C-Proben ebenfalls mit konstanter Geschwindigkeit infiltriert werden. Ebenso wie bei den Spaltkapillarversuchen wurden auch bei der Infiltration der C_f/C-Proben Temperaturen und Druck variiert. Auch hierbei zeigten sich dieselben Abhängigkeiten der Infiltrationsgeschwindigkeit wie bei den Spaltkapillarversuchen.

Die bisher bekannten, numerischen Berechnungsmodelle basieren entweder auf der Kapillartheorie oder verwenden Diffusionsgleichungen. Teils wurden sie durch Fehlen geeigneter Anlagentechnik nicht überprüft, teils wiesen sie bei der Modellvalidierung Abweichungen von über 20 % zu den jeweiligen Messdaten auf. Folglich wurde im zweiten Teil der vorliegenden Arbeit ein dreidimensionales Simulationsmodell erstellt, das die gewonnenen Erkenntnisse aus den Spaltkapillarversuchen berücksichtigt. Dafür war es notwendig, eine geeignete Differenzialgleichung für die Ausbreitung der Infiltrationsfront mit konstanter Geschwindigkeit zu finden. Basierend auf der Fisher-Gleichung wurde eine neue Infiltrationsgleichung entwickelt, die zum einen die Infiltrationskinetik genau abbildet und zum anderen numerische Lösungen mit geringerem Rechenaufwand ermöglicht. Zudem wurde der neu eingeführte, zeitabhängige Diffusionskoeffizient bei der Reaktionskinetik berücksichtigt. Dadurch konnte erstmals der reaktive Infiltrationsprozess vollständig mit einem Finite-Element-Modell dreidimensional simuliert werden. Darüber hinaus stand mit der TOM_ac eine thermooptische Messanlage zur Modellvalidierung zur Verfügung. Die Validierung zeigte, dass sowohl die Kinetik als auch die Temperaturverteilung des simulierten Infiltrationsprozesses gut mit den Beobachtungen übereinstimmen. Die Genauigkeit des Berechnungsmodells liegt innerhalb des Fehlerintervalls, das sich aus der Messunsicherheit ergibt. Es liegt somit ein Berechnungsmodell vor, das die Flüssigphaseninfiltration von porösen Kohlenstoffkörpern ganzheitlich beschreibt und auf Bauteile im Industriemaßstab anwendbar ist.

Ausblick

Der verwendete Versuchsaufbau mit den Spaltkapillarproben ermöglicht neben den Untersuchungen der Reaktionen zwischen dem infiltrierenden Medium und dem Substrat auch die Messung des dynamischen Kontaktwinkels während der Infiltration. Dadurch lassen sich Siliciumlegierungen mit deren Einflüsse der Legierungselemente wie Cu, Al, Mo, Nb, Fe, Co, Y oder B auf den Kontaktwinkel und die Infiltrationsgeschwindigkeit charakterisieren [138, 150, 166, 270–275]. Zudem können auf dem Substrat aufgebrachte Schutzschichten, wie z. B. aus pyrolytischem Kohlenstoff, auf deren Angriff durch die infiltrierende Phase untersucht werden [16, 276]. Durch rasches Eintauchen und Herausziehen können hierfür auch sehr kurze Kontaktzeiten zwischen dem Fluid und der Kapillarwand realisiert werden.

Als Beispiel für die Anwendung des Simulationsmodells kann die Untersuchung der Silicierung von C_f/C-Bremsscheiben[1] genannt werden. Bei dieser industriellen Anwendung werden die Bremsscheiben mit fünf Dochten in einem zylindrischen Grafittiegel mit Silicium infiltriert. Die Tiegel werden

[1]Die C_f/C-Bremsscheibenringe bestehen aus einem ähnlichen Material, wie die in dieser Arbeit untersuchten Preformen.

wiederum zu drei Stapeln, mit je 10...20 Stück aufgerichtet und in einem Winkel von 120 ° zueinander symmetrisch in einem zylindrischen Ofen chargiert. Aufgrund der dezentralen Positionierung der Bremsscheiben im Ofen schmilzt das Silicium im Tiegel während des Aufheizens nicht simultan. Dadurch liegt an den Dochten zu unterschiedlichen Zeitpunkten schmelzflüssiges Silicium zur Infiltration vor. Dies führt zu einem sequenziellen Start[2] der Infiltration über die Dochte. Aufgrund dessen wurde eine dreidimensionale Simulation der Infiltration einer Bremsscheibenhälfte erforderlich (siehe Abb. 11-1).

Hierbei kam der Vorteil zum Tragen, dass sich die Infiltrationsgleichung an die Netzqualität anpassen lässt, was eine Berechnung der Infiltration in Echtzeit ermöglichte. Zudem wurde die zum Schmelzen des Siliciums benötigte latente Wärme im Berechnungsmodell über die spezifische Wärmekapazität berücksichtigt.[3] Auch die freiwerdende Reaktionswärme in der Bremsscheibe, die sowohl das darunterliegende Silicium als auch den darüberliegenden Tiegelboden aufheizt, wurde berücksichtigt. Dies führte zu alternierenden Randbedingungen, da der sich ergebende Wärmefluss des oberen Tiegelbodens dem des Unteren entspricht (siehe Abb. 11-2). Das Simulationsmodell mit den vorgenannten Wechselwirkungen und Randbedingungen ermöglichte eine Optimierung der Temperaturführung zur Energieeinsparung sowie zur Senkung der Durchlaufzeit.

[2] Als Startbedingung wurde die Siliciumtemperatur verwendet: Beim Aufheizen bleibt die Temperatur des Siliciums während des Schmelzvorgangs aufgrund der latenten Wärme konstant. Erst wenn das Silicium geschmolzen ist, steigt die Temperatur weiter an. Wird das Silicium um den Docht herum gesondert betrachtet, kann als Startbedingung für die Infiltrationsgleichung eine Temperatur von z. B. 2 K über dem Siliciumschmelzpunkt definiert werden.

[3] Im Bereich von ± 2 K um den Siliciumschmelzpunkt wurde zum Kurvenverlauf der temperaturabhängigen, spezifischen Wärmekapazität eine geglättete Heaviside-Funktion addiert, deren darunterliegende Fläche der spezifischen Schmelzenthalpie entspricht [277].

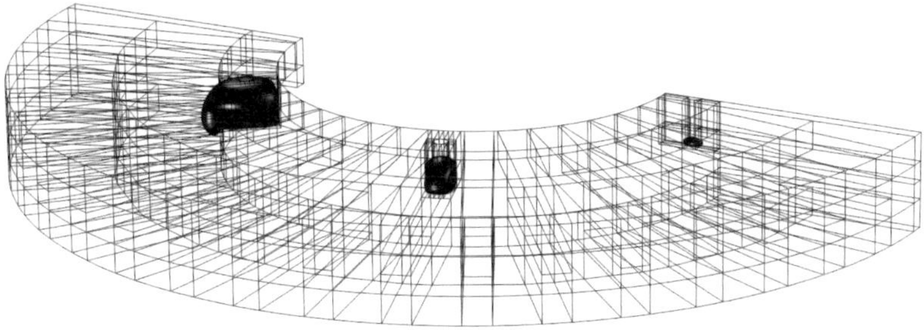

(a) 50 s.

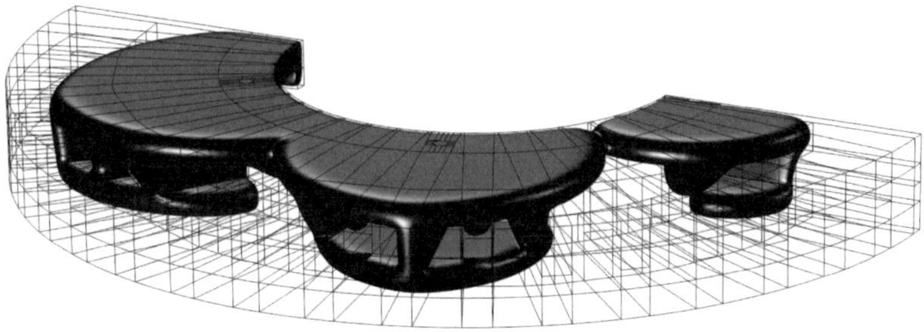

(b) 175 s.

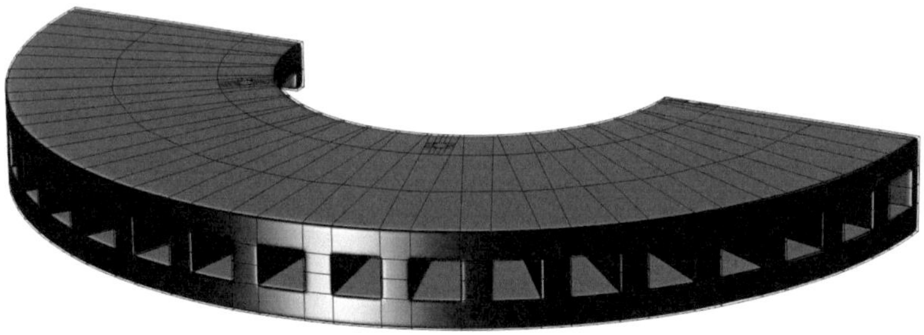

(c) 350 s.

Abb. 11-1. Simulation der sich ausbreitenden Infiltrationsfront des Siliciums während der Flüssigphaseninfiltration eines Bremsscheibenrohlings aus C_f/C-Material. – In dunkelgrau dargestellt ist der mit Silicium infiltrierte Bereich zu den unterschiedlichen Infiltrationszeiten: 50 s, 175 s und 350 s.

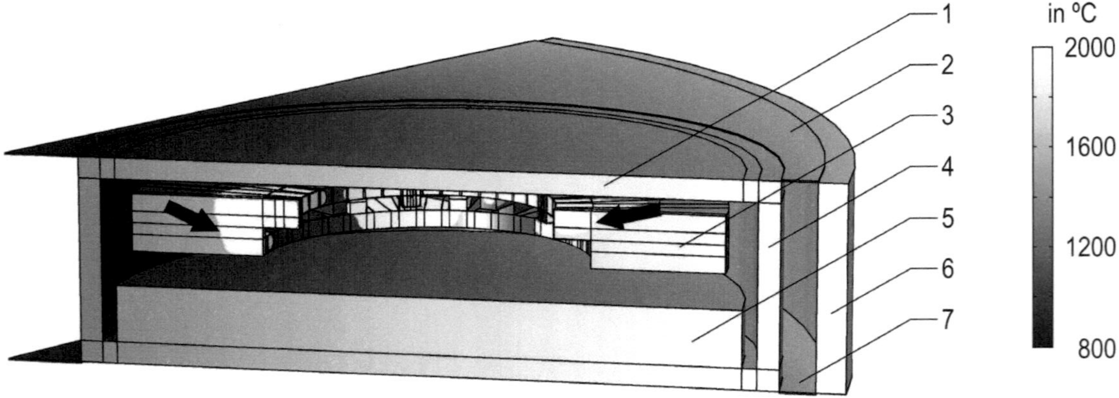

Abb. 11-2. Temperaturfeldberechnung der Flüssigphasensilicierung eines C_f/C-Bremsscheibenrings in einem Batch-Ofen. – Die Pfeile markieren zwei Stellen der berechneten Infiltrationsfront nach einer Infiltrationszeit von 175 s. Aufgrund der großen Stapelhöhe wurden alternierende Randbedingungen an der Unter- und Oberseite des Tiegels angenommen. Die Dochte wurden aufgrund ihrer kleinen Abmessungen bei dieser Thermalanalyse vernachlässigt. Die einzelnen Komponenten sind:

1 Tiegelboden des darüberliegenden Grafittiegels,
2 Hilfsebene zur Aufbringung der alternierenden Randbedingung für die Wärmestrahlung,
3 C_f/C-Bremsscheibenring,
4 Grafittiegel,
5 Siliciumgranulat,
6 Ofenretorte zur Temperaturhomogenisierung der Wärmestrahlung von den außen liegenden Heizern,
7 Hilfsebene zur Aufbringung der alternierenden Randbedingung für die Wärmestrahlung.

Neben der Optimierung von Heizkurven und der Beladung des Ofens können auch die maximalen Temperaturgradienten während der Ofenfahrt und der Silicierung berechnet werden. Dadurch lassen sich die Spannungsspitzen infolge der thermalen Lasten berechnen, die zu einem Bauteilverzug führen können. Übersteigen die Spannungen die kritische Spannung zur Rissbildung, kann die Heizkurve oder der Infiltrationsaufbau zur Minimierung des Rissrisikos angepasst werden [278]. Zudem ist eine Berechnung der Eigenspannungen im Bauteil möglich, die die reaktive Infiltration mit schmelzflüssigem Silicium zwangsläufig mit sich bringt. Sie wirken sich auf die mechanischen Eigenschaften aus und müssen deshalb bei der Bauteilauslegung berücksichtigt werden [279]. Allerdings gibt es bislang nur vereinzelte Modelle zur Abschätzung der Eigenspannungen infolge des LSI-Prozesses [280]. Aufbauend auf dem Infiltrationsmodell sollten deshalb weitere Arbeiten zur Berechnung der Eigenspannungen erster Art erstellt werden.

Das Berechnungsmodell ist nicht nur auf den Werkstoff C_f/SiC beschränkt. Auch die Simulation der Flüssigphasensilicierung zur Herstellung von Silicium-infiltriertem Siliciumcarbid (SiSiC) oder SiC_f/SiC ist möglich. Hierzu müssen lediglich die reaktive Oberfläche und die Infiltrationsgeschwindigkeit gemessen werden sowie die thermischen Materialeigenschaften bekannt sein [249]. Dies ermöglicht unter anderem den Einsatz des Modells bei der Fertigung von SiC_f/SiC-Komponenten für Fluggasturbinen [56, 58]. Trotz der Serienreife des Herstellprozesses führen zu hohe Temperaturen während des reaktiven, exothermen Siliciuminfiltration zu einer Degradation der SiC-Faser und zu einer Verringerung der Festigkeit [5, 59, 60, 63]. Das Berechnungsmodell kann zur Optimierung der Wärmeabfuhr und zur Reduzierung der Faserschädigung eingesetzt werden. Zudem können mit dem Spaltkapillarversuch Preformbeschichtungen zur Reduzierung der Reaktionsgeschwindigkeit sowie Siliciumlegierungen zur Steuerung der Infiltrations-

und Reaktionskinetik untersucht werden. In Anbetracht des rasant wachsenden Bedarfs an SiC_f/SiC-Turbinenkomponenten sollten diese Ansätze mit weiteren Arbeiten näher untersucht werden [57, 281].

Anhang

A Materialkennwerte

A.1 Dampf- und Partialdruckkurve

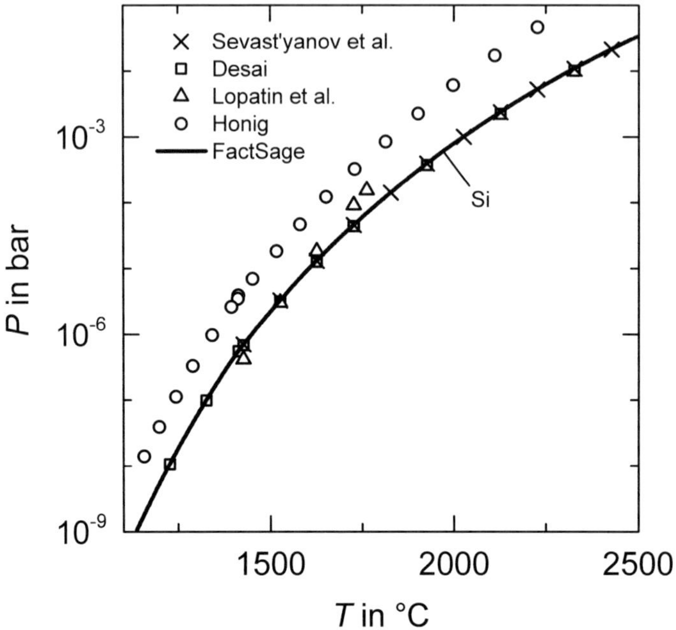

Abb. A-1. Si-Dampfdruckkurve. – Die Dampfdruckkurve wurde mit FactSage berechnet und zeigt eine gute Übereinstimmung mit den Werten von Sevast'yanov et al. [282], Lopatin et al. [283] und Desai [284]. Die aus der früheren Arbeit (1954) von Honig [285] entnommenen Werte liegen etwas darüber. In dieser Arbeit wurden die Werte von FactSage verwendet, welche auf den Werten von Chase et al. [286] beruhen.

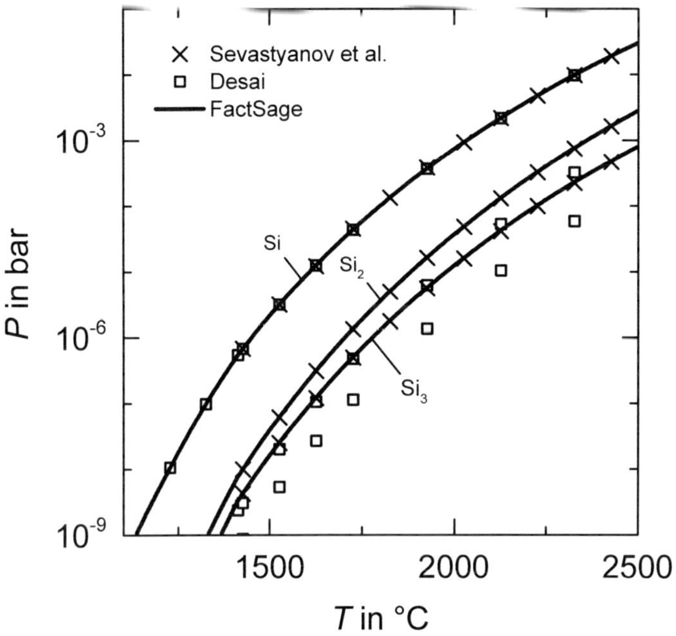

Abb. A-2. Si-Partialdruckkurve. – Die Kurvenverläufe wurden mit FactSage berechnet und zeigen eine gute Übereinstimmung mit den Werten von Sevast'yanov et al. [282]. Die Werte von Desai [284] liegen für die Modifikationen Si_2 und Si_3 etwas darunter.

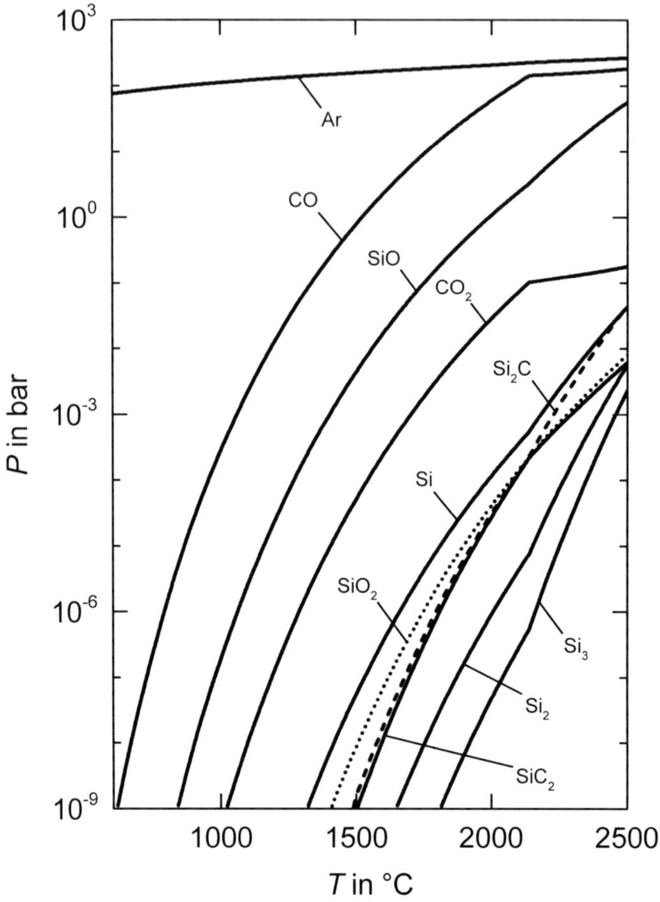

Abb. A-3. Gasspezies und Partialdrücke im System: Si - C - Ar - O_2. – Mit FactSage berechnete Partialdruckverläufe der entstehenden Gasspezies. Gasspezies mit Partialdrücken unterhalb von 10^{-3} bar bei 2500 °C wurden zugute der Übersichtlichkeit vernachlässigt.

A.2 Standardbildungsenthalpien und Enthalpien von C, Si und SiC

Tab. A-1. Standardbildungsenthalpien und Enthalpien von C, Si und SiC von unterschiedlichen Autoren.

Material	H in kJ/mol	T in °C	Autor
C (Grafit)			
	0	25	Chase, M. W. et al. [286]
	0	25	Salmang, H. et al. [11]
Si (solid)			
	0	25	Chase, M. W. et al. [286]
	0	25	Salmang, H. et al. [11]
Si (liquid)			
	50,3	1414	Desai, P. D. [284]
	50,6	1412	Olette, M. [287]
	50,0	1425	Kantor, P. B. et al. [288]
SiC[a] (β-SiC)			
	-73,3	25	Salmang, H. et al. [11]
	-69,1	25	Narayan, J. et al. [289]
	-65,3	25	Lide, D. R. [183]
	-73,2	25	Chase, M. W. et al. [286]
	-65,3	25	Wagman, D. D. et al. [290]

[a] Hierbei gilt $H = \Delta H^{\circ}_{298}$.

A.3 Schmelz- und Umwandlungstemperatur von Si bzw. SiC

Tab. A-2. Si-Schmelztemperatur von unterschiedlichen Autoren.

T in °C	Autor	T in °C	Autor
1408	Glassbrenner et al. [292]	1410	Langen et al. [291]
		1414	Kleykamp et al. [111]
1412	Voytovych et al. [234]	1414	Desai [284]
1412	Chase et al. [286]	1412	Salmang et al. [11]
1414	Rulison et al. [293]	1414	Lide [183]
1414	Sung et al. [294]	1412	Drevet et al. [272]
1410	Taran-Zhovnir et al. [295]	1408	Scace et al. [110]
		1412	Schröder [92]
1414	Gröbner et al. [112]	1415	Dolloff [115]
1414	Ohsaka et al. [296]	1414	Mukasyan et al. [297]
1416	Glazov et al. [298]	1410	Peng et al. [106]
1414	Zhou et al. [299]	1412	Nishi et al. [300]
1414	Rhim et al. [301]	1412	Olette [287]
1409	Scheel et al. [302]	1417	Kantor et al. [288]

Tab. A-3. Umwandlungstemperatur von der β- zur α-SiC-Modifikation, gelistet nach Autoren. – Temperaturen oberhalb derer die Polytypentransformation stattfindet.

T in °C	Autor	T in °C	Autor
2100...2400	Baumann [91]	2000	Harris [119]
2100	Salmang et al. [11]	1950	Vodako et al. [303]
2000	Kleykamp et al. [111]	2100	Pierson [117]
2000	Tairov[a] et al.[121]	1970	Ryan et al. [123]
2000	Kistler-De Coppi et al. [122]	2000	Gnesin et al. [304]
		2025	Michalowsky [196]

[a] Direkte Umwandlung in die 6H-Struktur.

A.4 Materialeigenschaften von C, Si und SiC

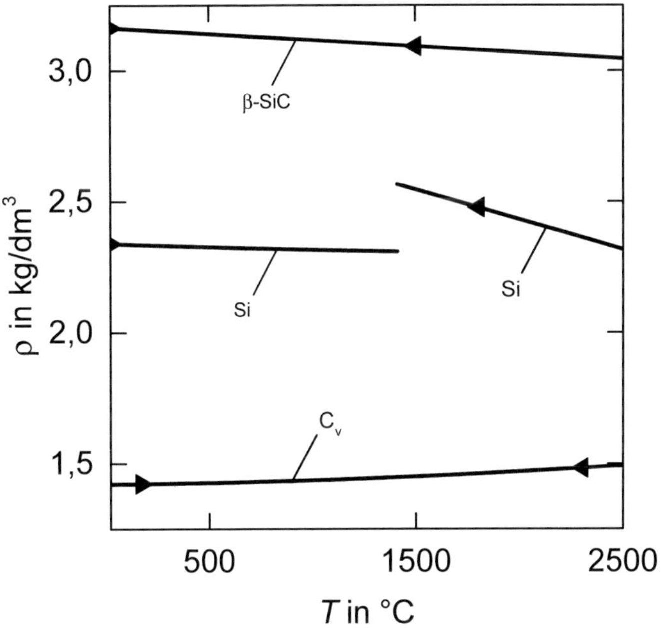

Abb. A-4. Dichte von Glaskohlenstoff C_V, Si und β-SiC. – Die Angaben basieren auf den Literaturwerten von Tab. A-4.

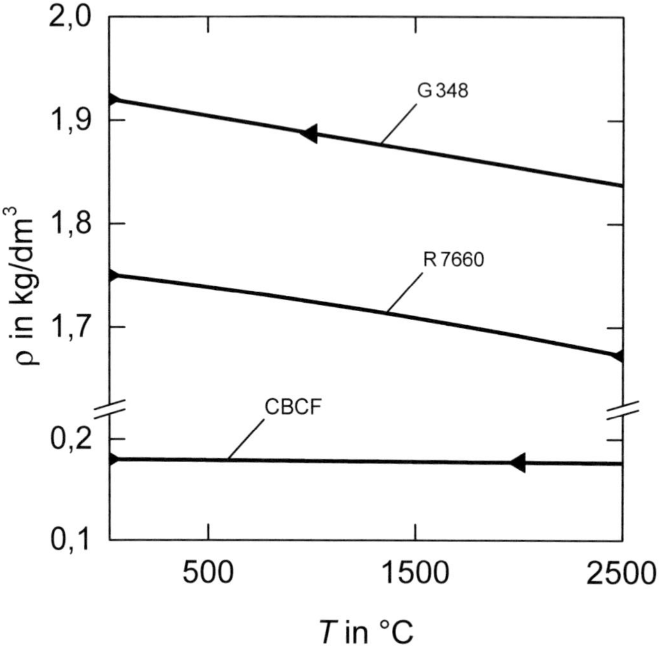

Abb. A-5. Dichte von Grafit (G 348, R 7660) und CBCF (18-2000). – Die Angaben basieren auf den Literaturwerten von Tab. A-4.

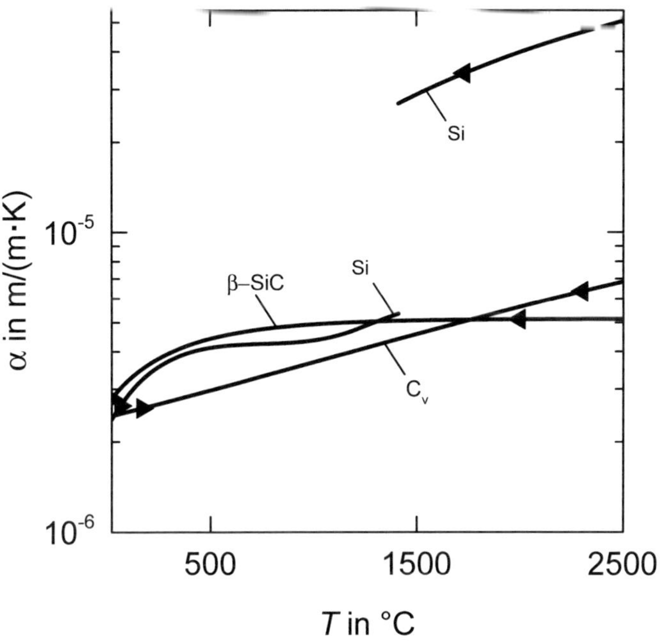

Abb. A-6. Längenausdehnungskoeffizient von Glaskohlenstoff C_V, Si und β-SiC. – Die Angaben basieren auf den Literaturwerten von Tab. A-4.

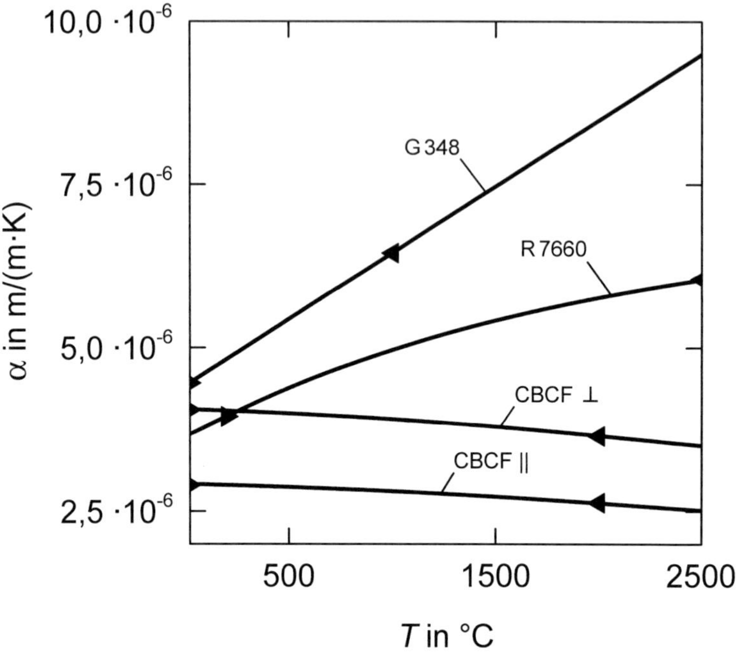

Abb. A-7. Längenausdehnungskoeffizient von Grafit (G 348, R 7660) und CBCF (18-2000, senkrecht (⊥) und parallel (||) zur Faserrichtung). – Die Angaben basieren auf den Literaturwerten von Tab. A-4.

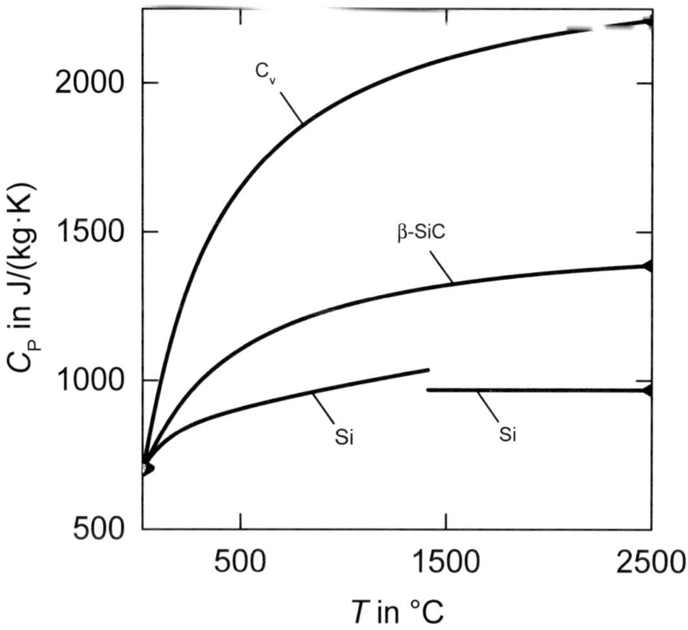

Abb. A-8. Spezifische Wärmekapazität von Glaskohlenstoff C_V, Si und β-SiC. – Die Angaben basieren auf den Literaturwerten von Tab. A-4.

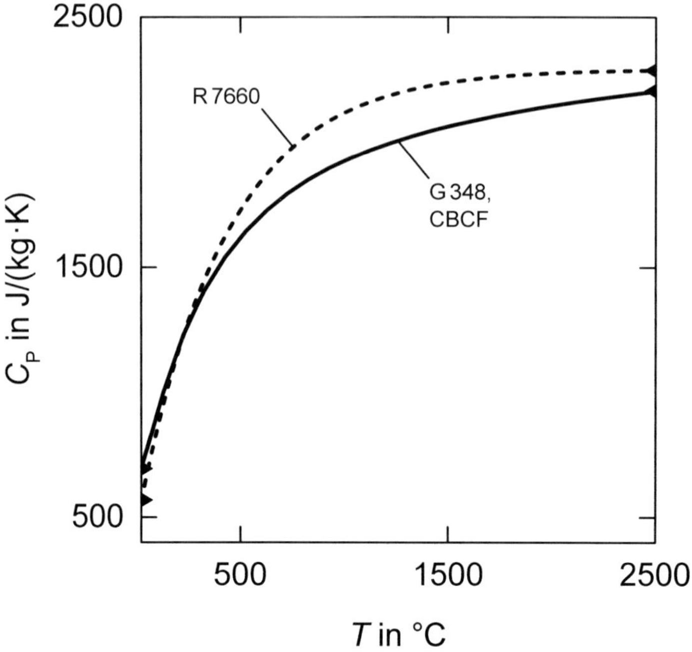

Abb. A-9. Spezifische Wärmekapazität von Grafit (G 348, R 7660) und CBCF (18-2000). – Die Angaben basieren auf den Literaturwerten gemäß Tab. A-4.

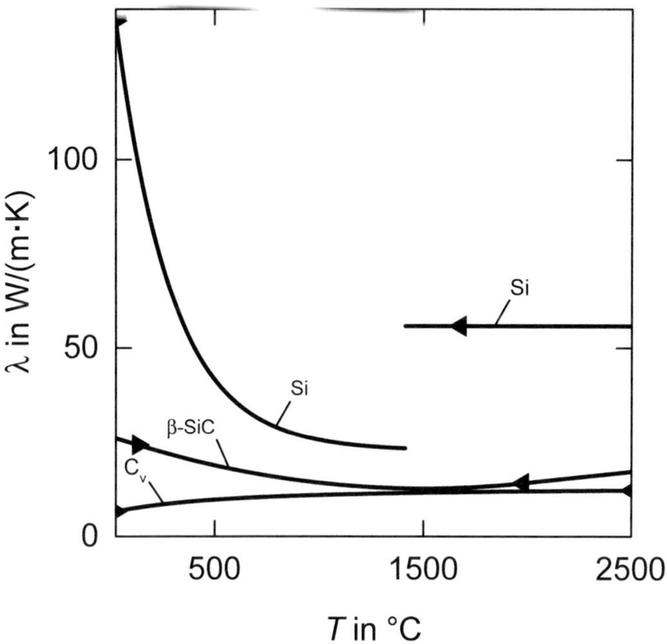

Abb. A-10. Wärmeleitfähigkeit von Glaskohlenstoff C_V, Si und β-SiC. – Die Angaben basieren auf den Literaturwerten von Tab. A-4.

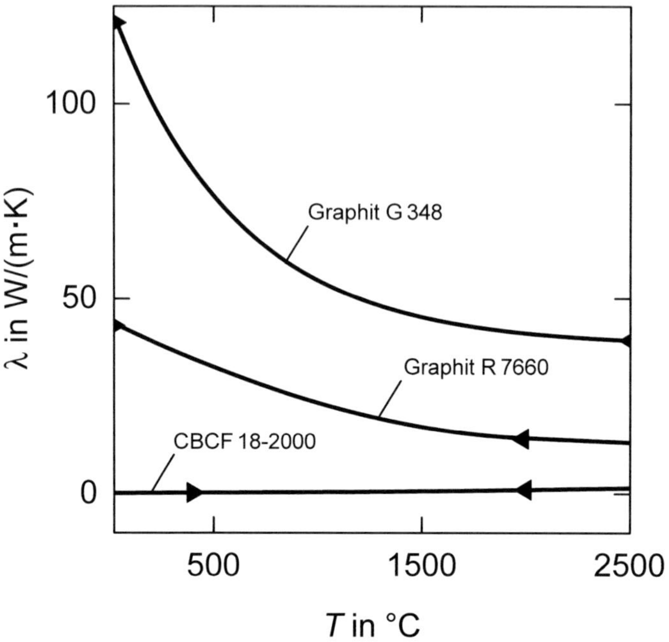

Abb. A-11. Wärmeleitfähigkeit von Grafit (G 348, R 7660) und CBCF (18-2000). – Die Angaben basieren auf den Literaturwerten von Tab. A-4.

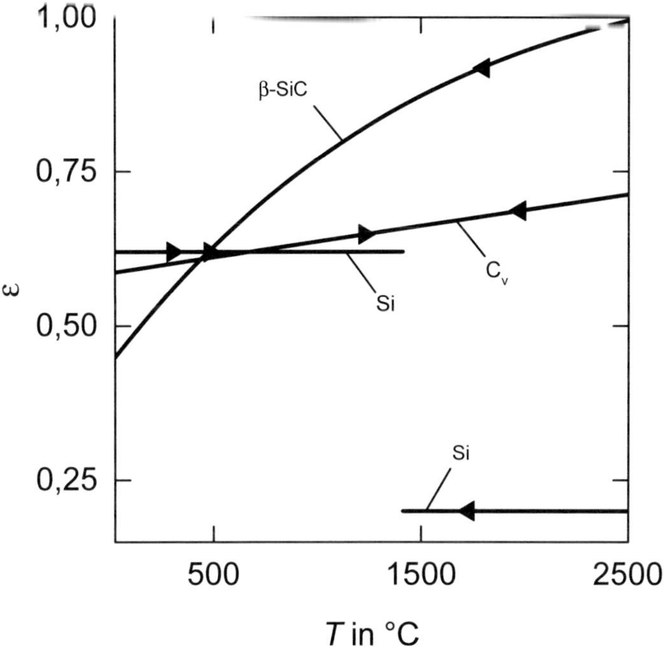

Abb. A-12. Emissivität von Glaskohlenstoff C_V, Si und β-SiC. – Die Angaben basieren auf den Literaturwerten von Tab. A-4.

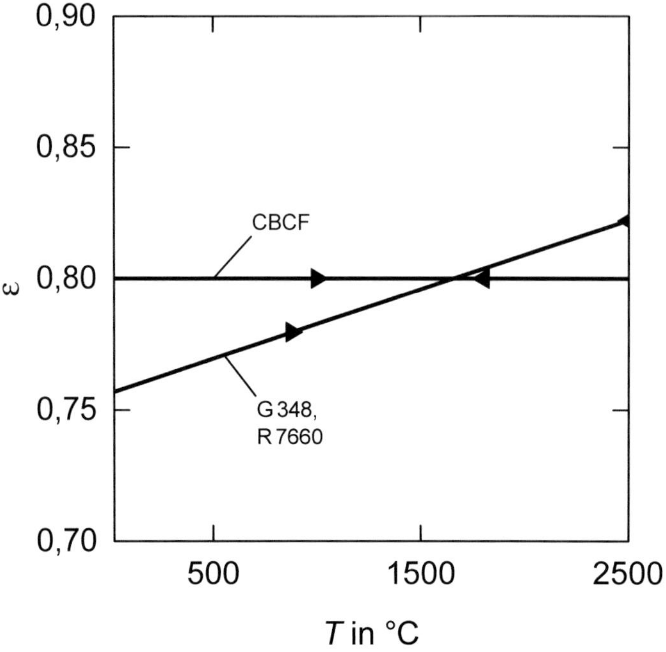

Abb. A-13. Emissivität von Grafit (G 348, R 7660) und CBCF (18-2000). – Die Angaben basieren auf den Literaturwerten von Tab. A-4.

Tab. A-4. Literaturübersicht der verwendeten mechanischen und thermischen Materialkennwerte nach Autoren.

Wärmekapazität C_p	Wärmeleitfähigkeit λ	Dichte ρ	Ausdehnungskoeffizient α	Emissivität ε
Silicium				
Rulison et al. [293], Sung et al. [294], Zhou et al. [299], Rhim et al. [301], Desai [284], Chase et al. [286], Lide [183]	Kobatake et al. [305], Magomedov et al. [306], Magomedov et al. [307], Glassbrenner et al. [292], Nishi et al. [300]	Zhou et al. [299], Rhim et al. [301], Sato et al. [308], Sasaki et al. [309], Langen et al. [291], Taran-Zhovnir et al. [295], Kawanishi et al. [310], Ohsaka et al. [296], Glazov et al. [298], Stankus et al. [311]	Zhou et al. [299], Rhim et al. [301], Okada et al. [312], Glazov et al. [298], Sasaki et al. [309], Langen et al. [291], Nishi et al. [300], Sato et al. [308]	Sung et al. [294], Zhou et al. [299], Rhim et al. [301], Kobatake et al. [305], Hofbauer[a] [2[illegible]8]

Fortsetzung nächste Seite...

…Fortsetzung Tab. A-4.

Wärmekapazität C_p	Wärmeleitfähigkeit λ	Dichte ρ	Ausdehnungskoeffizient α	Emissivität ε
SiC (β-Modifikation)				
Kern et al. [313], Pierson [117], Munro [314], Chase et al. [286]	Kern et al. [313], Pierson [117]	Kern et al. [313], Munro [314]	Kern et al. [313], Pierson [117], Munro [314]	Stewart et al. [315], Sani et al. [316], Harris [119], Zolotarev [317] , Taylor et al. [318]
C_v (Glaskohlenstoff)				
Shinzato et al. [319], Chase et al. [286], Lide [183]	HTW [320], Pierson [117]	HTW[b] [320], Pierson[b] [117]	HTW [320], Pierson [117]	Balat-Pichelin et al. [321]

Fortsetzung nächste Seite…

…Fortsetzung Tab. A-4.

Wärmekapazität C_p	Wärmeleitfähigkeit λ	Dichte ρ	Ausdehnungskoeffizient α	Emissivität ε
Grafit (G 348, R 7660)				
Hayato [322], SGL Carbon GmbH [323, 324], Butland et al. [325]	Tokai Carbon Deutschland GmbH [326, 327], SGL Carbon GmbH [324], Lutcov et al. [328]	Tokai Carbon Deutschland GmbH[b] [326], Hayato[b] [322], Takizawa[b] et al. [329], SGL Carbon GmbH[b] [324, 330]	Tokai Carbon Deutschland GmbH [326], Hayato [322], Takizawa et al. [329], Inagaki et al. [331], Mason et al. [332] SGL Carbon GmbH [324]	Thorn et al. [333], Grenis et al. [334], Neuer [335], Balat-Pichelir et al. [321], Kostanovskii et al. [336]
CBCF (18-2000)				
Taylor et al. [337], Burchell [338]	Mersen [99, 339]	Mersen[b] [99], Burchell[b] [338]	Mersen [99], Burchell [338]	Burchell [338]

[a] Die Emissionsgradbestimmung von Siliciumgranulat erfolgte im Rahmen des Förderprojekts und ergab 0,62 bei 300 °C.

[b] Die temperaturabhängige Dichte wurde mit dem gegebenen Ausdehnungskoeffizienten ermittelt.

A.5 Viskosität und Oberflächenspannung von Si

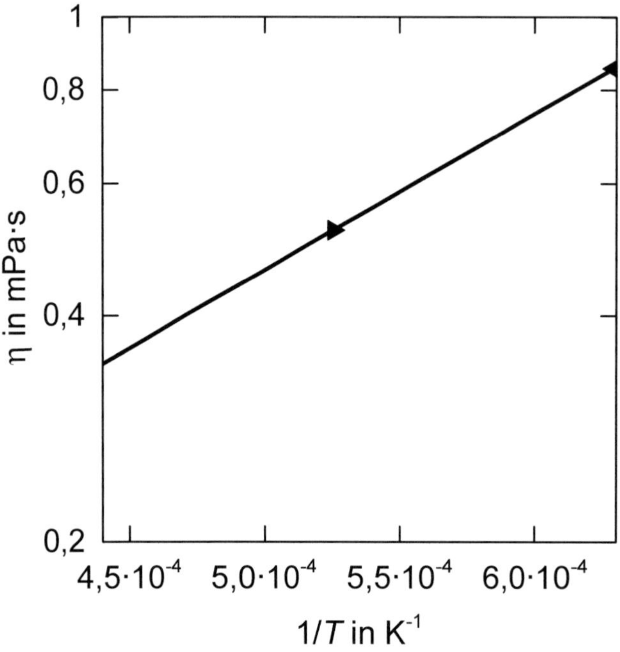

Abb. A-14. Viskosität von Silicium. – Zur Darstellung der temperaturabhängigen Viskosität des Siliciums wurden die Literaturwerte von Glazov et al. [340], Kakimoto et al. [341], Rhim et al. [301], Sasaki et al. [160] und Sato et al. [161] verwendet.

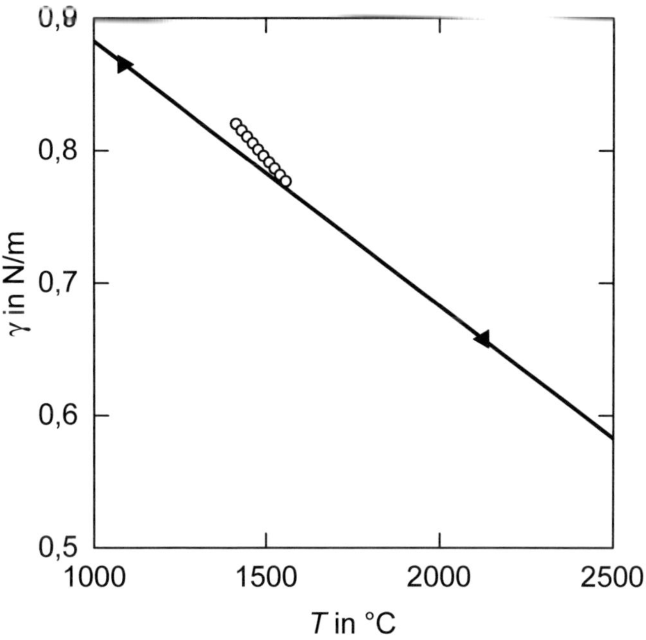

Abb. A-15. Oberflächenspannung von Silicium. – Zur Bestimmung der Oberflächenspannung wurden die Literaturwerte von Hardy [162], Przyborowski et al. [163], Huang et al. [342], Niu et al. [343], Rhim et al. [301], Fujii et al. [164, 344], Yuan et al. [345], Millot et al. [165] und Hibiya et al. [346] herangezogen und den mit Werten von Shishkins et al. Literatur-Review [166] verglichen (kreisförmige Symbole).

A.6 Benetzungswinkel von Si auf Glaskohlenstoff und Grafit

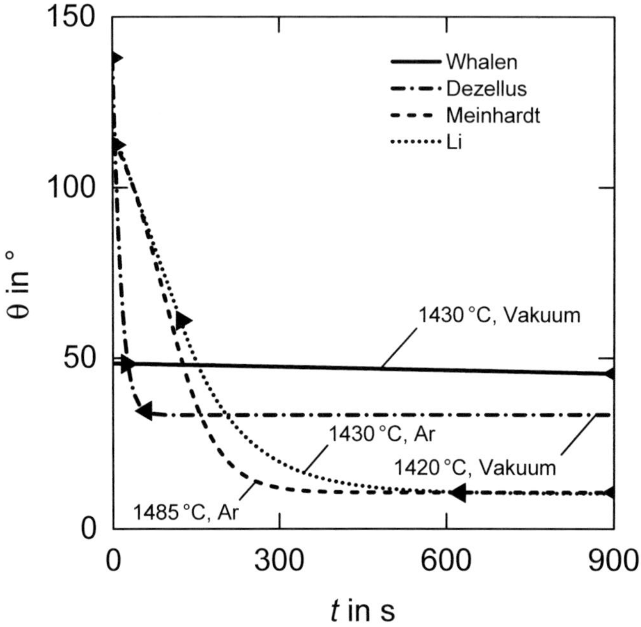

Abb. A-16. Benetzungswinkel von Si auf Glaskohlenstoff. – Whalen et al. führte Versuche bei ca. 1430 °C unter Vakuum durch [150], Li et al. bei selbiger Temperatur unter Ar-Atmosphäre [151], Meinhardt et al. bei 1485 °C und einem Ar-Druck von 50 mbar [153], Dezellus et al. bei 1420 °C unter Vakuum [152].

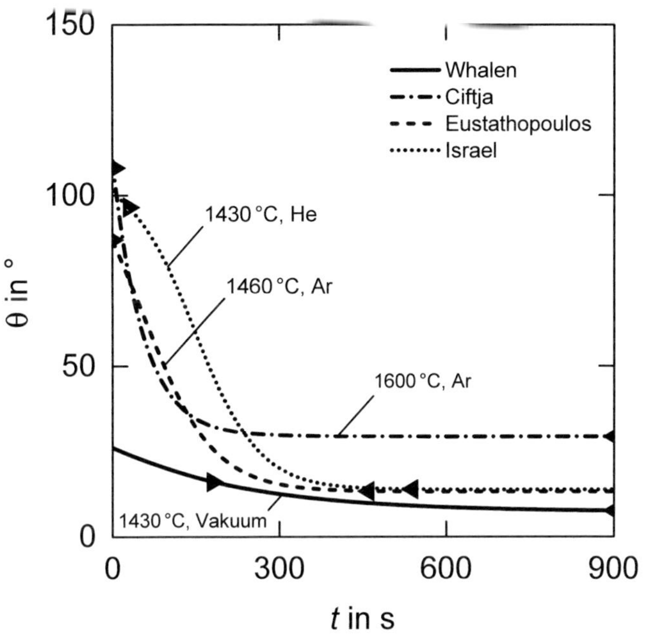

Abb. A-17. Benetzungswinkel von Si auf Grafit. – Israel et al. verwendete polykristallinen Grafit bei 1430 °C in He-Atmosphäre [154], Ciftja et al. den Grafit ISO88 bei 1600 °C und 80...100 mbar Ar-Druck [155], Whalen et al. pyrolytischen Grafit bei ca. 1430 °C unter Vakuum [150] und Eustathopoulos et al. einen Grafit mit einer Porosität von 15 % bei 1460 °C unter Ar-Atmosphäre [156].

A.7 Löslichkeit von C und SiC in Si

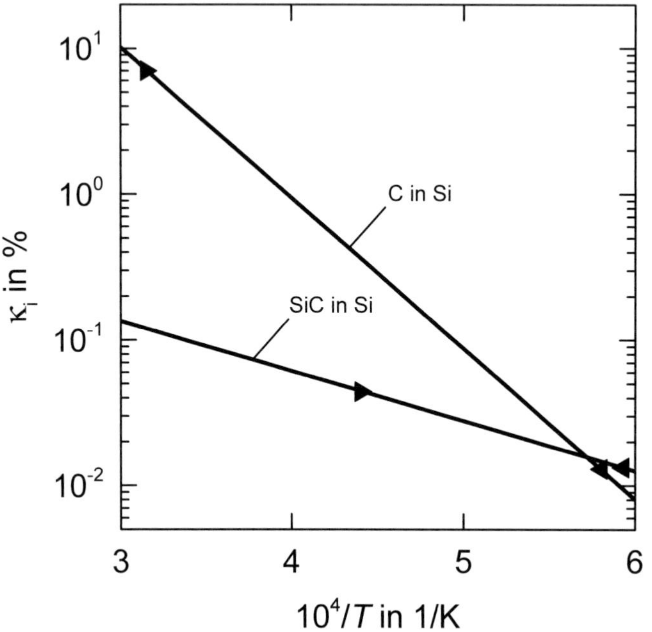

Abb. A-18. Löslichkeit von Kohlenstoff [110, 113, 304, 347] und Siliciumcarbid [110, 348–350] in Silicium.

A.8 Diffusion von C und Si in β-SiC

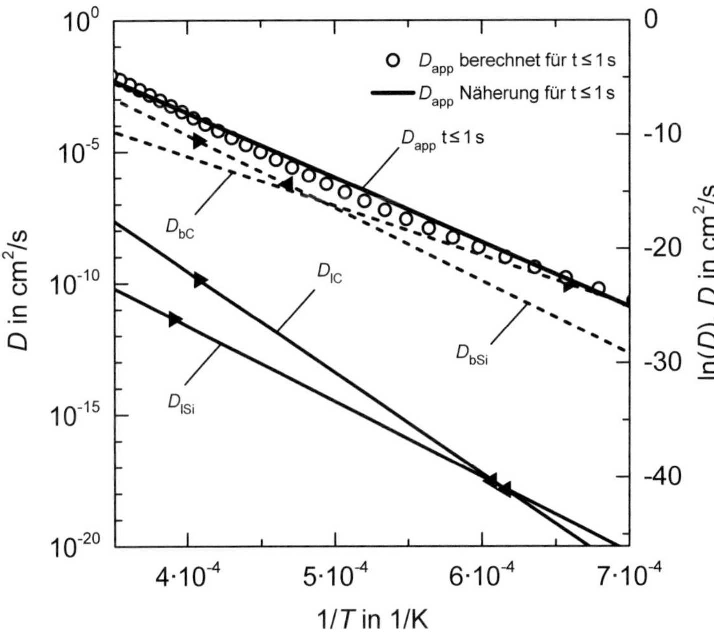

Abb. A-19. Diffusion von C und Si in β-SiC. – Der Index ‚b' beschreibt die Korngrenzendiffusion und der Index ‚l' die Gitterdiffusion von Kohlenstoff [187, 351] und Silicium [187–190, 262, 351] in β-Siliciumcarbid. Ebenfalls dargestellt ist der nach Gleichung 4-18 berechnete und nach Gleichung 4-19 angenäherte, scheinbare Diffusionskoeffizient D_{app}.

B Messergebnisse

B.1 Thermisch aktivierte Infiltrationsgeschwindigkeit

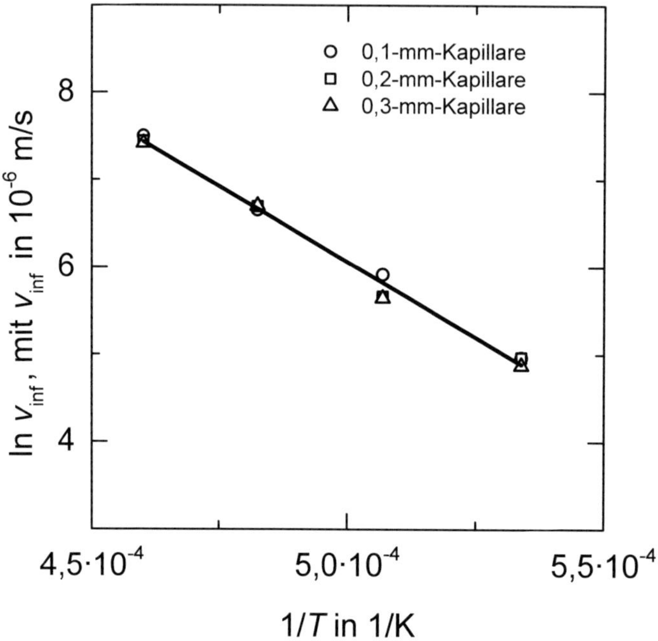

Abb. B-1. Thermisch aktivierte Infiltrationsgeschwindigkeit von Silicium in einer Spaltkapillare aus Glaskohlenstoff. – Aus der Geradensteigung bei der Arrhenius-Auftragung von v_{inf} bei 100 mbar gegen $1/T$ wurde die Aktivierungsenergie zu 287 kJ/mol bestimmt.

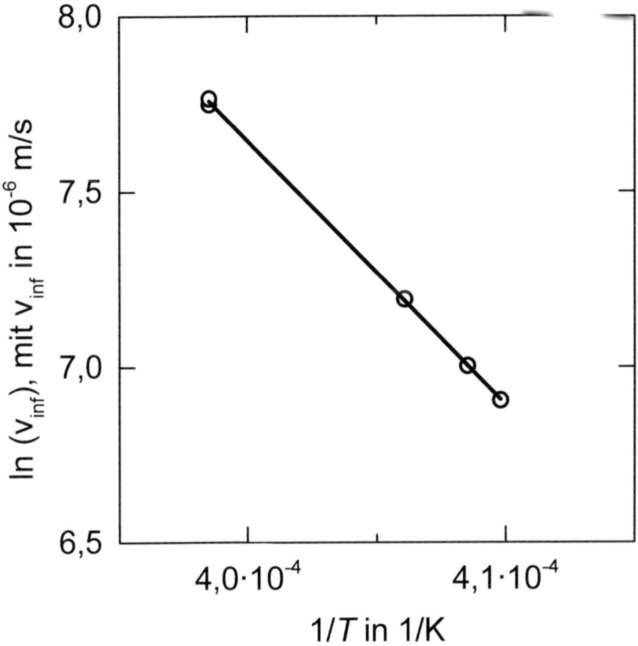

Abb. B-2. Thermisch aktivierte Infiltrationsgeschwindigkeit von Silicium in einer C_f/C-Probe. – Aus der Geradensteigung bei der Arrhenius-Auftragung von v_{inf} bei 100 mbar gegen $1/T$ wurde die Aktivierungsenergie zu 626 kJ/mol bestimmt.

B.2 Porositätsanalyse C_f/C-Preform

Abb. B-3. Computertomografische Aufnahme des Porensystems einer C_f/C-Probe. – Die Abbildung zeigt in Grau das Porensystem als Negativ der Probe. Mit einer Porositätsanalyse wurde die Porenoberfläche und somit die reaktive Oberfläche zu $56{,}3 \cdot 10^3$ m^2/m^3 bestimmt. Zur Auswertung der CT-Daten wurde die Analysesoftware VGStudio MAX 3.0 mit dem Porositätsanalyse-Modul verwendet.

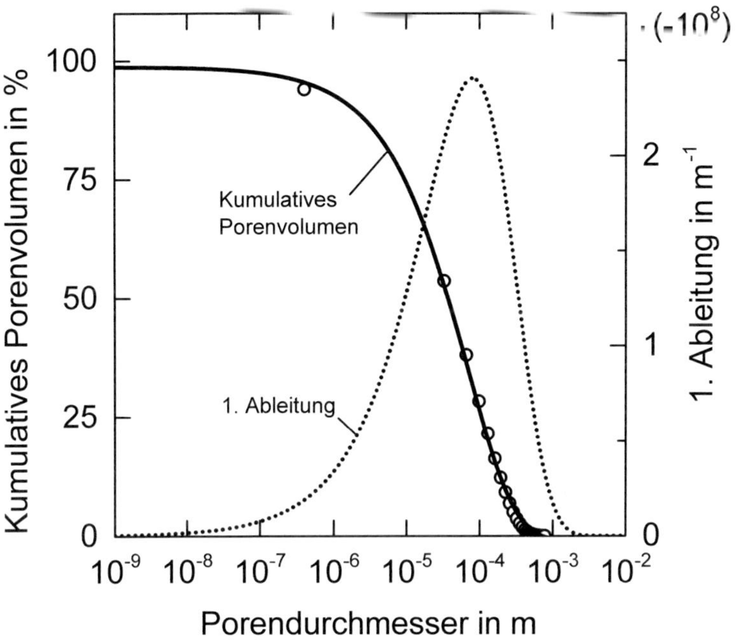

Abb. B-4. Porengrößenverteilung einer C_f/C-Probe. – Die Porengrößen und -volumen wurden mittels virtueller Quecksilberporosimetrie auf Basis computertomografischer Messdaten ermittelt. Zur Auswertung der CT-Daten wurde die Analysesoftware VGStudio MAX 3.0 mit dem Porositätsanalyse-Modul verwendet. Mit dem Maximum der ersten Ableitung des kumulativen Porenvolumens, konnte der mittlere Porendurchmesser zu ca. 80 μm bestimmt werden.

B.3 SiC-Schichtdickenmessung

Für die SiC-Schichtdickenmessung wurde ein Ionenböschungsschnitt längs der Spaltkapillare aus Glaskohlenstoff bzw. lotrecht zur Substratoberfläche durchgeführt. Anschließend wurde mit dem Rasterelektronenmikroskop ein Bild des Schnittes zur Bestimmung der Schichtdicke erstellt. Zur weiteren Auswertung wurde zunächst mit MATLAB ein Binärbild erstellt (siehe Abb. B-5). Anschließend wurde die Pixelzahl durch das Aufsummieren der

Spalten in der Bildmatrix für jede Spalte ermittelt. Mithilfe des Maßstabs auf der REM-Aufnahme wurde die Anzahl der Pixel pro μm ermittelt. Dadurch konnten die SiC-Schichtdicken im Substrat (δ_{C}) und auf dem Substrat (δ_{Si}) sowie die gesamte Schichtdicke (δ_{SiC}) berechnet werden. Diese wurden schließlich über den Abstand d von der Dreiphasengrenzlinie aufgetragen und mit der Gleichung

$$\delta = \sqrt{2 \cdot C \cdot d}$$

angenähert (siehe Abb. B-6 bis Abb. B-8), wobei δ die Schichtdicke und C eine Konstante ist. Aus dem Verhältnis der Kurvenverläufe für die Schichtdicken ohne und mit Berücksichtigung der Poren, konnte die Porosität Φ mit

$$\Phi = 1 - \frac{\delta_{\text{ohne Poren}}}{\delta_{\text{mit Poren}}}$$

bestimmt werden.[1] Für die gesamte SiC-Schicht im Kohlenstoffsubstrat betrug diese $\Phi_C = 0,0295$ und für die gesamte SiC-Schicht $\Phi = 0,0146$.

[1] Exner und Hougardy zeigten, dass bei der digitalen Bildverarbeitung von Schliffbildern der Flächenanteil in guter Näherung dem Volumenanteil gleichgesetzt werden kann [352].

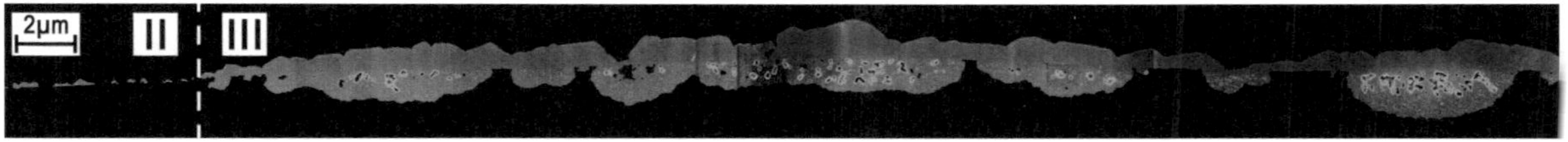

(**a**) REM-Aufnahme des Ionenböschungsschnittes der SiC-Schicht an der Grenze zu Zone II und III.

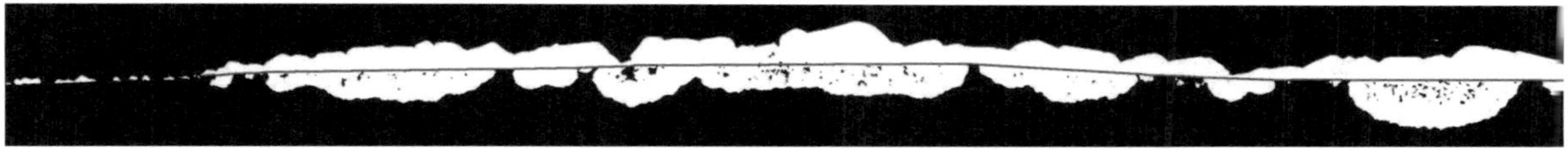

(**b**) Binarisierte REM-Aufnahme. – Die in der Schicht verlaufende Linie stellt die ursprüngliche Substratoberfläche dar.

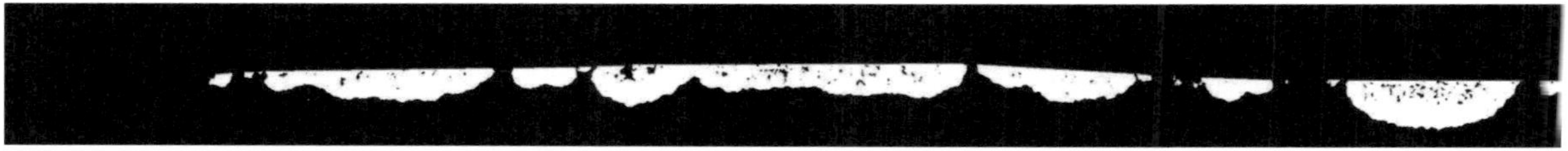

(**c**) Anteil der im Substrat erzeugten SiC-Schicht.

(**d**) Anteil der im Substrat erzeugten SiC-Schicht ohne Poren. – Die in der SiC-Schicht befindlichen Poren wurden mithilfe eines Bildverarbeitungsprogramms im Bild ‚weiß gefüllt'.

Abb. B-5. Bildbearbeitung einer REM-Aufnahme der SiC-Schicht zur Schichtdickenmessung. – Die Schichtdicke wurde durch spaltenweises Aufsummieren der weißen Bildpunkte und anschließender Umrechnung der Anzahl der Bildpunkte mithilfe des Längenmaßstabs bestimmt.

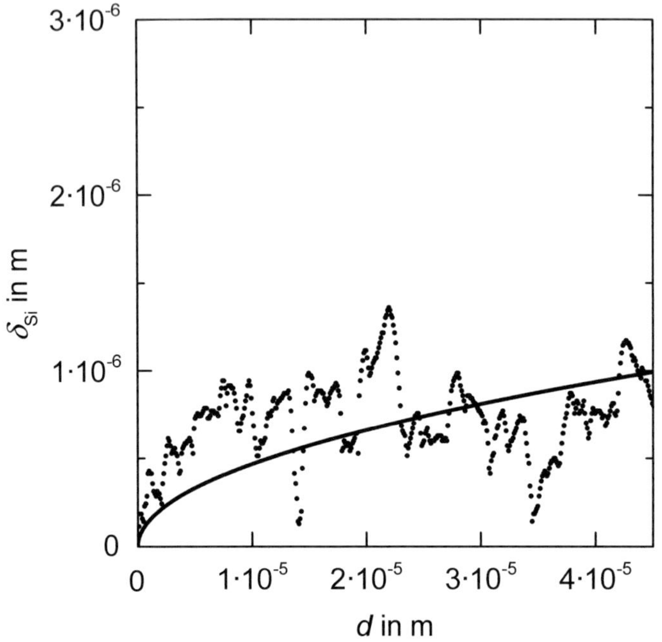

Abb. B-6. Schichtwachstum der SiC-Schicht δ_{Si} auf dem Substrat gegen den Abstand *d* von der Dreiphasengrenzlinie.

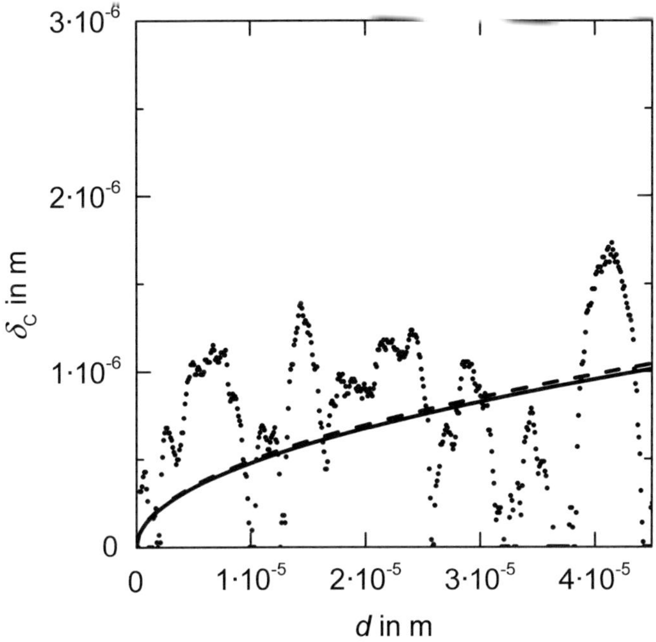

Abb. B-7. Schichtwachstum der SiC-Schicht δ_C in dem Substrat gegen den Abstand *d* von der Dreiphasengrenzlinie (siehe Abb. B-5c). – Die gestrichelte Linie zeigt die absolute Schichtdicke ohne Berücksichtigung der Poren (siehe Abb. B-5d).

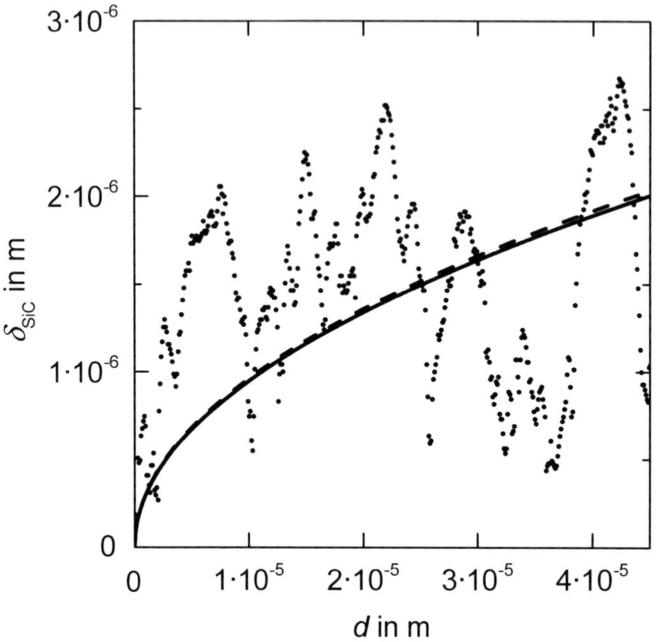

Abb. B-8. Schichtwachstum der gesamten SiC-Schicht δ_{SiC} gegen den Abstand d von der Dreiphasengrenzlinie (siehe Abb. B-5b). – Die gestrichelte Linie zeigt die absolute Schichtdicke ohne Berücksichtigung der Poren.

B.4 Ausdehnungskoeffizient von C_f/C

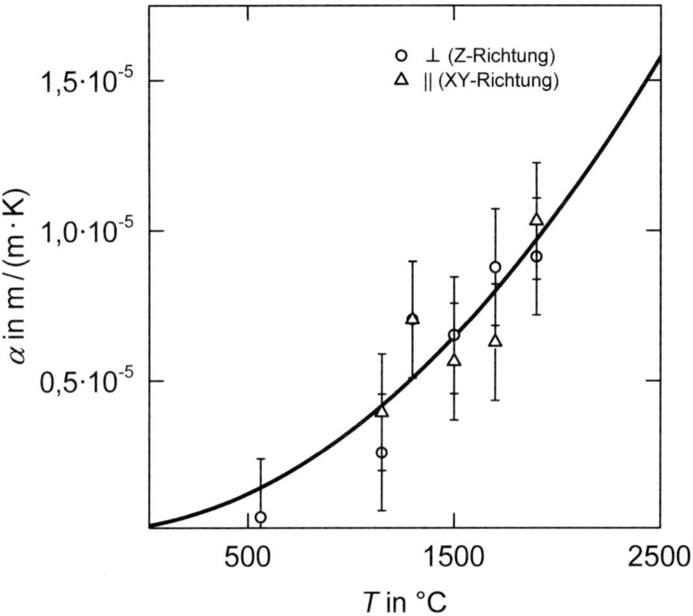

Abb. B-9. Ausdehnungskoeffizient von C_f/C. – Der Ausdehnungskoeffizient α wurde sowohl in als auch senkrecht zur Faserrichtung bestimmt.

B.5 Temperaturleitfähigkeit von C_f/C und C_f/SiC

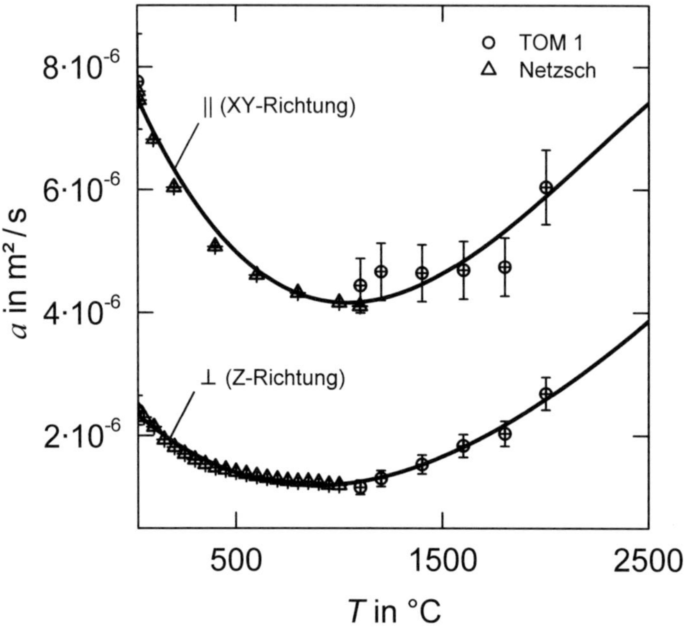

Abb. B-10. Temperaturleitfähigkeit von C_f/C in und senkrecht zur Faserrichtung. – Im unteren Messbereich wurde eine Netsch LFA 457 Micro Flash und im oberen Temperaturbereich die TOM 1 von Fraunhofer verwendet.

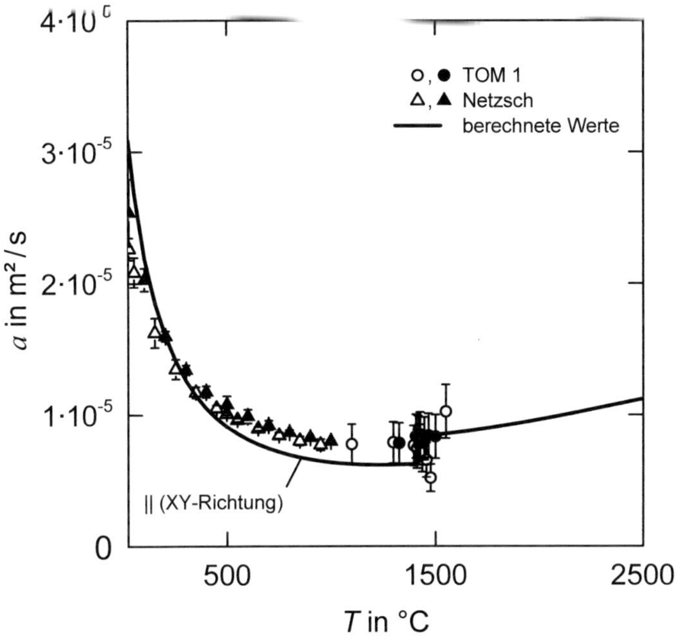

Abb. B-11. Temperaturleitfähigkeit von C_f/SiC in Faserrichtung. – Die ausgefüllten und ungefüllten Symbole zeigen die Messwerte von zwei Proben. Aus Gründen der Übersichtlichkeit wurde jeder zweite Messpunkt dargestellt. Im unteren Messbereich wurde eine Netsch LFA 457 Micro Flash und im oberen Temperaturbereich die TOM 1 von Fraunhofer verwendet.

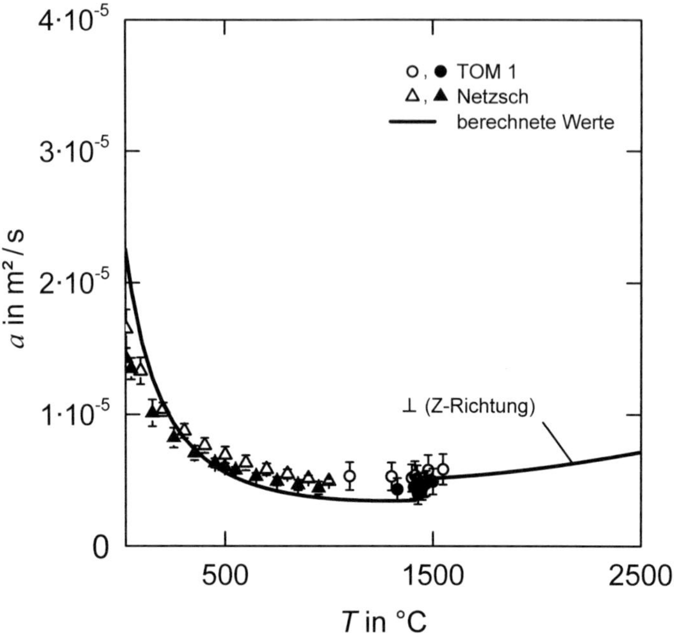

Abb. B-12. Temperaturleitfähigkeit von C_f/SiC senkrecht zur Faserrichtung. – Die ausgefüllten und ungefüllten Symbole zeigen die Messwerte von zwei Proben. Aus Gründen der Übersichtlichkeit wurde jeder zweite Messpunkt dargestellt. Im unteren Messbereich wurde eine Netsch LFA 457 Micro Flash und im oberen Temperaturbereich die TOM 1 von Fraunhofer verwendet.

B.6 Oberflächenrauheit

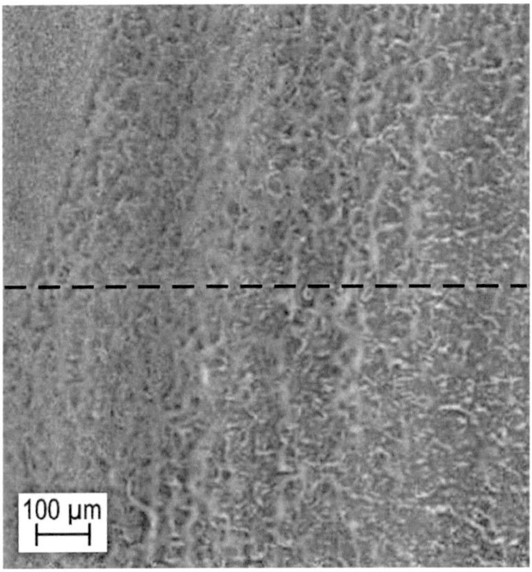

(a) Oberflächenmorphologie einer Spaltkapillarprobe aus der Versuchsreihe 2.

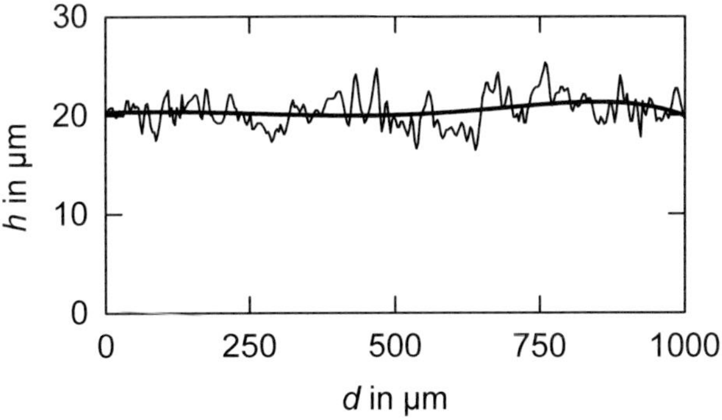

(b) Profilverlauf und Welligkeit einer Probe aus der Versuchsreihe 2.

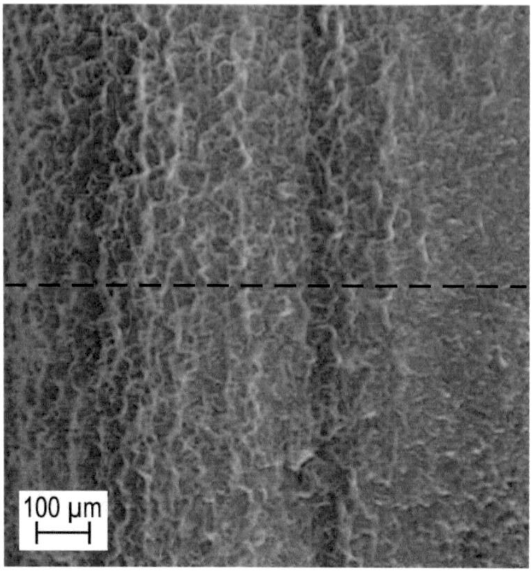

(**c**) Oberflächenmorphologie einer Spaltkapillarprobe aus der Versuchsreihe 3.

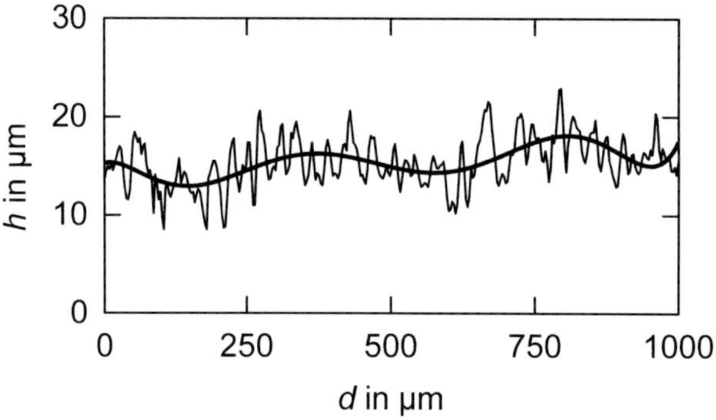

(**d**) Profilverlauf und Welligkeit einer Probe aus der Versuchsreihe 3.

Abb. B-11. Auswertung der Laserscan-Aufnahmen von Substratoberflächen zur Bestimmung der Rauheit. – Laserscan-Aufnahmen der Spaltkapillaroberflächen aus den Versuchsreihen 2 und 3 (linke Abbildungen). Die gestrichelte Linie markiert jeweils den Verlauf des Profilquerschnitts der zugehörigen rechten Abbildung. Die mittlere Rauheit R_a der Probe aus der Versuchsreihe 2 liegt bei 1,9 µm, die der dritten Versuchsreihe bei 2,3 µm. Die Mittenrauwerte wurden durch Auswertungen von mehreren Profilverläufen über eine Fläche von $810 \cdot 1050\ \mu m^2$ bestimmt und anschließend arithmetisch gemittelt.

B.7 Infiltrationsversuche mit C_f/C Preforms

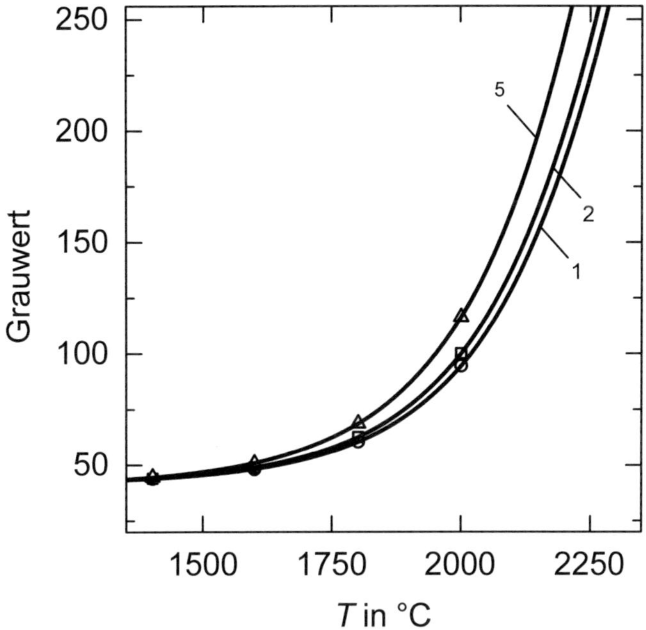

Abb. B-12. Temperatur-Grauwert-Korrelation. – Die Kurven wurden mit unterschiedlichen Belichtungszeiten (1 ms, 2 ms, und 5 ms) aufgenommen.

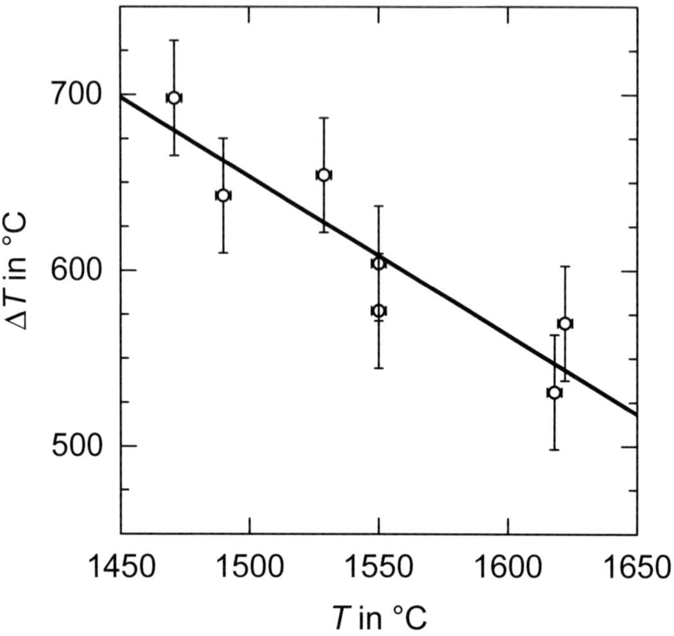

Abb. B-13. Temperaturerhöhungen an der Infiltrationsfront von Silicium während der Silicierung einer C_f/C-Preform. – Die Temperaturerhöhungen sind gegen die Eintauchtemperaturen, zu denen die Proben mit Docht zur Flüssigphaseninfiltration eingetaucht wurden, aufgetragen.

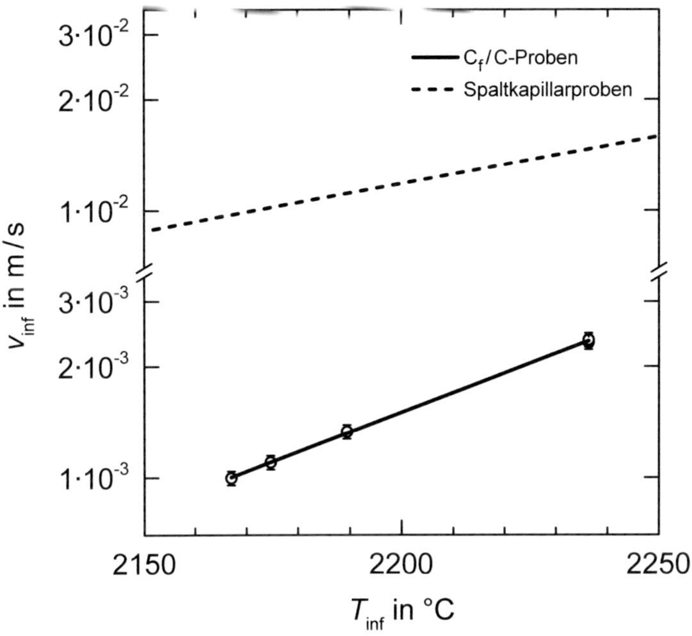

Abb. B-14. Vergleich der ermittelten temperaturabhängigen Infiltrationsgeschwindigkeiten aus den Infiltrationsversuchen mit den Spaltkapillarproben und den C_f/C-Proben. – Die gestrichelte Kurve der Spaltkapillarversuche wurde durch Extrapolation der Ausgleichsgeraden von Abb. 4-8 erhalten.

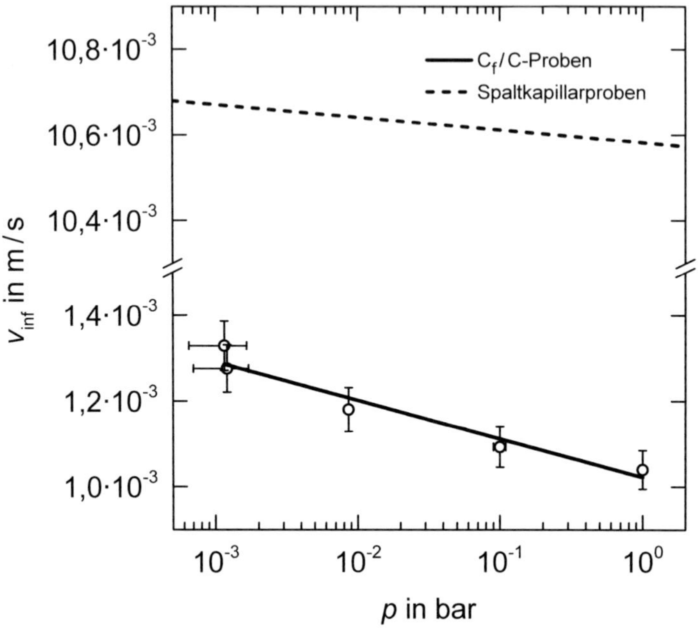

Abb. B-15. Vergleich der ermittelten, druckabhängigen Infiltrationsgeschwindigkeiten aus den Infiltrationsversuchen mit den Spaltkapillarproben und den C_f/C-Proben. – Die gestrichelte Kurve der Spaltkapillarversuche wurde unter der Berücksichtigung einer Temperaturerhöhung von 580 °C berechnet (siehe Abb. 4-9 und 4-8).

C Berechnungen und Auswertungen

C.1 Ausgewertete Messwerte anderer Autoren

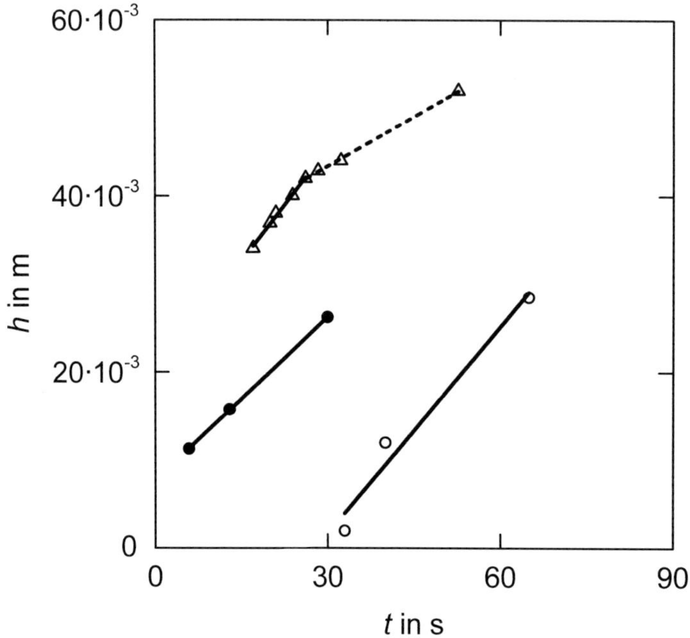

Abb. C-1. Auswertung der Messwerte von Einset [137]. – Ungefüllte Kreissymbole: Die Messdaten stammen von der in [137] beschriebenen Messung mit in der Probe eingebetteten Thermoelementen. Gefüllte Kreissymbole: Diese Werte stammen von den in [137] gezeigten Aufnahmen der Probe während der Infiltration. Dreicksymbole ungefüllt: Diese Werte wurden in [137] ohne Angabe der Messmethodik und Quelle angegeben und weisen einen Knick in ihrem Verlauf auf (hervorgehoben durch den Wechsel von der durchgehenden Geraden zur Strichlinie).

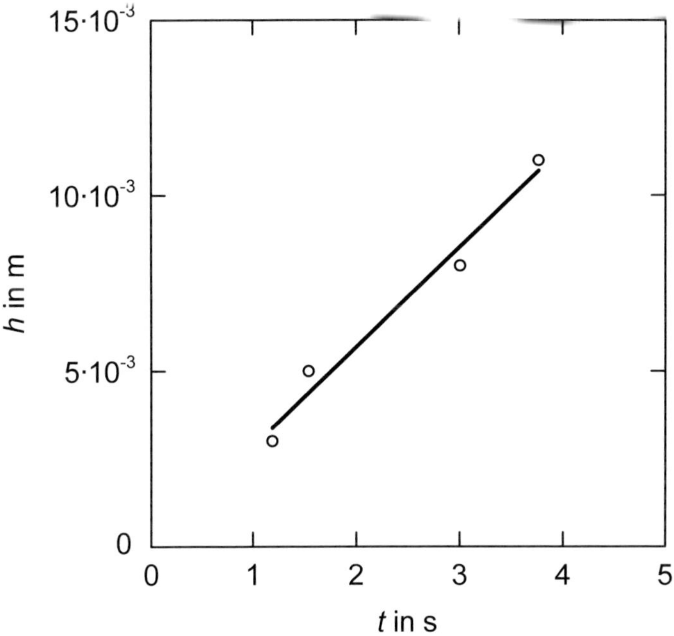

Abb. C-2. Auswertung der Messwerte einer Messung von Sangsuwan et al. [76].

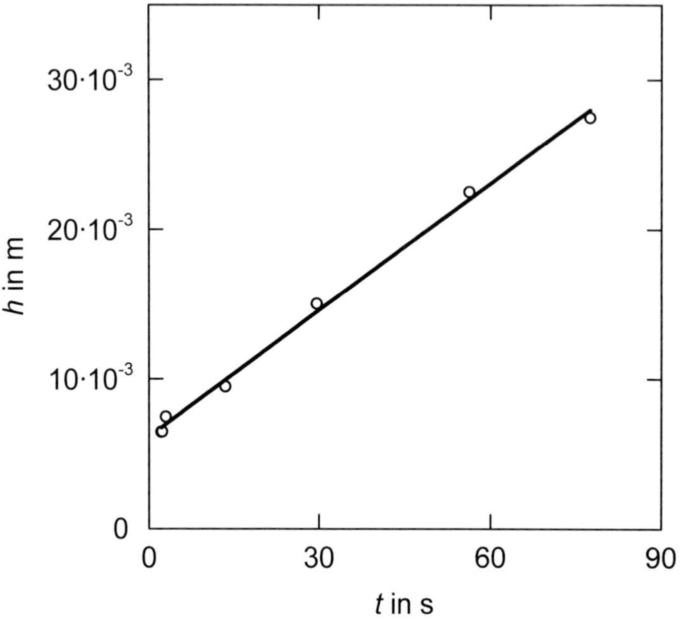

Abb. C-3. Auswertung der Messwerte einer Messreihe von Sangsuwan et al. [76]. – Die Messwerte stammen aus den in [76] angegebenen Werten der Infiltrationshöhen die durch die Infiltrationsgeschwindigkeiten dividiert wurden, um so die zugehörigen Zeiten zu erhalten.

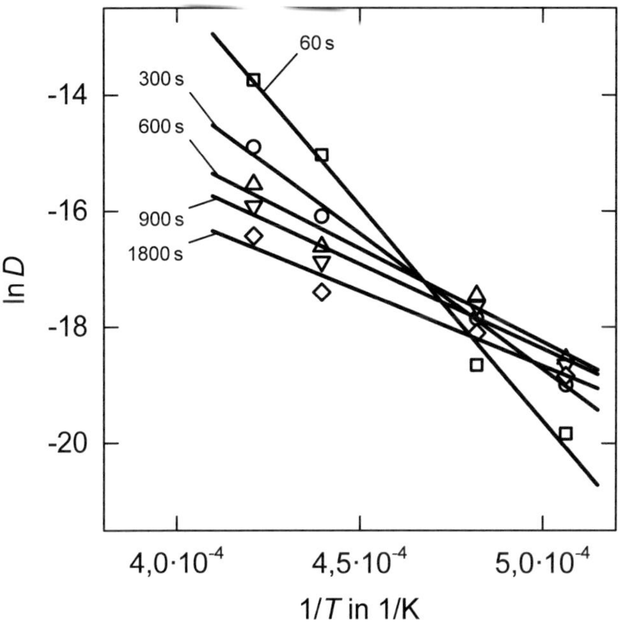

Abb. C-4. Auswertung der Messwerte von Bobkovskii et al. zur Darstellung des zeitlich abhängigen Diffusionskoeffizienten [263]. – Bobkovskii et al. bestimmte den Diffusionskoeffizienten von C in SiC im Silicierprozess von Grafit durch arithmetische Mittelung der gewonnenen Messwerte bei 60 s, 300 s, 600 s, 900 s und 1800 s.

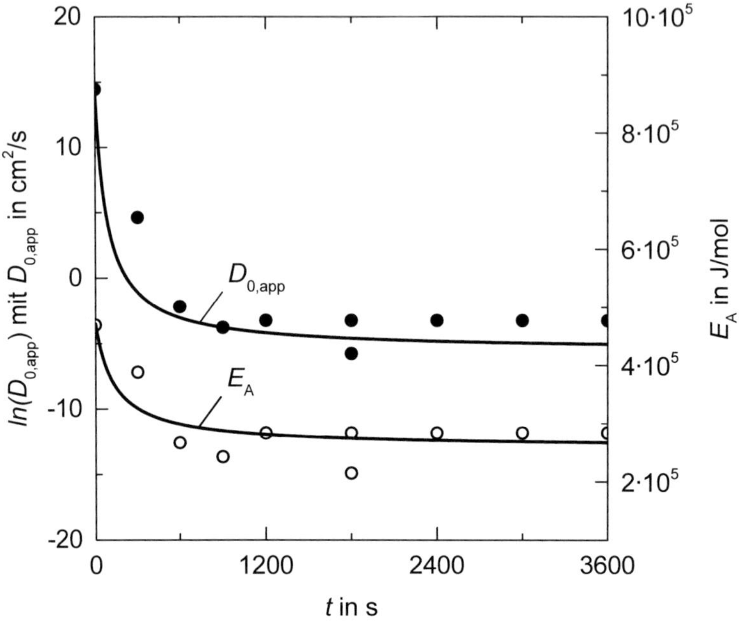

Abb. C-5. Zeitabhängige Aktivierungsenergie E_A und scheinbare Diffusionskonstante $D_{0,app}$. – Zur Auswertung wurden für den Zeitpunkt $t = 1$ s die Werte aus dieser Arbeit, für den Zeitbereich von 300...1800 s die Werte von Bobkovskii et al. [263] und für den Zeitbereich 900...1800 s die gemittelten Werte der Autoren [73, 95, 151, 181, 264, 265] verwendet.

C.2 Ergebnisse numerischer Berechnungen

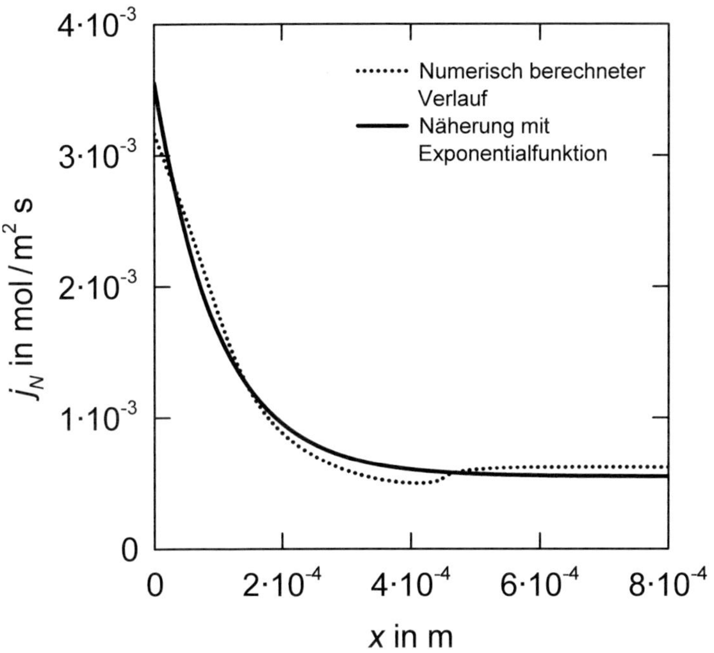

Abb. C-6. Flächenstoßrate von Silicium auf der Spaltkapillarwand. – Die beiden Graphen zeigen die numerische Berechnung der Flächenstoßrate bei 1600 °C und 100 mbar sowie die Näherung mit der Exponentialfunktion $j_N = 3 \cdot 10^{-3} \cdot \exp\left(\frac{-x}{0,1}\right) + 5,5 \cdot 10^{-4}$. Der Ursprung der Koordinatenachse x entspricht hierbei der Dreiphasengrenzlinie auf der Kapillarwand.

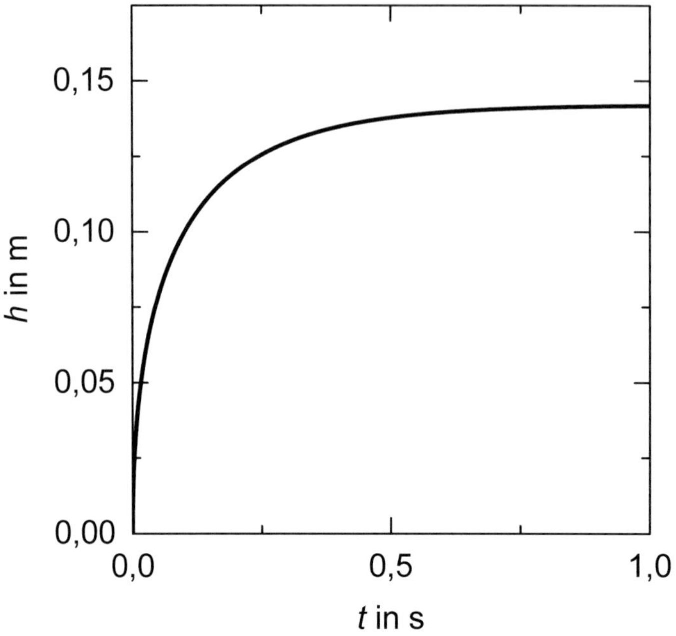

Abb. C-7. Infiltration einer 0,34 mm breiten Spaltkapillare aus Glaskohlenstoff mit Silicium nach Washburn. – Für die numerische Integration von Gleichung 3-6 wurde ein hydraulischer Durchmesser als Kapillardurchmesser nach Dreyer et al. [167] von 0,68 mm, eine konstante Temperatur von 1600 °C sowie ein konstanter Kontaktwinkel von $\Theta = 35°$ angenommen (siehe auch Abb. A-16).

C.3 Stabilitätsanalyse der Fisher-Gleichung

Die eindimensionale Fisher-Gleichung (siehe Gleichung 9-1) lautet:

$$\frac{\partial u}{\partial t} = D\frac{\partial^2 u}{\partial x^2} + k \cdot u(C-u)\ . \tag{C-1}$$

Die Funktion $u = u(x,t)$ soll eine mit konstanter Geschwindigkeit v fortschreitende Welle beschreiben, deren Form sich nicht verändert. Die Verschiebung in x-Richtung mit der Zeit t lautet dann im einfachsten Fall [244]:

$$u(x,t) = u(\zeta)\text{ , mit } \zeta = x - v \cdot t\ . \tag{C-2}$$

Werden nun von Gleichung C-2 die Ableitungen

$$\frac{\partial \zeta}{\partial t} = -v \text{ und } \frac{\partial \zeta}{\partial x} = 1 \tag{C-3}$$

gebildet, umgeformt und in Gleichung C-1 eingesetzt, so führt dies zur ortsabhängigen Gleichung

$$-v\frac{\mathrm{d}u}{\mathrm{d}\zeta} = D\frac{\mathrm{d}^2u}{\mathrm{d}\zeta^2} + k \cdot u(C-u)\ , \tag{C-4}$$

mit ζ als neue x-Koordinate, die wiederum linear auf x mit $\zeta = x$ transformiert werden kann:

$$D\frac{\mathrm{d}^2u}{\mathrm{d}x^2} + v\frac{\mathrm{d}u}{\mathrm{d}x} + k \cdot u(C-u) = 0\ . \tag{C-5}$$

Diese homogene, lineare Differenzialgleichung zweiter Ordnung kann in anderer Schreibweise ausgedrückt werden:

$$D \cdot u_{xx} + v \cdot u_x + k \cdot u(C-u) = 0\ . \tag{C-6}$$

Sie lässt sich nach gängigen Verfahren mit den Beziehungen

$$u = U,\ \ u_x = U' = V \ \text{ und } \ u_{xx} = U'' = V' \tag{C-7}$$

in das Gleichungssystem

$$\begin{cases} f_1(U,V) = U' = V & \text{(C-8a)} \\ f_2(U,V) = V' = \dfrac{-v \cdot V - k \cdot U(C-U)}{D} & \text{(C-8b)} \end{cases}$$

überführen [353]. Aufgrund der Nichtlinearität von f_2, lässt sich das System analytisch nicht lösen. Aus den Gleichungen C-8a und C-8b ergeben sich die beiden stationären Lösungen für $(\tilde{U}\ \tilde{V})$ zu (0 0) und $(C\ 0)$ als Gleichgewichtspunkte für den Fall $f_1 = f_2 = 0$. Mit der Jacobi-Matrix $\boldsymbol{J}$ kann anschließend das nichtlineare System der Differenzialgleichungen an den Gleichgewichtspunkten linearisiert werden:

$$\boldsymbol{J}(\tilde{U}\ \tilde{V}) = \begin{pmatrix} \left.\dfrac{\partial f_1}{\partial U}\right|_{\substack{U=\tilde{U}\\V=\tilde{V}}} & \left.\dfrac{\partial f_1}{\partial V}\right|_{\substack{U=\tilde{U}\\V=\tilde{V}}} \\ \left.\dfrac{\partial f_2}{\partial U}\right|_{\substack{U=\tilde{U}\\V=\tilde{V}}} & \left.\dfrac{\partial f_2}{\partial V}\right|_{\substack{U=\tilde{U}\\V=\tilde{V}}} \end{pmatrix} = \begin{pmatrix} 0 & 1 \\ \dfrac{k(2\tilde{U}-C)}{D} & -\dfrac{v}{D} \end{pmatrix}. \quad \text{(C-9)}$$

Mit

$$|\boldsymbol{J}(\tilde{U}\ \tilde{V}) - \lambda \boldsymbol{E}| = \begin{vmatrix} -\lambda & 1 \\ \dfrac{k(2\tilde{U}-C)}{D} & -\dfrac{v}{D} - \lambda \end{vmatrix} = 0 \quad \text{(C-10)}$$

ergeben sich die Eigenwerte $\lambda_{1,2}$ zu

$$\lambda_{1,2} = \begin{cases} \dfrac{-v \pm \sqrt{v^2 - 4kCD}}{2D}, \text{ für } (\tilde{U}\ \tilde{V}) = (0\ 0) & \text{(C-11a)} \\ \dfrac{-v \pm \sqrt{v^2 + 4kCD}}{2D}, \text{ für } (\tilde{U}\ \tilde{V}) = (C\ 0)\ . & \text{(C-11b)} \end{cases}$$

Die Stabilitätsanalyse zeigt, dass nach Gleichung C-11a mit

$$v \geq \sqrt{4kCD} \qquad \text{(C-12)}$$

der Gleichgewichtspunkt $(C\ 0)$ ein asymptotisch stabiler Knoten ist. Der Gleichgewichtspunkt $(0\ 0)$ stellt nach Gleichung C-11b und für $v \neq 0$ einen instabilen Sattelpunkt dar. Demnach existieren nur für Geschwindigkeiten $v \geq \sqrt{4kCD}$ eine sinnvolle Trajektorie [244, 353].

C.4 Stabilitätsanalyse der Infiltrationsleichung

Analog zur Stabiltitätsanalyse der Fisher-Gleichung (siehe Abschnitt C.3) wird im Folgenden für die eindimensionale Infiltrationsgleichung (Gleichung 9-8)

$$\frac{\partial \alpha}{\partial t} = \frac{v_{\text{inf}}^2}{4k} \frac{\partial^2 \alpha}{\partial x^2} + k \cdot \alpha(1-\alpha)\,, \qquad \text{(C-13)}$$

eine Stabilitätsanalyse durchgeführt. Durch einsetzen der Ableitungen (siehe auch Gleichung C-3)

$$\frac{\partial x}{\partial t} = -v$$

in Gleichung C-13, ergibt sich die ortsabhängige Gleichung:

$$\frac{v_{\mathrm{inf}}^2}{4k}\frac{\mathrm{d}^2\alpha}{\mathrm{d}x^2}+v\frac{\mathrm{d}\alpha}{\mathrm{d}x}+k\cdot\alpha(1-\alpha)=0\,. \tag{C-14}$$

Sie kann mit $a=v^2/4k$ in anderer Schreibweise ausgedrückt werden:

$$a\cdot u_{xx}+v\cdot u_x+k\cdot u(1-u)=0\,. \tag{C-15}$$

Die Gleichung lässt sich mit den Beziehungen

$$u=U,\;\; u_x=U'=V \;\text{ sowie }\; u_{xx}=U''=V'\,, \tag{C-16}$$

in das Gleichungssystem

$$\begin{cases} f_1(V)=U'=V & \text{(C-17a)}\\ f_2(U,V)=V'=\dfrac{-v\cdot V-k\cdot U(1-U)}{a} & \text{(C-17b)}\end{cases}$$

umwandeln. Aus den Gleichungen C-17a und C-17b ergeben sich die beiden stationären Lösungen für $(\tilde{U}\;\tilde{V})$ zu (0 0) und (1 0) als Gleichgewichtspunkte für den Fall $f_1=f_2=0$. Mit der Jacobi-Matrix $\boldsymbol{J}$ kann das nichtlineare System der Differenzialgleichungen an den Gleichgewichtspunkten linearisiert werden:

$$\boldsymbol{J}(\tilde{U}\;\tilde{V})=\begin{pmatrix}\left.\dfrac{\partial f_1}{\partial U}\right|_{\substack{U=\tilde{U}\\V=\tilde{V}}} & \left.\dfrac{\partial f_1}{\partial V}\right|_{\substack{U=\tilde{U}\\V=\tilde{V}}}\\ \left.\dfrac{\partial f_2}{\partial U}\right|_{\substack{U=\tilde{U}\\V=\tilde{V}}} & \left.\dfrac{\partial f_2}{\partial V}\right|_{\substack{U=\tilde{U}\\V=\tilde{V}}}\end{pmatrix}=\begin{pmatrix}0 & 1\\ \dfrac{k(2\tilde{U}-1)}{a} & -\dfrac{v}{a}\end{pmatrix}. \tag{C-18}$$

Mit

$$|\boldsymbol{J}(\tilde{U}\ \tilde{V}) - \lambda \boldsymbol{E}| = \begin{vmatrix} -\lambda & 1 \\ \frac{k(2\tilde{U}-1)}{a} & -\frac{v}{a} - \lambda \end{vmatrix} = 0 \tag{C-19}$$

ergeben sich die Eigenwerte $\lambda_{1,2}$ zu

$$\lambda_{1,2} = \begin{cases} \frac{-v \pm \sqrt{v^2 - 4ka}}{2a} = -\frac{2k}{v}\,, \text{ für } (\tilde{U}\ \tilde{V}) = (1\ 0) & \text{(C-20a)} \\ \frac{-v \pm \sqrt{v^2 + 4ka}}{2a} = \frac{4k(-1 \pm \sqrt{2})}{v}, \text{ für } (\tilde{U}\ \tilde{V}) = (0\ 0)\,. & \text{(C-20b)} \end{cases}$$

Die Stabilitätsanalyse zeigt, dass für alle Geschwindigkeiten mit $v \neq 0$ eine sinnvolle Trajektorie existiert.

Literaturverzeichnis

[1] Fitzer E, Fritz W, Gadow R. Entwicklung von Siliciumcarbid-Verbundwerkstoffen. Chemie Ingenieur Technik. 1985;57(9):737–746.

[2] Leatherbarrow A, Wu H. In: The Nature of Silicon Carbide Phases Developed from Different Carbonaceous Sources and its Impact on the Microstructure of Cf/C-SiC Composites. John Wiley & Sons, Inc.; 2010. p. 73–83.

[3] Prouhet S, Camus G, Labrugère C, Guette A, Martin E. Mechanical Characterization of Si-C(0) Fiber/SiC (CVI) Matrix Composites with a BN-Interphase. Journal of the American Ceramic Society. 1994;77(3):649–656.

[4] Morscher GN. Tensile Stress Rupture of SiC_f/SiC_m Minicomposites with Carbon and Boron Nitride Interphases at Elevated Temperatures in Air. Journal of American Ceramic Society. 1997;80(8):2029–2042.

[5] Bansal NP, Lamon J. Ceramic Matrix Composites: Materials, Modeling and Technology. Hoboken, New Jersey: John Wiley & Sons, Inc.; 2015.

[6] Low IM. Advances in Ceramic Matrix Composites. Woodhead Publishing Series in Composites Science and Engineering. Cambridge: Woodhead Publishing Limited; 2014.

[7] Singh M, Ohji T, Dong S, Koch D, Shimamura K, Clauss B, et al. Advances in High Temperature Ceramic Matrix Composites and Materials for Sustainable Development. vol. 263 of Ceramic Transactions. John Wiley & Sons; 2017.

[8] Ebel HF, Bliefert C, Greulich W. Schreiben und Publizieren in den Naturwissenschaften. 5th ed. Weinheim: Wiley-VCH; 2006.

[9] IZTK ITK. Brevier: Technische Keramik. Fahner Druck GmbH; 2003.

[10] Roos E, Maile K. Werkstoffkunde für Ingenieure: Grundlagen, Anwendung, Prüfung. 2nd ed. Springer; 2005.

[11] Salmang H, Scholze H. Keramik. 7th ed. Berlin u. a.: Springer-Verlag; 2007.

[12] Flemming M, Ziegmann G, Roth S. Faserverbundbauweisen: Halbzeuge und Bauweisen. Berlin u. a.: Springer; 1996.

[13] Weißbach W. Werkstoffkunde: Strukturen, Eigenschaften, Prüfung. 16th ed. Vieweg; 2007.

[14] Bansal NP. Handbook of Ceramic Composites. Kluwer Academic Publishers; 2005.

[15] Pierson HO. Handbook of Carbon, Graphite, Diamond and Fullerenes. Properties, Processing and Applications. Park Ridge, New Jersey: Noyes Publications; 1993.

[16] Evans CC, Parmee AC, Rainbird RW. Silicon Treatment of Carbon Fibre - Carbon Composites. Society of Chemical Industry; 1974.

[17] Hillig WB, Mehan RL, Morelock CR, DeCarlo VJ, Laskow W. Silicon/Silicon Carbide Composites. Ceramic Bulletin. 1975;54(12):3.

[18] Hillig WB. Strength and Toughness of Ceramic Matrix Composites. Annual Review of Materials Science. 1987;17:44.

[19] Aveston J, Kelly A. Theory of multiple fracture of fibrous composites. Journal of Materials Science. 1973;8(3):11.

[20] Thouless MD, Evans AG. Effects of pull-out on the mechanical properties of ceramic-matrix composites. Acta Metallurgica. 1988;36(3):517–522.

[21] Curtin WA. Fiber pull-out and strain localization in ceramic matrix composites. Journal of the Mechanics and Physics of Solids. 1993;41(1):35–53.

[22] Zornik M. Fahrzeugbrems- bzw. Fahrzeug-Kupplungsscheibe aus mit SiC beschichtetem C-C Werkstoff; 1998. EP 0 818 636 A1.

[23] Krenkel W, Kochendörfer R, Krapf J. Reibeinheit. Deutsches Zentrum für Luft- und Raumfahrt e.V.; 1998. DE 19651 798 A1.

[24] Berreth K, Gadow R. Scheibenbremse, Preßwerkzeug und Verfahren zur Herstellung einer Scheibenbremse. Universität Stuttgart Institut für Fertigungstechnologie keramischer Bauteile; 2000. DE 19901 215 A1.

[25] El-Hija HA, Krenkel W, Hugel S. Development of C/C–SiC Brake Pads for High-Performance Elevators. International Journal of Applied Ceramic Technology. 2005;2(2):105–113.

[26] Näumann E, Rebstock KD, Riedel HG, Röss KH, Wolfsried S. Bremseinheit. DaimlerChrysler AG; 2005. EP 1 013 956 B1.

[27] Miller L, Zheng Q, Hufenbach W, Kunze K. Fahrwegträger und damit hergestellte Magnetschwebebahn. ThyssenKrupp Transrapid GmbH; 2005. DE 102004028948 A1.

[28] Spriet P, Habarou G. Applications of CMCs to Turbojet Engines: Overview of the SEP Experience. Key Engineering Materials. 1997;127-131:1267–1276.

[29] Ohnabe H, Masaki S, Onozuka M, Miyahara K, Sasa T. Potential application of ceramic matrix composites to aero-engine components. Composites Part A: Applied Science and Manufacturing. 1999;30(4):489–496.

[30] Christin F. Design, Fabrication, and Application of Thermostructural Composites (TSC) like C/C, C/SiC, and SiC/SiC Composites. Advanced Engineering Materials. 2002;4(12):903–912.

[31] Beyer S, Schmidt S, Maidl F, Meistring R, Bouchez M, Peres P. Advanced Composite Materials for Current and Future Propulsion and Industrial Applications. Advances in Science and Technology. 2006;50:174–181.

[32] Cavalier JC, Berdoyes I, Bouillon E. Composites in aerospace industry. Advances in Science and Technology. 2006;50:153–162.

[33] Glass DE. Ceramic Matrix Composite (CMC) Thermal Protection Systems (TPS) and Hot Structures for Hypersonic Vehicles. 15th AIAA International Space Planes and Hypersonic Systems and Technologies Conference; 2008.

[34] Pichona T, Barreteaua R, Soyrisa P, Foucaulta A, Parenteaua JM, Prelb Y, et al. CMC thermal protection system for future reusable launch vehicles: Generic shingle technological maturation and tests. Acta Astronautica. 2009;65:165–176.

[35] Hofbauer PJ. Faserverbundwerkstoff und Verfahren zu dessen Herstellung. ArianeGroup GmbH; 2019. EP 3 431 459 A1.

[36] Infed F, Handrick K, Lange H, Steinacher A, Weiland S, Wegmann C. Development of thermal protective seal for hot structure control surface actuator rod. Acta Astronautica. 2012;70:122–138.

[37] Beyer S, Schmidt-Wimmer S, Quering K, Wilhelmi C, Steinhilber M. Technology Status of Fuel Cooled Ceramic Matrix Composites for Dual-Mode Ramjet (DMR) and Liquid Rocket Engine (LRE) Applications. 18th AIAA/3AF International Space Planes and Hypersonic Systems and Technologies Conference; 2012.

[38] Imbriale WA, Gao S, Boccia L. Space Antenna Handbook. Chichester: John Wiley & Sons, Ltd; 2012.

[39] Krödel MR, Hofbauer PJ, Luichtel G, Katzer J, Tausendfreund M, Derst G. Production of mirrors made of HB-Cesic® for an airborne reconnaissance telescope system. Proceedings of SPIE; 2009.

[40] Krödel MR, Hofbauer PJ, Devilliers C, Sodnik Z, Robert P. Recent Achievements with a Cryogenic Ultra-lightweighted HB-Cesic® Mirror. Proceedings of SPIE; 2010.

[41] Krödel MR, Hofbauer PJ. Ultra-lightweighted HB-Cesic® One-Meter Mirror Demonstrator. Proceedings of SPIE; 2010.

[42] Hofbauer PJ, Krödel MR. Designing Optimized, Ultra-lightweighted Mirror Structures Made of Cesic® for Space and Ground Based Applications. Proceedings of SPIE; 2010.

[43] Kaneda H, Naitoh M, Imai T, Tange Y, Enya K, Katayama H, et al. Cryogenic optical testing of an 800 mm lightweight C/SiC composite mirror mounted on a C/SiC optical bench. Applied Optics. 2010;49(20):3941–3948.

[44] Kierey H, Le Maire M, Anderl W, Holderer H, Lengei A. Reflektives optisches Element zur Verwendung in einem EUV-System. Carl Zeiss Laser Optics GmbH; 2011. DE 10 2009 039400 A1.

[45] Anderl W, Kierey H, Bauer M, Kugler J. EUV collector mirror shell of an EUV collector for EUV lithography. Carl Zeiss Laser Optics GmbH; 2013. US 2013/0176614 A1.

[46] Snead LL, Balden M, Causey RA, Atsumi H. High thermal conductivity of graphite fiber silicon carbide composites for fusion reactor application. Journal of Nuclear Materials. 2002;307-311(2):1200–1204.

[47] Schmidt J, Scheiffele M, Crippa M, Peterson F, Urquiza E, Sridharan K, et al. Design, Fabrication, and Testing of Ceramic Plate-Type Heat Exchangers with Integrated Flow Channel Design. International Journal of Applied Ceramic Technology. 2011;8(5):1073–1086.

[48] Hoffelner W. Materials for Nuclear Plants: From Safe Design to Residual Life Assessments. Springer-Verlag London; 2013.

[49] Schwarz RF, Papenburg U, Pfrang W, Goedtke P. Schutzpanzerung. Industrieanlagen-Betriebsgesellschaft mbH; 2004. DE 198 56 597 B4.

[50] Heidenreich B, Nedele M, Schulte R. Keramische Panzerplatte, Panzersystem und Verfahren zur Herstellung einer keramischen Panzerplatte. Deutsches Zentrum für Luft- und Raumfahrt e.V.; 2005. DE 10 2004 026515 A1.

[51] Heidenreich B, Crippa M, Voggenreiter H, Gedon H, Nordmann M, Straßburger E. Development of Biomorphic SiSiC- and C/SiSiC-Materials for Lightweight Armor. vol. 31 of Advances in Ceramic Armor VII: Ceramic Engineering and Science Proceedings. Hoboken: A John Wiley & Sons, Inc., Publication; 2010.

[52] Kienzle A, Hines R, Maxwell M. Defensive, ceramic based, applique armor, device for providing anti-projectile armoring protection and process for producing ceramic based projectile armor with hollow geometry. Sgl Carbon Se; 2013. US 2013/0180393 A1.

[53] Benzakein MJ. What does the future bring? A look at technologies for commercial aircraft in the years 2035–2050. Propulsion and Power Research. 2014;3(4):165–174.

[54] Eickenbusch H, Krauss O. Werkstoffinnovationen für nachhaltige Mobilität und Energieversorgung. VDI-Gesellschaft Materials Engineering; 2014.

[55] Padture NP. Advanced structural ceramics in aerospace propulsion. Nature Materials. 2016;15:804–809.

[56] Naslain R, Christin F. SiC-Matrix Composite Materials for Advanced Jet Engines. MRS Bullet. 2003;25(9):654–658.

[57] Steibel J. Ceramic matrix composites taking flight at GE Aviation. American Ceramic Society Bulletin. 2019;98(3):30–33.

[58] Nakamura T, Oka T, Imanari K, Shinohara Ki, Ishizaki M. Development of CMC Turbine Parts for Aero Engines. IHI Engineering Review. 2014;47(1):29–32.

[59] Mah T, Hecht NL, McCullum DE, Hoenigman JR, Kim HM, Katz AP, et al. Thermal stability of SiC fibres (Nicalon®). Journal of Materials Science. 1984;19(4):1191–1201.

[60] Takeda M, Sakamoto J, Saeki A, Imai Y, Ichikawa H. High Performance Silicon Carbide Fiber Hi-Nicalon for Ceramic Matrix Composites. American Ceramic Society; 1995.

[61] Bodet R, Bourrat X, Lamon J, Naslain R. Tensile creep behaviour of a silicon carbide-based fibre with a low oxygen content. Journal of Materials Science. 1995;30(3):661–677.

[62] Chollon G, Pailler R, Nslain R, Olry P. Correlation between microstructure and mechanical behaviour at high temperatures of a SiC fibre with a low oxygen content (Hi–Nicalon). Journal of Materials Science. 1997;32(5):1133–1147.

[63] Lindley MW, Jones BF. Thermal stability of silicon carbide fibres. Nature. 1975;255:474–475.

[64] Takeda M, Kagawa Y, Mitsuno S, Imai Y, Ichikawa H. Strength of a Hi-Nicalon^{TM}/Silicon-Carbide-Matrix Composite Fabricated by the Multiple Polymer Infiltration-Pyrolysis Process. Journal of the American Ceramic Society. 1999;82(6):1579–1581.

[65] Gern FH, Kochendörfer R. Liquid silicon infiltration: description of infiltration dynamics and silicon carbide formation. Composites Part A: Applied Science and Manufacturing. 1997;28(4):10.

[66] Berbon MZ, Dietrich DR, Marshall DB. Transverse Thermal Conductivity of Thin C/SiC Composites Fabricated by Slurry Infiltration and Pyrolysis. Journal of the American Ceramic Society. 2001;84(10):6.

[67] Haruvy Y, Liedtke V. Sol-gel derived C-SiC composites and protective coatings for sustained durability in the space environment. In: Proceedings of the 9th International Symposium on Materials in a Space Environment. European Space Agency; 2003. p. 67–74.

[68] Kochendörfer R. Low Cost Processing for C/C-SiC Composites by Means of Liquid Silicon Infiltration. In: The 3rd International Conference on High Temperature Ceramic Matrix Composites. vol. 164-165 of Key Engineering Materials: High Temperature Ceramic Matrix Composites III. Trans Tech Publications; 1998. p. 451–456.

[69] Kienzle A, Jäger H. Carbon-Fiber-Reinforced Silicon Carbide: a New Brake Disk Material. John Wiley & Sons; 2015.

[70] Composite Materials Handbook: Ceramic Matrix Composites. vol. 5. Washington: Materials Sciences Corporation; 2002.

[71] Park HS, Willert-Porada M, Krenkel W. In: Krenkel W, Lamon J, editors. Rapid Pyrolysis of CFRP using Microwaves for the Production of C/SiC Composite. Berlin: AVISO Verlagsgesellschaft mbH; 2010. p. 132–137.

[72] Schulte-Fischedick J, Seiz S, Lützenburger N, Wanner A, Voggenreiter H. The crack development on the micro- and mesoscopic scale during the pyrolysis of carbon fibre reinforced plastics to carbon/carbon composites. Composites Part A: Applied Science and Manufacturing. 2007;38(10):2171–2181.

[73] Favre A, Fuzellier H, Suptil J. An original way to investigate the siliconizing of carbon materials. Ceramics International. 2003;29:235–243.

[74] Sergi D, Grossi L, Leidi T, Ortona A. Surface Growth Effects On Reactive Capillary-Driven Flow: Lattice Boltzmann Investigation. Engineering Applications of Computational FluidMechanics. 2014;8(4):549–561.

[75] Rosenlöcher J. Verfahren zur Infiltration von porösen Kohlenstoffverbundkörpern. SGL CARBON AG; 2003. EP 1 346 967 A2.

[76] Sangsuwan P, Tewari SN, Catica JE, Singh M, Dickerson R. Reactive Infiltration of Silicon Melt through Microporous Amorphous Carbon Preforms. Metallurgical and Materials Transactions B. 1999;30(5):933–944.

[77] Hocheng H, Tai NH, Liu CS. Assessment of ultrasonic drilling of C/SiC composite material. Composites Part A: Applied Science and Manufacturing. 2000;31(2):133–142.

[78] Pei ZJ, Ferreira PM, Kapoor SG, Haselkorn M. Rotary ultrasonic machining for face milling of ceramics. International Journal of Machine Tools and Manufacture. 1995;35(7):1033–1046.

[79] Berzelius JJ. Untersuchungen über die Flussspathsäure und deren merkwürdigsten Verbindungen. Annalen der Physik. 1824;77(5):1–48.

[80] Berzelius JJ. Untersuchungen über die Flussspathsäure und deren merkwürdigsten Verbindungen. Annalen der Physik. 1824;77(6):169–230.

[81] Despretz M. Quatriéme Note sur la fusion et la volatilisation des corps. Comptes rendus hebdomadaires des séances de l'Académie des sciences. 1849;29:709–724.

[82] Ruge J, Wohlfahrt H. Technologie der Werkstoffe: Für Studenten des Maschinenbaus und Bauingenieurwesens, der Verfahrenstechnik und der Werkstoftkun. vol. 7. Braunschweig: Friedrich Vieweg & Sohn Verlagsgesellschaft mbH; 2002.

[83] Cowles EH, Cowles AH. Electric Smelting-Furnace, 1885. US 319945 A.

[84] Acheson EG. Carborundum: Its history, manufacture and uses. Journal of the Franklin Institute. 1893;136(3):194–203.

[85] Weimer AW. Carbide, Nitride and Boride Materials Synthesis and Processing. London: Chapman & Hall; 1997.

[86] Marsden RS. On the Crystallization of Silica from Fused Metals. Proceedings of the Royal Society of Edinburgh. 1882;11:37–40.

[87] Colson MA. Sur de nouveaux composés carbosiliciés. Comptes rendus hebdomadaires des séances de l'Académie des sciences. 1882;94:1316–1318.

[88] Moissan M. Sur la volatilisation de la silice et de la zircone et sur la réduction de ces composéspar le charbon. Comptes rendus hebdomadaires des séances de l'Académie des sciences. 1893;116:1222–1224.

[89] Moissan M. Sur la vaporisation du carbone. Comptes rendus hebdomadaires des séances de l'Académie des sciences. 1894;119:776–781.

[90] Lummer O. Verflüssigung der Kohle und Herstellung der Sonnentemperatur. vol. 9/10 of Sammlung Vieweg: Tagesfragen aus den Gebieten der Naturwissenschaften und der Technik. Braunschweig: Friedrich Vieweg & Sohn; 1914.

[91] Baumann HNJ. The Relationship of Alpha and Beta Silicon Carbide. The Electrochemical Society. 1952;99(3):109–114.

[92] Schröder F. Gmelin Handbook of Inorganic Chemistry. vol. B4 of Gmelin Handbook of Inoraganic Chemistry. 8th ed. Berlin u. a.: Springer-Verlag; 1985.

[93] Pampuch R, Białoskórski J, Walasek E. Mechanism of Reactions in the $Si_l + C_f$ System and the Self-Propagating High-Temperature Synthesis of Silicon Carbide. Ceramics International. 1987;13:6.

[94] Singh M, Behrendt DR. Studies on the Reactive Melt Infiltration of Silicon and Silicon-Molybdenum Alloys in Porous Carbon. National Aeronautics and Space Administration; 1992. E-7320.

[95] Zhou H, Singh RN. Kinetics Model for the Growth of Silicon Carbide by the Reaction of liquid Silicon with Carbon. Journal of American Ceramic Society. 1995;78(9):7.

[96] Zeppelin Hv. Zur Bildung des Siliziumcarbids im Achesonofen. Schweizer Archiv für angewandte Wissenschaft und Technik. 1968;34(1):19–29.

[97] Dowart J, De Maria G, Inghram MG. Thermodynamic Study of SiC Utilizing a Mass Spectrometer. The Journal of Chemical Physics. 1958;29(5):1015–1021.

[98] Konijnenburg JTv. Development and Study of Direct-Bonded Silicon Carbide Bricks as a Lining Material for the Blast Furnace Stack [Dissertation]; 1977. Technische Universität Eindhoven.

[99] Calcarb® Rigid Carbon Insulation CBCF 18-2000. Mersen Scotland Holytown Ltd; 2013. Data sheet.

[100] Raider SI, Flitsch R, Palmer MJ. Oxide Growth on Etched Silicon in Air at Room Temperature. Journal of the Electrochemical Society. 1975;122(3):413–418.

[101] Mende G, Finster J, Flamm D, Schulze D. Oxidation of etched silicon in air at room temperature; Measurements with ultrasoft X-ray photoelectron spectroscopy (ESCA) and neutron activation analysis. Surface Science. 1983;128(2-3):169–175.

[102] Yamamuro S, Suzuki K, Tanaka T. Importance of carbon-monoxide-induced reaction in microwave heating synthesis of α-SiC from silicon powder in air. Journal of the Ceramic Society of Japan. 2018;126(11):952–955.

[103] Oh JS, Lee J. Kinetics of SiC Formation on Graphite Using N_2-CO-SiO and N_2-CO-H_2-SiO Gas Mixtures. Metallurgical and Materials Transactions B: Process Metallurgy and Materials Processing Science. 2019;p. 1–6.

[104] Shimoo T, Mizutaki F, Ando S, Kimura H. Mechanism of Formation of SiC by Reaction of SiO with Graphite and CO. Journal of the Japan Institute of Metals and Materials. 1988;52(3):279–287.

[105] Hillig WB. Melt Infiltration Approach to Ceramic Matrix Composites. Journal of the American Ceramic Society. 1988;71(2):C–96–C–99.

[106] Peng X, Zhuan L, Zi-bing Z, Xiang X. The morphology and mechanism of formation of SiC in C/C-SiC composites fabricated by liquid silicon infiltration. Journal of Ceramic Processing Research. 2010;11(3):335–340.

[107] Bale CW, Belisle E, Chartrand P, Decterov SA, Eriksson G, Hack K, et al. Fact-Sage Thermochemical Software and Databases - Recent Developments. Calphad. 2009;33(2):295–311.

[108] Kostorz G. Phase Transformations in Materials. Weinheim: WILEY-VCH Verlag GmbH; 2001.

[109] Riedel E. Allgemeine und Anorganische Chemie. 7th ed. Berlin: Walter de Gruyter; 1999.

[110] Scace RI, Slack GA. Solubility of Carbon in Silicon and Germanium. The Journal of Chemical Physics. 1959;30(6):5.

[111] Kleykamp H, Schumacher G. The Constitution of the Silicon-Carbon System. Berichte der Bunsengesellschaft für Physikalische Chemie. 1993;97(6):799–805.

[112] Gröbner J, Lukas HL, Aldinger F. Thermodynamic Calculation of the Ternary System Al-Si-C. Calphad. 1996;20(2):247–254.

[113] Yanaba K, Akasaka M, Takeuchi M, Watanabe M, Narushima T, Iguchi Y. Solubility of Carbon in Liquid Silicon Equilibrated with Silicon Carbide. Materials Transactions JIM. 1997;38(11):990–994.

[114] Jansen M. High Performance Non-Oxide Ceramics I. vol. 101 of Structure and Bonding. Berlin: Springer-Verlag; 2002.

[115] Dolloff RT. Research Study to Determine the Phase Equilibrium Relations of Selected Metal Carbides at High Temperatures; 1960.

[116] Olesinski RW, Abbaschian GJ. The C-Si (Carbon-Silicon) System. Bulletin of Alloy Phase Diagrams. 1984;5(5):486–489.

[117] Pierson HO. Handbook of Refractory Carbides and Nitrides. Properties, Characteristics, Processing and Applications. Westwood, New Jersey: Noyes Publications; 1996.

[118] Ramsdell LS. Studies on Silicon Carbide. American Mineralogist. 1947;32(1-2):64–82.

[119] Harris GL. Properties of Silicon Carbide. London, United Kingdom: INSPEC, the Institution of Electrical Engineers; 1995.

[120] Krishna P, Marshall RC, Ryan CE. The Discovery of a 2H-3C Solid State Transformation in Silicon Carbide Single Crystals. Journal of Crystal Growth. 1971;8(1):129–131.

[121] Tairov YM, Tsvetkov VF. Progress in Controlling the Growth of Polytypic Crystals. Progress in Crystal Growth and Characterization. 1983;7(1-4):111–162.

[122] Kistler-De Coppi PA, Richarz W. Phase Transformations and Grain Growth in Silicon Carbide Powders. International Journal of High Technology Ceramics. 1986;2(2):99–113.

[123] Ryan CE, Marshall RC, Hawley JJ, Berman I, Considine DP. The Conversion of Cubic and Hexagonal Silicon Carbide as a Function of Temperature and Pressure. Springer Science+Business Media; 1968.

[124] Addamiano A, Staikoff LS. Stabilization of Cubic Silicon Carbide. Journal of Physics and Chemistry of Solids. 1965;26(3):669–670.

[125] Bear J. Dynamics of Fluids in Porous Media. New York: Courier Corporation; 1972.

[126] Fick A. Ueber Diffusion. Annalen der Physik und Chemie. 1855;94:59–86.

[127] Darcy H. Les fontaines publiques de la ville de Dijon: exposition et application des principes à suivre et des formules à employer dans les questions de distribution d'eau. Paris: Victor Dalmont Éditeur; 1856.

[128] Washburn EW. The Dynamics of Capillary Flow. Physical Review. 1921;17(3):273–283.

[129] Bosanquet CH. LV. On the Flow of Liquids into Capillary Tubes. Philosophical Magazine. 1923;6:7.

[130] Peek RL, McLean DA. Capillary Penetration of Fibrous Materials. Industrial and Engineering Chemistry. 1934;6(2):6.

[131] Rose W, Bruce WA. Evaluation of capillary character in petroleum reservoir rock. Journal of Petroleum Technology. 1949;1(05):127–142.

[132] Kozeny J. Über kapillare Leitung des Wassers im Boden. Sitzungsberichte der Akademie der Wissenschaften Wien. 1927;136(2a):271–306.

[133] Levine S, Reed P, Watson EJ. A Theory of the Rate of Rise of a Liquid in a Capillary. Colloid and Interface Science. New York: Academic Press; 1976.

[134] Dullien FAL, El-Sayed MS, Batra VK. Rate of capillary rise in porous media with nonuniform pores. Journal of Colloid and Interface Science. 1977;60(3):497–5061.

[135] Gern FH. Kapillarität und Infiltrationsverhalten bei der Flüssigsilicierung von Carbon/Carbon-Bauteilen; 1995.

[136] Einset EO. Capillary Infiltration Rates into Porous Media with Applications to Silcomp Processing. Journal of American Ceramic Society. 1996;79(2):333–338.

[137] Einset EO. Analysis of reactive melt infiltration in the processing of ceramics and ceramic composites. Chemical Engineering Science. 1998;53(5):1027–1039.

[138] Yang J, Ilegbusi OJ. Kinetics of silicon–metal alloy infiltration into porous carbon. Composites Part A: Applied Science and Manufacturing. 2000;31(6):9.

[139] Sergi D, Grossi L, Leidi T, Ortona A. Lattice Boltzmann simulations on the role of channel structure for reactive capillary infiltration. Engineering Applications of Computational Fluid Mechanics. 2015;9(1):301–323.

[140] Sergi D, Grossi L, Leidi T, Ortona A. Simulation of capillary infiltration into packing structures for the optimization of ceramic materials using the lattice Boltzmann method. Engineering Applications of Computational Fluid Mechanics. 2016;10(1):485–499.

[141] Sergi D, Camarano A, Molina JM, Ortona A, Narciso J. Surface growth for molten silicon infiltration into carbon millimeter-sized channels: Lattice–Boltzmann simulations, experiments and models. International Journal of Modern Physics C. 2016;27(6):24.

[142] Richard LA. Capillary Conduction of Liquids Through Porous Mediums. Journal of Applied Physics. 1931;1(5):16.

[143] Godard P, Delmon B, Mercier JP. Impregnation and Polymerization of Vinylic Monomers in Porous Media: I. Kinetics of Impregnation. Journal of Applied Polymer Science. 1974;18:1477–1491.

[144] Nelson ES, Colella P. Parametric Study of Reactive Melt Infiltration. National Aeronautics and Space Administration; 2000. E-12107.

[145] Dullien FAL. Porous Media: Fluid Transport and Pore Structure. 2nd ed. London: Academic Press, Inc.; 1991.

[146] Pop I, Ingham DB. Transport Phenomena in Porous Media II. Kidlington, Oxford: Elsevier; 2002.

[147] Pinder GF, Gray WG. Essentials of Multiphase Flow in Porous Media. John Wiley & Sons; 2008.

[148] Bansal NP, Boccaccini AR. Ceramics and Composites Processing Methods. Hoboken, New Jersey: John Wiley & Sons, Inc.; 2012.

[149] Truckenbrodt E. Fluidmechanik Band 1: Grundlagen und elementare Strömungsvorgänge dichtebeständiger Fluide. vol. 1 of Fluidmechanik. 4th ed. Berlin u. a.: Springer-Verlag; 1996.

[150] Whalen TJ, Anderson AT. Wetting of SiC, Si_3N_4, and Carbon by Si and Binary Si Alloys. Journal of American Ceramic Society. 1975;58(9-10):396–399.

[151] Li JG, Hausner H. Reactive Wetting in the Liquid-Silicon/Solid-Carbon System. Journal of American Ceramic Society. 1996;79(4):873–880.

[152] Dezellus O, Hodaj F, Eustathopoulos N. Chemical reaction-limited spreading: the triple line velocity versus contact angle relation. Acta Materialia. 2002;50:4741–4753.

[153] Krenkel W. Verbundwerkstoffe: 17. Symposium Verbundwerkstoffe und Werkstoffverbunde. Weinheim: Wiley-VCH Verlag GmbH & Co. KGaA; 2009.

[154] Israel R, Voytovych R, Protsenko P, Drevet B, Camel D, Eustathopoulos N. Capillary interactions between molten silicon and porous graphite. Journal of Materials Science. 2010;48:2210–2217.

[155] Ciftja A, Engh TA, Tangstad M. Wetting Properties of Molten Silicon with Graphite Materials. Metallurgical and Materials Transactions A. 2010;41A:3183–3195.

[156] Eustathopoulos N, Israel R, Drevet B, Camel D. Reactive infiltration by Si: Infiltration versus wetting. Scripta Materialia. 2010;62:6.

[157] Eustathopoulos N, Sobczak N, Passerone A, Nogi K. Measurement of contact angle and work of adhesion at high temperature. Journal of Materials Science. 2005;40(9):2271–2280.

[158] Eustathopoulos N, Nicholas MG, Drevet B. Wettability at High Temperatures. Pergamon Materials Series. Oxford: Pergamon; 1999.

[159] Yao Tp. Die Viskosität metallischer Schmelzen. Forschungsberichte des Wirtschafts- und Verkehrsministeriums Nordrhein-Westfalen. Springer Fachmedien Wiesbaden GmbH; 1956.

[160] Sasaki H, Tokizaki E, Huang XM, Terashima K, Kimura K. Temperature Dependence of the Viscosity of Molten Silicon Measured by the Oscillating Cup Method. Japanese Journal of Applied Physics. 1995;34(7A):3432–3436.

[161] Sato Y, Kameda Y, Nagasawa T, Sakamoto T, Moriguchi S, Yamamura T, et al. Viscosity of molten silicon and the factors affecting measurement. Journal of Crystal Growth. 2003;249(3-4):404–415.

[162] Hardy SC. The surface tension of liquid silicon. Journal of Crystal Growth. 1984;69(2-3):456–460.

[163] Przyborowski M, Hibiya T, Eguchi M, Egry I. Surface tension measurement of molten silicon by the oscillating drop method using electromagnetic levitation. Journal of Crystal Growth. 1995;151(1-2):60–65.

[164] Fujii H, Matsumoto T, Nogi K, Hata N, Nakano T, Kohno M. Surface Tension of Molten Silicon Measured by the Electromagnetic Levitation Method under Microgravity. Metallurgical and Materials Transactions A. 2000;31(6):1585–1589.

[165] Millot F, Sarou-Kanian V, Rifflet JC, Vinet B. The surface tension of liquid silicon at high temperature. Materials Science and Engineering: A. 2008;495(1-2):8–13.

[166] Shishkin AV, Basin AS. Surface tension of liquid silicon. Theoretical Foundations of Chemical Engineering. 2004;38(6):660–668.

[167] Dreyer M, Delgado A, Path HJ. Capillary Rise of Liquid between Parallel Plates under Microgravity. Journal of Colloid and Interface Science. 1994;163(1):158–168.

[168] Bargel HJ, Schulze G. Werkstoffkunde. 9th ed. Berlin: Springer; 2005.

[169] Raether F, Hofmann R, Müller G, Sölter HJ. A Novel Thermo-Optical Measuring System for the in situ Study of Sintering Processes. Journal of Thermal Analysis and Calorimetry. 1998;53(3):717–735.

[170] Raether F, Springer R, Beyer S. Optical dilatometry for the control of microstructure development during sintering. Material Research Innovations. 2001;4(4):245–250.

[171] Stein U. Programmieren mit MATLAB: Programmiersprache, Grafische Benutzeroberflächen, Anwendungen. 4th ed. Leibzig: Carl Hanser Verlag GmbH & Co. KG; 2012.

[172] Coulouris G, Dollimore J, Kindberg T, Blair G. Distributed Systems: Concepts and Design. 5th ed. Addison-Wesley; 2012.

[173] Bengel G. Grundkurs Verteilte Systeme: Grundlagen und Praxis der Client-Server und Distributed Computing. 4th ed. Wiesbaden: Springer Vieweg; 2014.

[174] Datasheet: AVT Marlin F-131B. Allied Vision Technologies GmbH; 2007.

[175] Technical Manual: For CCD models with serial numbers: xx/yy-6zzzzzzz and all CMOS models. Allied Vision Technologies GmbH; 2003.

[176] Jung U, Udelhoven H. Instruction Sheet KA 09.420/3.02: IONIVAC ITR 90. Oerlikon Leybold Vacuum GmbH; 2008.

[177] Produktdatenblatt: PE3009 Combi-Drucksensor PE30. ifm electronic GmbH; 2008.

[178] Kamke W. Der Umgang mit experimentellen Daten, insbesondere Fehleranalyse, im physikalischen Anfänger-Praktikum: Eine elementare Einführung. 10th ed. Aachen: Shaker Verlag; 2014.

[179] Squires GL. Messergebnisse und ihre Auswertung: Eine Anleitung zum praktischen naturwissenschaftlichen Arbeiten. Walter de Gruyter; 1971.

[180] Reimer L, Pfefferkorn G. Raster-Elektronenmikroskopie. 2nd ed. Berlin u. a.: Springer-Verlag; 1977.

[181] Behr T. Reaktionsmechanismen im System Silizium-Kohlenstoff [Dissertation]; 2002. Universität Erlangen-Nürnberg.

[182] Brunner E. Reaktionsgeschwindigkeit in heterogenen Systemen. Zeitschrift für Physikalische Chemie. 1904;47:47.

[183] Lide DR. CRC Handbook of Chemistry and Physics. 90th ed. CRC Handbook of Chemistry and Physics. Boca Raton: CRC Press/Taylor and Francis; 2010.

[184] Pelleg J. Diffusion in Ceramics. vol. 221 of Solid Mechanics and Its Applications. Springer International Publishing; 2016.

[185] Haggerty JS, Bowen HK. Processing of Laser Formed SiC Powder. Massachusetts Institute of Technology; 1985.

[186] Fisher JC. Calculation of Diffusion Penetration Curves for Surface and Grain Boundary Diffusion. Journal of Applied Physics. 1951;22(1):74–77.

[187] Hon MH, Davis RF, Newbury DE. Self-Diffusion of ^{30}Si in Polycrystalline β-SiC. Journal of Materials Science. 1980;15:2073–2080.

[188] Rimai L, Ager R, H Weber W, Hangas J, Samman A, Zhu W. Deposition of epitaxially oriented films of cubic silicon carbide on silicon by laser ablation: Microstructure of the silicon–silicon carbide interface. Journal of Applied Physics. 1995;77(12):6601–6608.

[189] Hamza AV, Balooch M, Moalem M. Growth of silicon carbide films via C60 precursors. Surface Science. 1994;317(3):L1129–L1135.

[190] Cimalla V, Wöhner T, Pezoldt J. The Diffusion Coefficient of Silicon in Thin SiC Layers as a Criterion for the Quality of the Grown Layers. Materials Science Forum. 2000;338-342:321–324.

[191] Bunsell AR, Renard J. Fundamentals of Fibre Reinforced Composite Materials. Series in Materials Science and Engineering. London: Institute of Physics Publishing; 2005.

[192] Elliott JA. Novel approaches to multiscale modelling in materials science. International Materials Reviews. 2011;56(4):207–225.

[193] Hofbauer PJ, Rädlein E, Raether F. Fundamental Mechanisms with Reactive Infiltration of Silicon Melt into Carbon Capillaries. Advanced Engineering Materials. 2019;21(8):1–11.

[194] Jouston K. Wutz Handbuch Vakuumtechnik. vol. 10. Vieweg + Teubner; 2010.

[195] Schneider HG. Epitaxie Endotaxie: Gesetzmäßig orientiertes Verwachsen kristalliner Stoffe. Leipzig: VEB Deutscher Verlag für Grundstoffindustrie; 1969.

[196] Michalowsky L. Neue keramische Werkstoffe. vol. 1. Weinheim: WILEY-VCH Verlag GmbH & Co. KGaA; 1994.

[197] Hon MH, Davis RF, Newbury DE. Self-Diffusion of ^{14}C in Polycrystalline β-SiC. Journal of Materials Science. 1979;14:2411–2421.

[198] Suzuki H, Kimura S, Sasaki T, Hase T. Reaction of Silicon in Glassy Carbon. Journal of the Atomic Energy Society of Japan. 1971;13(8):440–446.

[199] Newman RC, Wakefield J. The Diffusivity of Carbon in Silicon. Journal of Physics and Chemistry of Solids. 1961;19:230–234.

[200] Volmer M, Weber A. Keimbildung in übersättigten Gebilden. Zeitschrift für physikalische Chemie, Stöchiometrie und Verwandtschaftslehre. 1926;119:277–301.

[201] Honigmann L. Ueber die Vorgänge beim Säuremattieren von Gläsern. Glastechnische Berichte. 1932;10(4):154–182.

[202] Hesse K. Die mikroskopische Struktur der Oberfläche mattierter Gläser. Glastechnische Berichte. 1925;3(2):33–39.

[203] Modest MF. Radiative Heat Transfer. 3rd ed. Oxford: Academic Press; 2013.

[204] Mortensen A, Hodaj F, Eustathopoulos N. On Thermal Effects in Reactive Wetting. Scripta Materialia. 1988;38(9):7.

[205] Wutz M, Adam H, Walcher W. Theorie und Praxis der Vakuumtechnik. vol. 4. Braunschweig: Vieweg; 1988.

[206] Dushman S. Scientific Foundations of Vacuum Technique. 2nd ed. New York: John Wiley & Sons Inc.; 1962.

[207] Atkinson A, Moulson AJ, Roberts EW. Nitridation of High-Purity Silicon. Journal of The American Ceramic Society. 1976;59(7-8):285–289.

[208] Fanfoni M, Tomellini M. The Johnson-Mehl-Avrami-Kolmogorov model: A brief review. Il Nuovo Cimento D. 1998;20(7,8):1171–1182.

[209] Kolmogoroff A, Petrovsky I, Piscounoff N. Étude de l'équation de la diffusion avec croissance de la quantité de matière et son application à un problème biologique. Moscow University Mathematics Bulletin. 1937;1:1–25.

[210] Kolmogoroff AN. Zur Statistik der Kristallisationsvorgänge in Metallen. Izvestiya Akademii Nauk SSSR Seriya Mathemeticheskaya. 1937;1(3):355–359.

[211] Johnson WA, Mehl RF. Reaction Kinetics in Processes of Nucleation and Growth. American Institute of Mining and Metallurgical Engineers. 1939;135:416–442.

[212] Avrami M. Kinetics of Phase Change. I General Theory. Journal of Chemical Physics. 1939;7:1103–1112.

[213] Avrami M. Kinetics of Phase Change. II Transformation-Time Relations for Random Distribution of Nuclei. The Journal of Chemical Physics. 1940;8(2):212–224.

[214] Avrami M. Granulation, Phase Change, and Microstructure Kinetics of Phase Change. III. Journal of Chemical Physics. 1941;9(2):177–184.

[215] Fanfoni M, Tomellini M. Avrami's kinetic approach for describing Volmer Weber growth mode at solid surfaces studied via PES and AES. Journal of Electron Spectroscopy and Related Phenomena. 1995;76:283–288.

[216] Mandelkern L. Crystallization of Polymers. vol. 2. 2nd ed. Cambridge: Cambridge University Press; 2004.

[217] Pradell T, Crespo D, Clavaguera N, Clavaguera-Mora MT. Diffusion controlled grain growth in primary crystallization: Avrami exponents revisited. Journal of Physics: Condensed Matter. 1998;10(17):3833–3844.

[218] Meller A. Die logarithmischen Geschwindigkeitsgleichungen und die Kinetik der Chemisorption. Monatshefte für Chemie und verwandte Teile anderer Wissenschaften. 1956;87(4):491–497.

[219] Langmuir I. The Adsorption of Gases on Plane Surfaces of Glass, Mica and Platinum. Journal of the American Chemical Society. 1918;40(9):1361–1403.

[220] Powell CF, Oxley JH, Blocher JM. Vapor Deposition. Ohio: John Wiley & Sons; 1966.

[221] Wedler G. Adsorption: Eine Einführung in die Physisorption und Chemisorption. vol. 9 of Chemische Taschenbücher. 1st ed. Weinheim: Verlag Chemie GmbH; 1970.

[222] Hüttig GF, Theimer O. Gasadsorption bei hohen Drucken. Monatshefte für Chemie - Chemical Monthly. 1952;83(3):650–663.

[223] Hirth JP, Pound GM. Condensation and Evaporation: Nucleation and Growth Kinetics. Progress in Materials Science. New York: Pergamon Press; 1963.

[224] Tanaka H, Kanayama T. Inertness of SiC surfaces against Si atoms and clusters. Surface Science. 1999;440(1):252–258.

[225] Brunauer S, Emmett PH, Teller E. Adsorption of gases in multimolecular layers. Journal of the American Chemical Society. 1938;60(2):309–319.

[226] Halsey G. Physical Adsorption on Non-Uniform Surfaces. The Journal of Chemical Physics. 1948;16(10):931–937.

[227] Kienzle A, Kratschmer I. Friction-tolerant disks made of fiber-reinforced ceramic. Audi AG; 2015.

[228] DeWitt DP, Nutter GD. Theory and Practice of Radiation Thermometry. John Wiley & Sons; 1988.

[229] Raether F, Meinhardt J, Kienzle A. Oxidation behaviour of carbon short fibre reinforced C/SiC composites. Journal of the European Ceramic Society. 2007;27(2-3):1217–1221.

[230] Hausherr JM, Meinhardt J, Hassink B, Herrmann C, Daimer J, Raether G, et al. In-Situ-measurement of the Si-infiltration process of C/C-preforms and 3-D analysis of the resulting C/SiC microstructure. In: Proceedings of the 11th International Conference of the European Ceramic Society; 2009. p. 536–543.

[231] Deike R, Schwerdtfeger K. Reactions Between Liquid Silicon and Different Refractory Materials. Journal of the Electrochemical Society. 1995;142(2):6.

[232] Zollfrank C, Sieber H. Microstructure Evolution and Reaction Mechanism of Biomorphous SiSiC Ceramics. Journal of American Ceramic Society. 2005;88(1):8.

[233] Varela-Feria FM, Ramírez-Rico J, Arellano-López ARd, Martínez-Fernández J, Singh M. Reaction–formation mechanisms and microstructure evolution of biomorphic SiC. Journal of Materials Science. 2008;43:9.

[234] Voytovych R, Israel R, Calderon N, Hodaj F, Eustathopoulos N. Reactivity between liquid Si or Si alloys and graphite. Journal of European Ceramic Society. 2012;32:11.

[235] Yushanov SP, Crompton JS, Koppenhoefer KC. Simulation of Manufacturing Process of Ceramic Matrix Composites. COMSOL Inc.; 2008.

[236] Fröhlich P. FEM-Anwendungspraxis: Einstieg in die Finite Elemente Analyse. Wiesbaden: Vieweg+Teubner Verlag; 2005.

[237] Zimmerman WBJ. Process Modelling and Simulation With Finite Element Methods. Singapore: World Scientific; 2004.

[238] Zienkiewicz O, Taylor R, Zhu JZ. The Finite Element Method: Its Basis and Fundamentals. 7th ed. Kidlington, Oxford: Butterworth-Heinemann; 2013.

[239] Bathe KJ. Finite-Elemente-Methoden. 2nd ed. Berlin u. a.: Springer-Verlag; 2002.

[240] Jung M, Langer U. Methode der finiten Elemente für Ingenieure: Eine Einführung in die numerischen Grundlagen und. 1st ed. Wiesbaden: Teubner Verlag; 2001.

[241] Pryor RW. Multiphysics Modeling Using COMSOL: A First Principles Approach. Sudbury, Massachusetts: Jones & Bartlett Publishers; 2009.

[242] Fisher RA. The Wave of Advance of Advantageous Genes. Annals of Human Genetics. 1937;7(4):355–369.

[243] Fife PC. Mathematical Aspects of Reacting and Diffusing Systems. Lecture Notes in Biomathematics. Berlin u. a.: Springer-Verlag; 1979.

[244] Murray JD. Mathematical Biology: I. An Introduction. vol. 17 of Interdisciplinary Applied Mathematics. 3rd ed. New York: Springer-Verlag; 2002.

[245] Luther R. Räumliche Fortpflanzung chemischer Reaktionen. Zeitschrift für Elektrochemie und angewandte physikalische Chemie. 1906;12(32):569–600.

[246] Meinecke FTK. Räumliche Fortpflanzung chemischer Reaktionen [Dissertation]; 1908. Universität Leipzig.

[247] Hobbie RK, Roth BJ. Intermediate Physics for Medicine and Biology. Springer-Verlag New York; 2007.

[248] Brunet E, Derrida B. An Exactly Solvable Travelling Wave Equation in the Fisher-KPP Class. Journal of Statistical Physics. 2015;161(4):801–820.

[249] Hofbauer PJ, Raether F, Rädlein E. Finite element modeling of reactive liquid silicon infiltration. Journal of the European Ceramic Society. 2020;40(2):251–258.

[250] Parker WJ, Jenkins RJ, Butler CP, Abbott GL. Flash Method of Determining Thermal Diffusivity, Heat Capacity, and Thermal Conductivity. Journal of Applied Physics. 1961;32(9):1679–1684.

[251] Taylor RE, Jortner J, Groot H. Thermal diffusivity of fiber-reinforced composites using the laser flash technique. Carbon. 1985;23(2):215–222.

[252] Raether FG. Current State of In Situ Measuring Methods for the Control of Firing Processes. Journal of American Ceramic Society. 2009;92(S1):146–152.

[253] Dudescu C, Naumann J, Stockmann M, Nebel S. Characterisation of Thermal Expansion Coefficient of Anisotropic Materials by Electronic Speckle Pattern Interferometry. Strain. 2006;42(3):197–205.

[254] Stöcker H. Taschenbuch der Physik. 4th ed. Frankfurt: Verlag Harri Deutsch; 2000.

[255] Hashin Z, Shtrikman S. On some variational principles in anisotropic and nonhomogeneous elasticity. Journal of the Mechanics and Physics of Solids. 1962;10(4):335–342.

[256] Flemming M, Ziegmann G, Roth S. Faserverbundbauweisen: Fasern und Matrices. Berlin u. a.: Springer; 1995.

[257] Farooqi JK, Skeikh MA. Finite Element Modeling of Thermal Transport in Composite Unit Cell using ABAQUS/CAE. ABAQUS Users' Conference (AUC) 2005; 2005.

[258] Ashby MF. Materials Selection in Mechanical Design. 3rd ed. Oxford: Butterworth-Heinemann; 2005.

[259] Ilschner B, Singer RF. Werkstoffwissenschaften und Fertigungstechnik: Eigenschaften, Vorgänge, Technologien. 5th ed. Heidelberg u. a.: Springer-Verlag; 2010.

[260] Fu Z, Schlier L, Travitzky N, Greil P. Three-dimensional printing of SiSiC lattice truss structures. Materials Science and Engineering: A. 2013;560:851–856.

[261] Putnis A. An Introduction to Mineral Sciences. New York: Cambridge University Press; 1992.

[262] Moro L, Paul A, Lorents DC, Malhotra R, Ruoff RS, Lazzeri P, et al. Silicon carbide formation by annealing C60 films on silicon. Journal of Applied Physics. 1997;81(9):6141–6146.

[263] Bobkovskii VN, Kostikov VI, Taravanov AS. Khimiya Tverdogo Topliva. 1969;6:5.

[264] Fitzer E, Gadow R. Investigations of the Reactivity of Different Carbons with Liquid Silicon. In: International Symposium on Ceramic Components for Engine. International Symposium on Ceramic Components for Engine;. p. 12.

[265] Gadow R. Die Silizierung von Kohlenstoff: Die chemische Umsetzung von Kohlenstoffen mit fluiden Siliziumspenderphasen zu Siliziumcarbid und ihre Anwendung zu Herstellung von reaktionsgebundenen Siliziumcarbid-Verbundwerkstoffen [Dissertation]; 1986. Universität Karlsruhe.

[266] Rieg F, Hackenschmidt R, Alber-Laukant B. Finite Elemente Analyse für Ingenieure: Grundlagen und praktische Anwendungen mit Z88Aurora. 5th ed. Carl Hanser Verlag GmbH & Co. KG; 2014.

[267] Panczak T, Ring S, Welch M. A CAD-Based Tool for FDM and FEM Radiation and Conduction Modeling. SAE Transactions. 1998;107(1):363–372.

[268] Plaza J, Abasolo M, Coria I, Aguirrebeitia J, Fernández de Bustos I. A new finite element approach for the analysis of slewing bearings in wind turbine generators using superelement techniques. Meccanica. 2015;50(6):1623–1633.

[269] Ferziger JH, Peric M. Computational Methods for Fluid Dynamics. 3rd ed. Berlin u. a.: Springer-Verlag; 2002.

[270] Chiang YM, Messner RP, Terwilliger CD, Behrendt DR. Reaction-formed silicon carbide. Materials Science and Engineering: A. 1991;144(1):63–74.

[271] Singh M, Levin SR. Low Cost Fabrication of Silicon Carbide Based Ceramics and Fiber Reinforced Composites. NASA. Lewis Research Center; 1994. E-9216-1.

[272] Drevet B, Eustathopoulos N. Wetting of ceramics by molten silicon and silicon alloys: a review. Journal of Materials Science. 2012;47:14.

[273] Caccia M, Amore S, Giuranno D, Novakovic R, Ricci E, Narciso J. Towards optimization of SiC/CoSi−2 composite material manufacture via reactive infiltration: wetting study of Si–Co alloys on carbon materials. Journal of the European Ceramic Society. 2015;35(15):4099–4106.

[274] Camarano A, Caccia M, Molina JM, Narciso J. Effects of Fe addition on the mechanical and thermo-mechanical properties of SiC/$FeSi_2$/Si composites produced via reactive infiltration. Ceramics International. 2016;42(9):10726–10733.

[275] Reitz RB, Zok FW, Levi CG. Reactive alloy melt infiltration for SiC composite matrices: Mechanistic insights. Journal of American Ceramic Society. 2017;100(12):5471–5481.

[276] Mainzer B, Jemmali R, Watermeyer P, Kelm K, Frieß M, Koch D. Development of Damage-Tolerant Ceramic Matrix Composites (SiC/SiC) using Si-BN/SiC/pyC Fiber Coatings and LSI Processing. Journal of Ceramic Science and Technology. 2017;8(1):113–120.

[277] Groulx D, Ogoh W. Solid-Liquid Phase Change Simulation Applied to a Cylindrical Latent Heat Energy Storage System. In: COMSOL Conference. COMSOL Conference; 2009. p. 7.

[278] Hofbauer PJ. Validierung von Cesic® für große Raumfahrtoptiken; 2012. 50OO1102; Technische Informationsbibliothek Hannover.

[279] Tietz HD. Grundlagen der Eigenspannungen. Leipzig: Deutscher Verlag für Grundstoffindustrie; 1982.

[280] Kollins K, Przybyla C, Amer MS. Residual stress measurements in melt infiltrated SiC/SiC ceramic matrix composites using Raman spectroscopy. Journal of European Ceramic Society. 2018;38(7):2784–2791.

[281] Vollmuth M. Neue Werkstoffe im Triebwerksbau - Luft nach oben. Jahresmagazin Werkstofftechnik. 2019;p. 2.

[282] Sevast'yanov VG, Ya Nosatenko P, Gorskii VV, Ezhov YS, Sevast'yanov DV, Simonenko EP, et al. Experimental and Theoretical Determination of the Saturation Vapor Pressure of Silicon in a Wide Range of Temperatures. Russian Journal of Inorganic Chemistry. 2010;55(13):2073–2088.

[283] Lopatin SI, Stolyarova VL, Sevast'yanov VG, Nosatenko PY, Gorskii VV, Sevast'yanov DV, et al. Determination of the Saturation Vapor Pressure of Silicon by Knudsen Cell Mass Spectrometry. Russian Journal of Inorganic Chemistry. 2012;57(2):219–225.

[284] Desai PD. Thermodynamic Properties of Iron and Silicon. Journal of Physical and Chemical Reference Data. 1986;15(3):17.

[285] Honig RE. Sublimation Studies of Silicon in the Mass Spectrometer. The Journal of Chemical Physics. 1954;22(9):1610–1611.

[286] Chase MW, Davies CA, Downey JR, Frurip DJ, McDonald RA, Syverud AN. JANAF Thermochemical Tables Third Edition; 1985.

[287] Olette M. Mesure de la capacitè calorifique du silicium entre 1200 et 1550° C. Comptes rendus de l'Académie des sciences. 1957;244(8):1033–1036.

[288] Kantor PB, Kisel AM, Fomichev EN. Enthalpy and Heat Capacity Measurements of Silicon, from 1200 to 1900 K. Ukrainian Journal of Physics. 1960;5:5.

[289] Narayan J, Raghunathan R, Chowdhury R, Jagannadham K. Mechanism of combustion synthesis of silicon carbide. Journal of Applied Physics. 1994;75:6.

[290] Wagman DD, Rossini FD, Parker VB, Schumm RH, Halow I, Bailey SM, et al. The NBS tables of chemical thermodynamic properties: selected values for inorganic and C_1 and C_2 organic substances in SI units. Washington: American Chemical Society and the American Institute of Physics for the National Bureau of Standards; 1982.

[291] Langen M, Hibiya T, Eguchi M, Egry I. Measurement of the density and the thermal expansion coefficient of molten silicon using electromagnetic levitation. Journal of Crystal Growth. 1998;186(4):7.

[292] Glassbrenner CJ, Slack Ga. Thermal Conductivity of Silicon and Germanium from 3 K to the Melting Point. Physical Review. 1964;134(4A):12.

[293] Rulison AJ, Rhim WK. Constant-Pressure Specific Heat to Hemispherical Total Emissivity Ratio for Undercooled Liquid Nickel, Zirconium, and Silicon. Metallurgical and Materials Transactions B. 1995;26(3):6.

[294] Sung YS, Takeya H, Hirata K, Togano. Specific heat capacity and hemispherical total emissivity of liquid Si measured in electrostatic levitation. Applied Physics Letters. 2003;83(6):3.

[295] Taran-Zhovnir YN, Kochegura NM, Kazachkov SP, Filipchuk VR, Markovskii EA, Kutsova VZ, et al. The volume properties of silicon in the solid, solid-liquid, and liquid states. Soviet Physics Doklady. 1989;34(4):3.

[296] Ohsaka K, Chung SK, Rhim WK. Densities of Si determined by an image digitizing technique in combination with an electrostatic levitator. Applied Physics Letters. 1997;70(4):3.

[297] Mukasyan AS, White JDE. Electrically induced liquid infiltration for the synthesis of carbon/carbon–silicon carbide composite. Ceramics International. 2009;35:9.

[298] Glazov VM, Shchelikov OD. Volume Changes during Melting and Heating of Silicon and Germanium Melts. High Temperature. 2000;38(3):8.

[299] Zhou Z, Mukherjee S, Rhim WK. Measurement of thermophysical properties of molten silicon using an upgraded electrostatic levitator. Journal of Crystal Growth. 2003;257(3-4):9.

[300] Nishi T, Shibata H, Ohta H. Thermal Diffusivities and Conductivities of Molten Germanium and Silicon. Materials Transactions. 2003;44(11):6.

[301] Rhim WK, Ohsaka K. Thermophysical properties measurement of molten silicon by high-temperature electrostatic levitator: density, volume expansion, specific heat capacity, emissivity, surface tension and viscosity. Journal of Crystal Growth. 2000;208(1-4):9.

[302] Scheel HJ, Capper P. Crystal Growth Technology. From Fundamentals and Simulation to Large-scale Production. Weinheim: Wiley-VCH Verlag GmbH & Co. KGaA; 2008.

[303] Vodakov YA, Mokhov EN, Roenkov AD, Saidbekov DT. Effect of Crystallographic Orientation on the Polytype Stabilization and Transformation of Silicon Carbide. Physica Status Solidi (a). 1979;51(1):209–215.

[304] Gnesin GG, Kurdyumov AV, Oleinik GS. X-ray Diffraction Investigation of the Reaction of Silicon with Carbon. Powder Metallurgy and Metal Ceramics. 1972;11(5):402–404.

[305] Kobatake H, Fukuyama H, Minato I. Noncontact measurement of thermal conductivity of liquid silicon in a static magnetic field. Applied Physics Letters. 2007;90(9):3.

[306] Magomedov YB, Gadjiev GG. Thermal and Electrical Conductivities of Silicon in Solid and Liquid States. Institute of Physics Daghestan Scientific Center of RAS; 2006.

[307] Magomedov YB, Gadjiev GG. High-Temperature Thermal Conductivity of Silicon in the Solid and Liquid States. High Temperature. 2008;46(3):3.

[308] Sato Y, Nishizuka T, Hara K, Yamamura T, Waseda Y. Density Measurement of Molten Silicon by a Pycnometric Method. International Journal of Thermophysics. 2000;21(6):9.

[309] Sasaki H, Terashima K, Tokizaki E. Density Variation of Molten Silicon and Influence on Crystal Perfection. The Electrochemical Society, Inc.; 1994.

[310] Kawanishi S, Sasaki H, Terashima K, Kimura S. Effect of Impurity Doping on Density Anomalies in Molten Silicon. Japanese Journal of Applied Physics. 1995;34:4.

[311] Stankus SV, Khairulin RA, Tyagel'skii PV. The thermal properties of germanium and silicon in condensed state. Teplofizika vysokikh temperatur. 1999;37(4):559–564.

[312] Okada Y, Tokumaru Y. Precise determination of lattice parameter and thermal expansion coefficient of silicon between 300 and 1500 K. Journal of Applied Physics;56:7.

[313] Kern EL, Hamill DW, Deem HW, Sheets HD. Thermal Properties of β-Silicon Carbide from 20 to 2000 °C. Materials Research Bulletin. 1969;4:8.

[314] Munro RG. Material Properties of a Sintered α-SiC. Journal of Physical and Chemical Reference Data. 1997;26(5):9.

[315] Stewart JE, Richmond JC. Infrared Emission Spectrum of Silicon Carbide Heating Elements. Journal of Research of the National Bureau of Standards. 1957;59(6):5.

[316] Sani E, Mercatelli L, Francini F, Sans JL, Sciti D. Ultra-Refractory Ceramics for High-Temperature Solar Absorbers. Scripta Materialia. 2011;65(9):4.

[317] Zolotarev VM. High-Temperature Spectral Emissivity of SiC in the IR Range. Optics And Spectroscopy. 2007;103(4):11.

[318] Taylor RE, DeWitt DP, Johnson PE. Spectral Emissivity at High Temperatures. Purdue University; 1980. AEOSR-TR-80-0417.

[319] Shinzato K, Baba T. A Laser Flash Apparatus for Thermal Diffusivity and Specific Heat Capacity Measurements. Journal of Thermal Analysis and Calorimetry. 2001;64:10.

[320] Datasheet Glassy Carbon Sigradur. HTW Hochtemperatur-Werkstoffe GmbH; 2015.

[321] Balat-Pichelin M, Robert JF, Sans JL. Emissivity measurements on carbon–carbon composites at high temperature under high vacuum. Applied Surface Science. 2006;253:6.

[322] Hayato Y. The JPARC neutrino target. In: High-power Targetry for Future Accelerators Transportation; 2003. .

[323] Graphite Materials and Systems: Specaialty Graphites for the Metal Industry. Wiesbaden: Graphite Materials & Systems SGL Carbon GmbH; 2015.

[324] SGL Carbon GmbH; 2016.

[325] Butland ATD, Maddison RJ. The Specific Heat of Graphite. An Evaluation of Measurements. Journal of Nuclear Materials. 1973;49:12.

[326] Tokai Carbon - Isostatische Graphit-Marke G348. Tokai Carbon Deutschland GmbH; 2016. Data sheet.

[327] G347 temperature dependency of thermal conductivity. Tokai Carbon Deutschland GmbH; 2015.

[328] Lutcov AI, Volga VI, Dymov BK. Thermal Conductivity, Electric Resistivity and Specific Heat of Dense Graphites. Carbon. 1970;8(6):753–760.

[329] Takizawa K, Kakehashi K, Fukuda T, Kida T, Sawa K, Sumita J, et al.. R&D and Irradiation Plans for New Nuclear Grade Graphites for Application to VHTR. A John Wiley & Sons, inc.; 2011.

[330] Materialdaten Sigrafine®. Graphite Materials & Systems SGL Carbon GmbH; 2015. Datenblatt.

[331] Inagaki M, Kang F. Materials Science and Engineering of Carbon: Fundamentals. 2nd ed. Waltham: Elsevier Science & Technology; 2014.

[332] Mason IB, Knibbs RH. The Thermal Expansion of Polycrystalline Carbon and Graphite from -196°C to 2000°C. Journal of Nuclear Energy: Parts A/B Reactor Science and Technology. 1964;18(6):311–329.

[333] Thorn RJ, Simpson OC. Spectral Emissivities of Graphite and Carbon. Journal of Applied Physics. 1953;24(5):7.

[334] Grenis AF, Levitt AP. The Spectral Emissivity and Total Normal Emissivity of Commercial Graphites at Elevated Temperatures. Pergamon Press Inc.; 1963.

[335] Neuer G. Emissivity measurements on graphite and composite materials in the visible and infrared spectral range. QIRT 1992; 1992.

[336] Kostanovskii AV, Zeodinov MG, Kostanovskaya ME. Experimental Determination of the Emissivity of Isotropic Graphite at Temperatures above 2300 K. High Temperature. 2001;39(1):3.

[337] Taylor RE, Groot H. Thermophysical Properties of POCO Graphite. Purdue University; 1978.

[338] Burchell TD. Carbon Materials for Advanced Technologies. Oxford: Elsevier Science; 1999.

[339] Technical Guide: Calcarb® Rigid Carbon Thermal Isolation. Mersen; 2009. Data sheet.

[340] Glazov VM, Chizhevskaya SN, Glagoleva NN. Liquid Semiconductors. New York: Plenum Press; 1969.

[341] Kakimoto K, Eguchi M, Watanabe H, Hibiya T. Natural and forced convection of molten silicon during Czochralski single crystal growth. Journal of Crystal Growth. 1989;94(2):412–420.

[342] Huang X, Togawa S, Chung SI, Terashima K, Kimura S. Surface tension of a Si melt: influence of oxygen partial pressure. Journal of Crystal Growth. 1995;156(1-2):52–58.

[343] Niu Z, Mukai K, Shiraishi Y, Hibiya T, Kakimoto K, Koyama M. Effects of Temperature and Oxygen on the Surface Tension of Molten Silicon. In: Eustathopoulos N, Sobczak N, editors. Hig Temperature Capillarity. Foundry Research Institute Cracow;. p. 175–181.

[344] Fujii H, Matsumoto T, Izutani S, Kiguchi S, Nogi K. Surface tension of molten silicon measured by microgravity oscillating drop method and improved sessile drop m. Acta Materialia. 2006;54(5):1221–1225.

[345] Yuan ZF, Mukai K, Huang WL. Surface Tension and Its Temperature Coefficient of Molten Silicon at Different Oxygen Potentials. Langmuir. 2002;18(6):2054–2062.

[346] Hibiya T, Morohoshi K, Ozawa S. Oxygen partial pressure dependence of surface tension and its temperature coefficient for metallic melts: a discussion from the viewpoint of solubility and adsorption of oxygen. Journal of Materials Science. 2010;45(8):1986–1992.

[347] Oden LL, McCune RA. Phase Equilibria in the Al-Si-C System. Metallurgical and Materials Transactions A. 1987;18(12):2005–2014.

[348] Eremenko VN, Gnesin GG, Churakov MM. Dissolution of polycrystalline silicon carbide in liquid silicon. Soviet Powder Metallurgy and Metal Ceramics. 1972;11(6):471–474.

[349] Minnear WP. The Dissolution of SiC and Other Materials in Molten Si. Journal of Electrochemical Society. 1979;126(4):634–636.

[350] Minnear WP. Interfacial Energies in the Si/SiC System and the Si+C Reaction. Journal of the American Ceramic Society. 1982;65(1):2.

[351] Gruber W, Geckle U, Bruns M, Schmidt H. Si diffusion in magnetron sputtered silicon carbide films deposited on silicon and carbon substrates. Thin Solid Films. 2009;518(1):396–398.

[352] Exner HE, Hougardy HP. Einführung in die Quantitative Gefügeanalyse. Oberursel: DGM Informationsgesellschaft Verlag; 1986.

[353] Meyberg K, Vachenauer P. Höhere Mathematik 2: Differentialgleichungen, Funktionentheorie, Fourier-Analysis, Variationsrechnung. 4th ed. Springer-Verlag Berlin Heidelberg; 1999.

Abbildungsverzeichnis

Tabellenverzeichnis

Publikationen und Patente

- Hofbauer PJ, Raether F, Rädlein E. Finite element modeling of reactive liquid silicon infiltration. Journal of the European Ceramic Society. 2020;40(2):251–258.
- Hofbauer PJ, Rädlein E, Raether F. Fundamental Mechanisms with Reactive Infiltration of Silicon Melt into Carbon Capillaries. Advanced Engineering Materials. 2019;21(8):1–11.
- Hofbauer PJ. Faserverbundwerkstoff und Verfahren zu dessen Herstellung. ArianeGroup GmbH; 2019. EP 3 431 459 A1.
- Hofbauer PJ. Validierung von Cesic® für große Raumfahrtoptiken; 2012. 50OO1102; Technische Informationsbibliothek Hannover.
- Krödel MR, Hofbauer PJ, Devilliers C, Sodnik Z, Robert P. Recent Achievements with a Cryogenic Ultra-lightweighted HB-Cesic® Mirror. Proceedings of SPIE; 2010.
- Krödel MR, Hofbauer PJ. Ultra-lightweighted HB-Cesic® One-Meter Mirror Demonstrator. Proceedings of SPIE; 2010.
- Hofbauer PJ, Krödel MR. Designing Optimized, Ultra-lightweighted Mirror Structures Made of Cesic® for Space and Ground Based Applications. Proceedings of SPIE; 2010.
- Krödel MR, Hofbauer PJ, Luichtel G, Katzer J, Tausendfreund M, Derst G. Production of mirrors made of HB-Cesic® for an airborne reconnaissance telescope system. Proceedings of SPIE; 2009.

Danksagung

Die Problemstellung dieser Arbeit wurde in der Zeit von Januar 2013 bis April 2016 am Fraunhofer Zentrum für Hochtemperatur-Leichtbau HTL in Bayreuth bearbeitet. Im Anschluss erfolgte die Anfertigung der vorliegenden Dissertation, die im Oktober 2019 fertiggestellt wurde.

Hierbei gilt mein besonderer Dank Frau Univ.-Prof. Dr.-Ing. habil. Edda Rädlein für die Betreuung und Übernahme der Hauptberichterstattung, die wertvollen Diskussionen und die zahlreichen Hinweisen zur Förderung der vorliegenden Arbeit. Dem Leiter des Fraunhofer-Zentrums HTL, Herrn Prof. Dr. rer. nat. habil. Friedrich Raether, danke ich, mir die Bearbeitung des Themas ermöglicht zu haben, für die Unterstützung sowie für die Übernahme des Koreferats. Ebenso danke ich meinen ehemaligen Kollegen am Fraunhofer-Zentrum HTL in Bayreuth und am Fraunhofer ISC in Würzburg; insbesondere den Herren Philipp Döppmann und Rüdiger Schulte für die technische Unterstützung bei den Versuchen; sowie den Herren Manfred Römer, Jens Baber und Jan-Marcel Hausherr für die durchgeführten Messungen.

Das überhaupt Versuche und Arbeiten am Fraunhofer Zentrum HTL durchgeführt werden konnten, ist der Bayerischen Forschungsstiftung zu danken, die diese durch die Bewilligung des Förderprojektes ‚Inhärent sicherer und energieeffizienter LSI-Prozess' erst ermöglicht hat. Und schließlich danke ich der ‚Richard-Winter-Stiftung zur Förderung der Naturwissenschaft in Forschung und Lehre', für die Bewilligung des Promotionsstipendiums.

Taufkirchen, den 13.12.2019